插图1：《花神》

伦勃朗于1634年创作了这幅布面油画，画中的花神形象装扮者是他深爱的妻子。现藏于俄国圣彼得堡艾尔米塔什博物馆。

插图2：《春》

意大利画家桑德罗·波提切利于1480年前后创作的一幅木板蛋彩画，现藏于意大利佛罗伦萨乌菲齐美术馆。

插图3：雪滴花（*Galanthus nivalis*）
出自《丹麦植物志》（*Flora Danica*，1761—1861），1641号图版

插图4：围着林奈半身像的埃斯科拉庇俄斯、弗洛拉、赛瑞斯和丘比特

出自桑顿《林奈性系统新图解》中的插图。

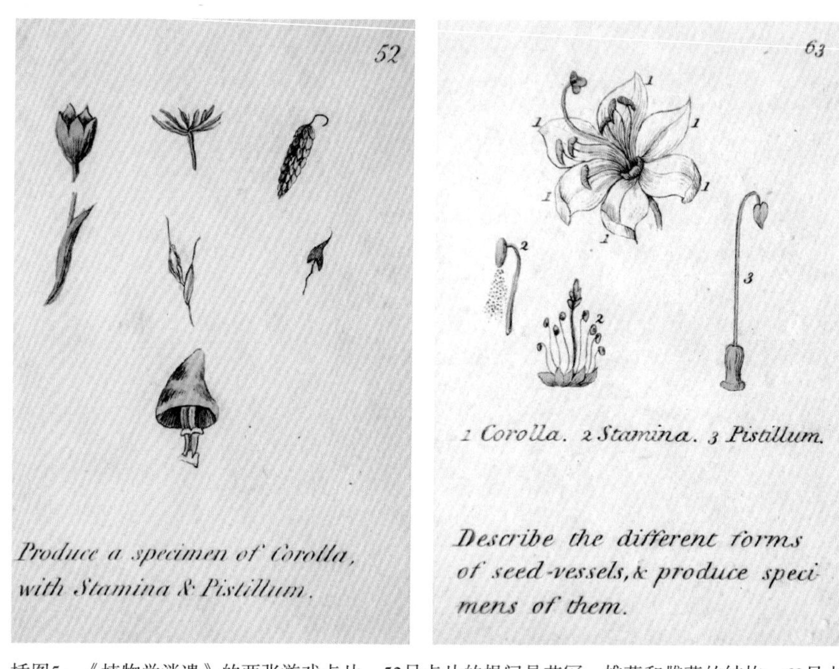

插图5：《植物学消遣》的两张游戏卡片，52号卡片的提问是花冠、雄蕊和雌蕊的结构，63号卡片展示了三者并提出下一个问题：描述不同的种皮并画出示意图。

图片由译者拍摄于多伦多奥斯本（Osborne）早期童书特藏室。

插图6：瑞典博物学家卡尔·林奈像

这幅木刻线稿制作于1788年，根据亚历山大·罗斯林（Alexander Roslin）为约瑟夫·班克斯复制的肖像画制作。

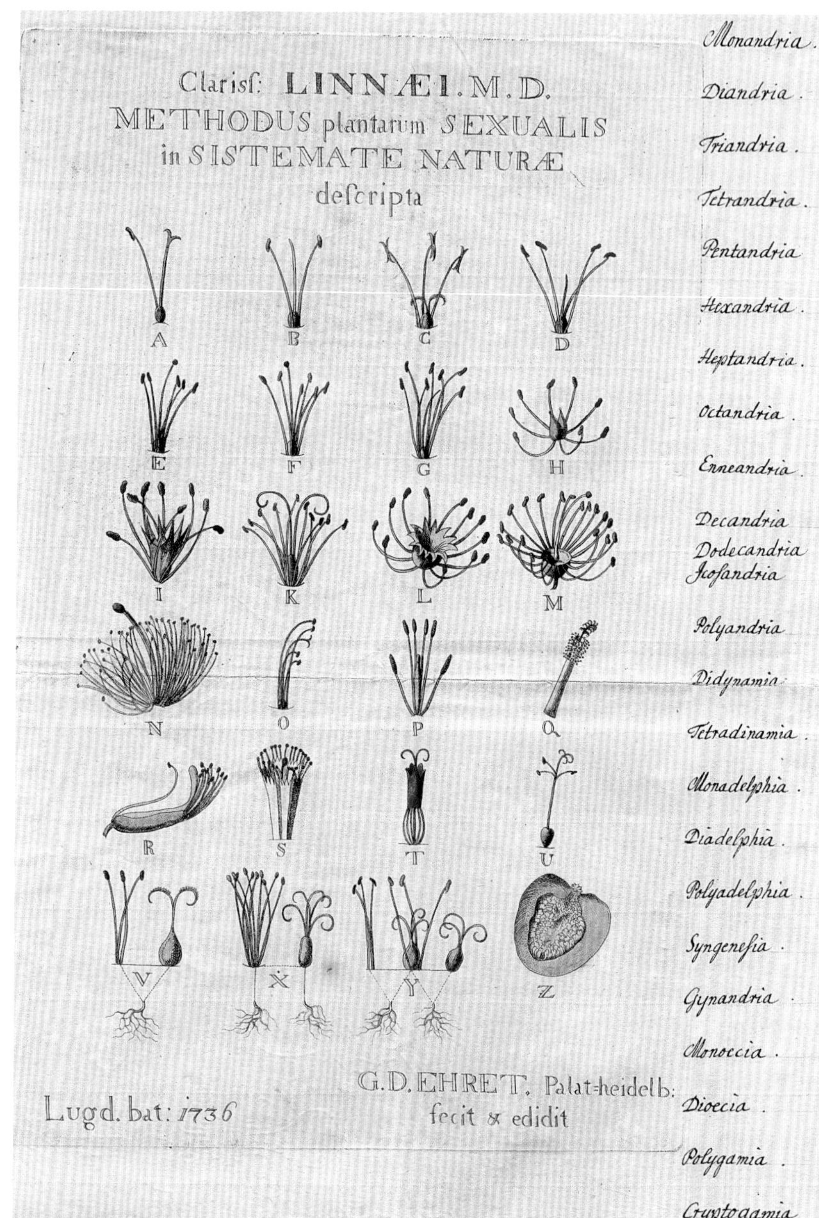

插图7：“林奈24纲”

由乔治·埃雷特绘制于1736年。

插图10：伊拉斯谟·达尔文的《植物园》扉页插图

由亨利·菲尤泽利绘制。

插图11：以夏洛特皇后命名的鹤望兰（*Strelitzia reginae*）
出自《柯蒂斯植物学杂志》第4卷（1791），119号图版。

插图12：豌豆（*Pisum sativum*）
出自伊丽莎白·布莱克威尔《奇草图鉴》，83号图版。

插图13：安娜·加斯维特设计的纺织品植物图案（约1740）
大都会艺术博物馆网站©MET-2004.416。

插图14：德拉尼的剪纸马赛克作品——“香花覆盆子”（*Rubus Odoratus*）

大英博物馆藏。

插图16：“牻牛儿苗科的一种多蕊老鹳草（*Monsonia speciosa*）”——以安妮·蒙森女士的名字命名

出自《柯蒂斯植物学杂志》第3卷（1787），73号图版。

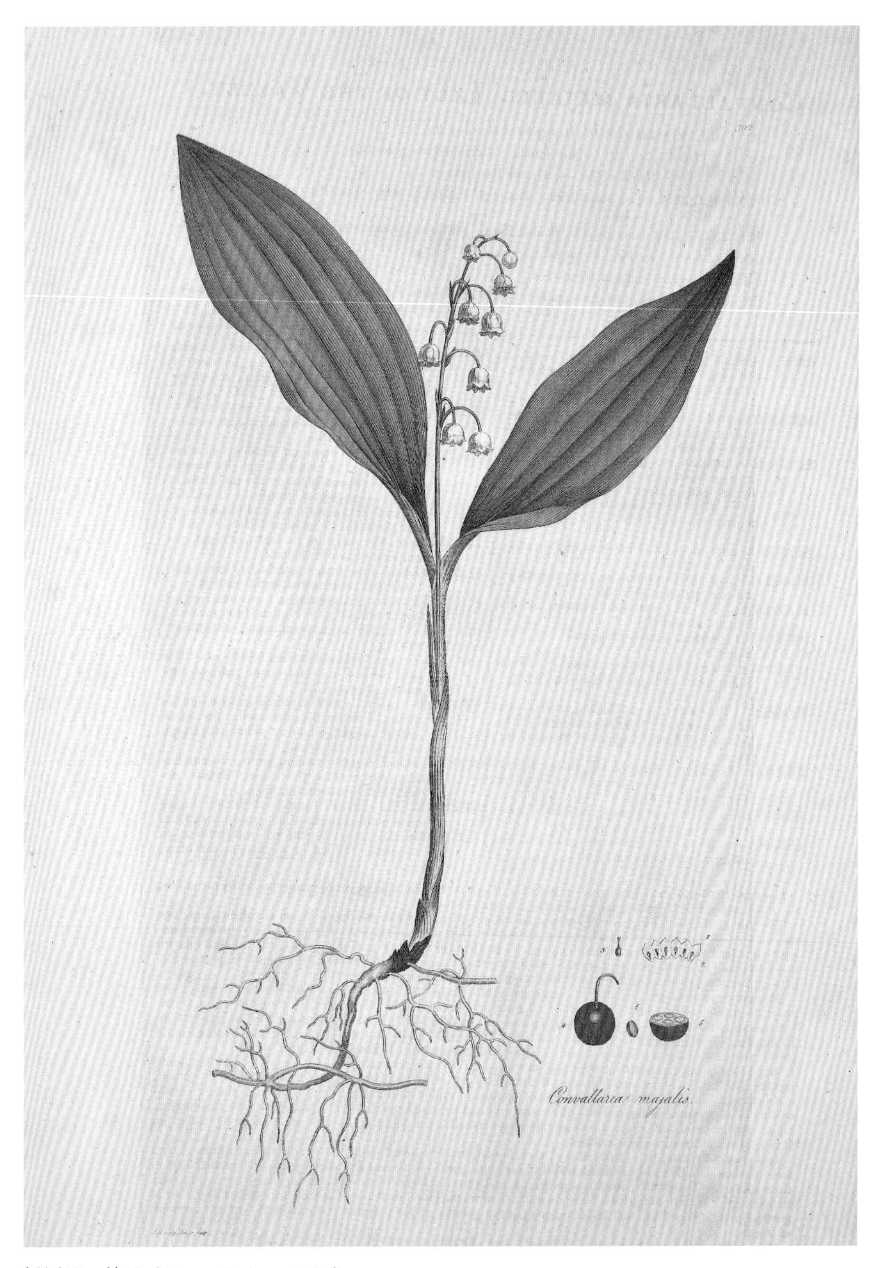

插图18：铃兰（*Convallaria majalis*）

出自威廉·柯蒂斯《伦敦植物志》第5卷（1777），24号图版。

插图19：含羞草（*Mimosa pudica*）

出自《植物学家知识库》第8卷（1807—1808），544号图版。

插图21：花神弗洛拉装扮大地

出自桑顿《林奈性系统新图解》。

插图23：韦克菲尔德肖像

发表于《女士博物馆月刊》（*Lady's Monthly Museum, or Polite Repository of Amusement and Instruction*）1818年8月刊。

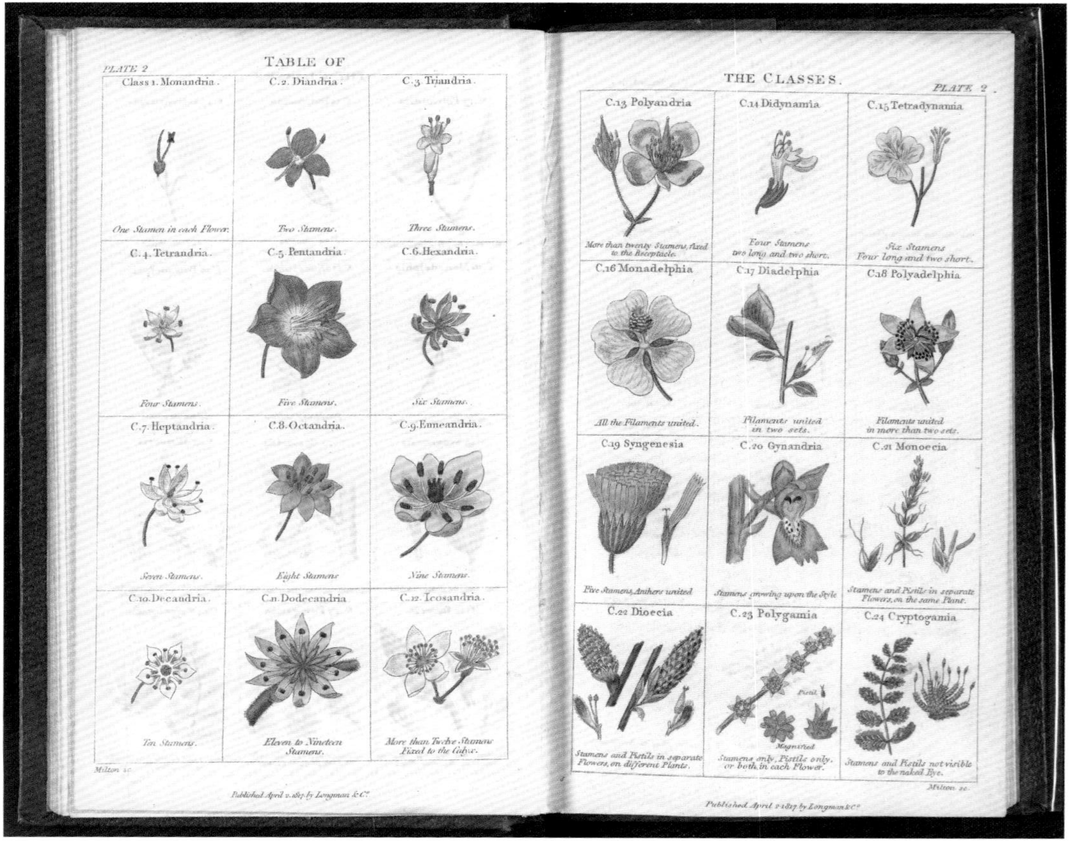

插图25：植物24纲图表

出自萨拉·菲顿《植物学对话》，插图2。

BOTANICAL DIALOGUES,

BETWEEN

HORTENSIA AND HER FOUR CHILDREN,

CHARLES, HARRIET, JULIETTE AND HENRY.

DESIGNED

FOR THE USE OF SCHOOLS,

BY A LADY.

"*If we give our children nothing but an amuſing employment, we*
"*loſe the beſt half of our deſign; which is, at the ſame time*
"*that we amuſe them, to exerciſe their underſtandings, and to*
"*accuſtom them to attention. Before we teach them to name*
"what *they ſee, let us begin by teaching them* how *to ſee.*
"*Suffer them not to think they know any thing of what is merely*
"*laid up in their memory.*"

ROUSSEAU'S LETTERS ON BOTANY.

LONDON:

PRINTED FOR J. JOHNSON, IN ST. PAUL'S CHURCH-YARD.

1797.

插图27：《植物学对话》封面

插图28：维纳斯捕蝇草（*Dionaea muscipula*）
出自《柯蒂斯植物学杂志》第20卷（1804），785号图版。

插图29：海岸蜜树茶（*Ibbtsonia genistoides*）

出自《柯蒂斯植物学杂志》第31卷（1810），1259号图版。

插图33：约翰·林德利肖像，1848年

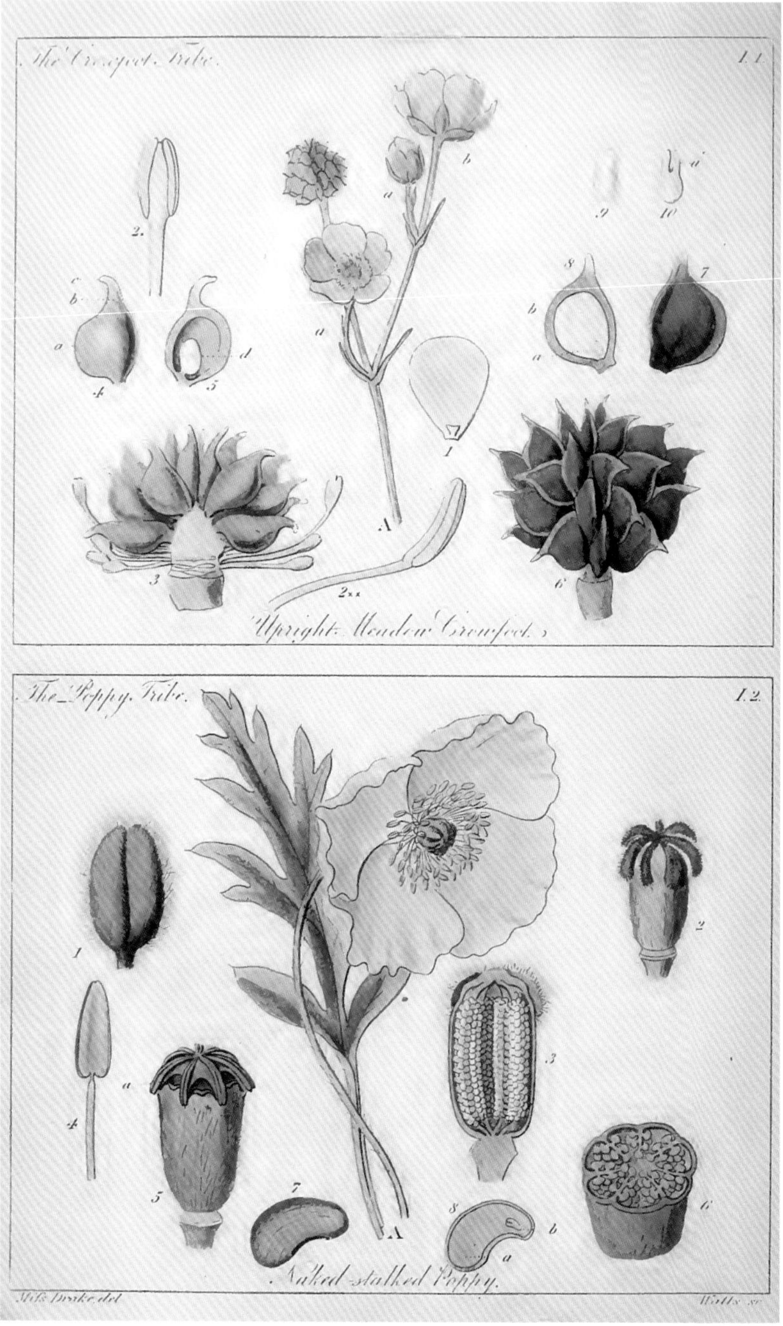

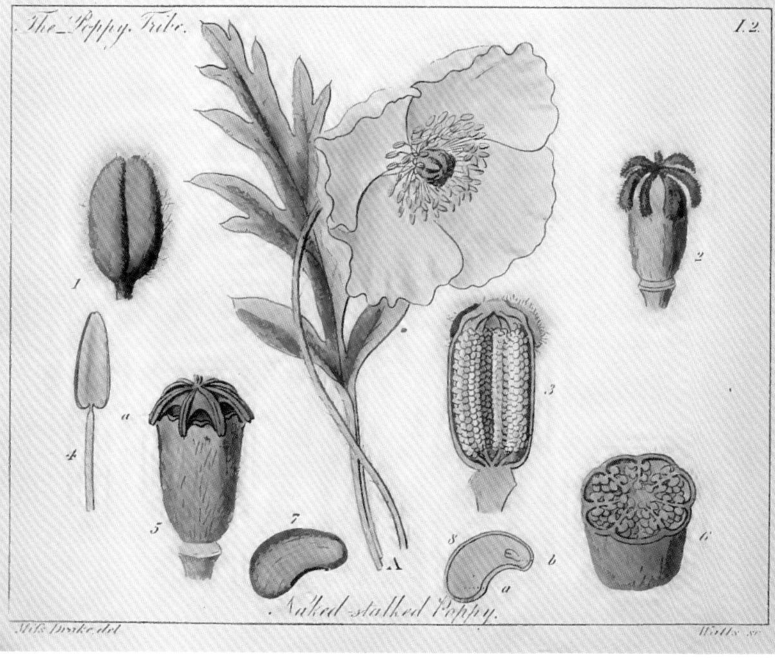

插图34：约翰·林德利的《女士植物学》插图

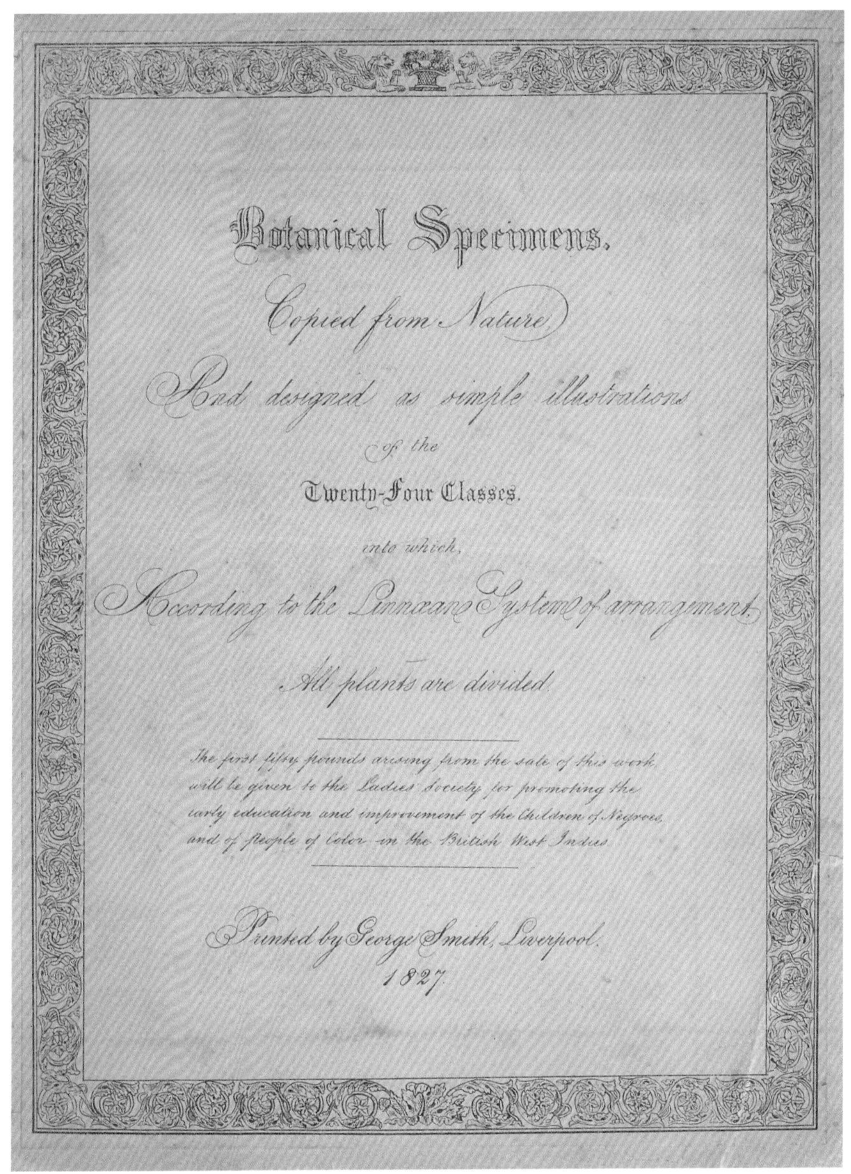

Botanical Specimens.

Copied from Nature

And designed as simple illustrations

of the

Twenty-Four Classes.

into which,

According to the Linnæan System of arrangement,

All plants are divided.

The first fifty pounds arising from the sale of this work will be given to the Ladies' Society for promoting the early education and improvement of the Children of Negroes, and of People of Color in the British West Indies

---

Printed by George Smith, Liverpool.

1827.

插图35：《从自然界复制的植物标本》封面

卡耐基-麦隆大学亨特植物学文献研究所藏。

插图36：安妮·巴纳德画的熏灯兰（*Lacaena spectabilis*）

出自《柯蒂斯植物学杂志》第106卷（1880），6516号图版。

插图37：爱玛·皮奇的《皇家蜡花制作手册》扉页插图

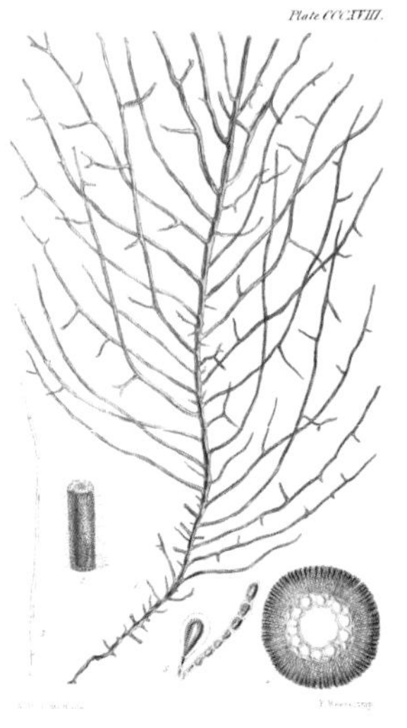

插图38：以格林菲斯命名的海藻

出自哈维的《英国藻类学》，318号插图。

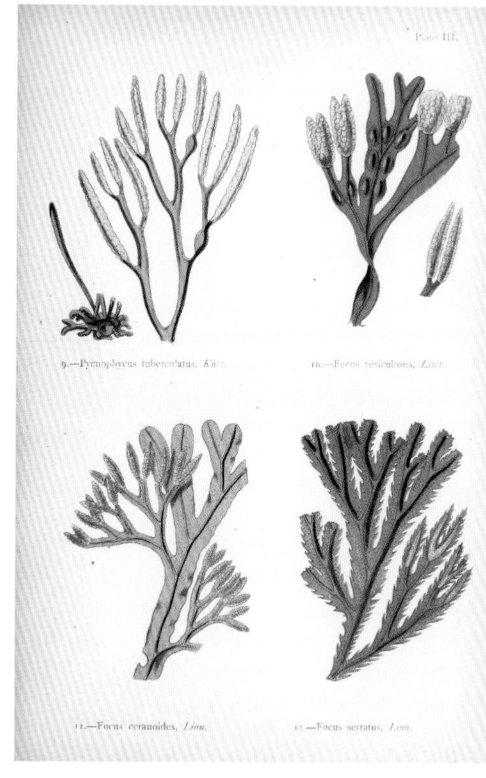

插图39：《不列颠海草》第1卷插图

THE

LITTLE BOTANIST;

OR

STEPS TO THE ATTAINMENT OF BOTANICAL KNOWLEDGE.

BY CAROLINE A. HALSTED.

"And God said, Let the earth bring forth grass, the herb yielding seed, and the fruit-tree yielding fruit after his kind, whose seed is in itself, upon the earth: and it was so."
Genesis, i. 11.

THE ILLUSTRATIONS DRAWN AND ENGRAVED BY
J. D. SOWERBY,

FROM SKETCHES BY THE AUTHORESS.

PART I.

LONDON:
JOHN HARRIS, ST. PAUL'S CHURCH-YARD;
JOHN CUMMING, DUBLIN;
WAUGH AND INNES, AND WILLIAM WILSON, EDINBURGH.
1835.

插图41：卡罗琳·霍尔斯特德的《小小植物学家》

插图43：伊丽莎·格林德尔的《植物之美》

卡耐基–麦隆大学亨特植物学文献研究所藏。

插图45：蜂兰（*Ophrys apifera*）

出自普拉特的《野花》插图之一。

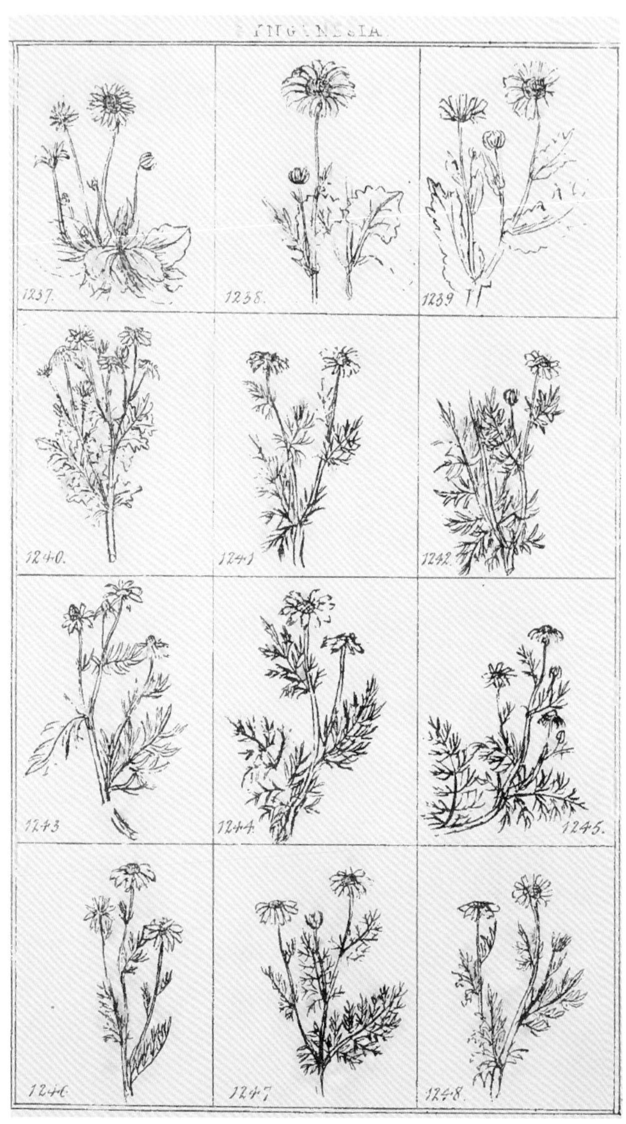

插图46：玛丽·杰克逊的《图像植物志》中的插图

插图47：安娜·赫西的翘鳞蘑菇（*Agaricus squarrosus*）

出自《英国真菌图册》插图8，伦敦韦尔科姆研究所图书馆藏。

插图50：莉迪娅·贝克尔肖像
曼切斯特城市艺术画廊藏。

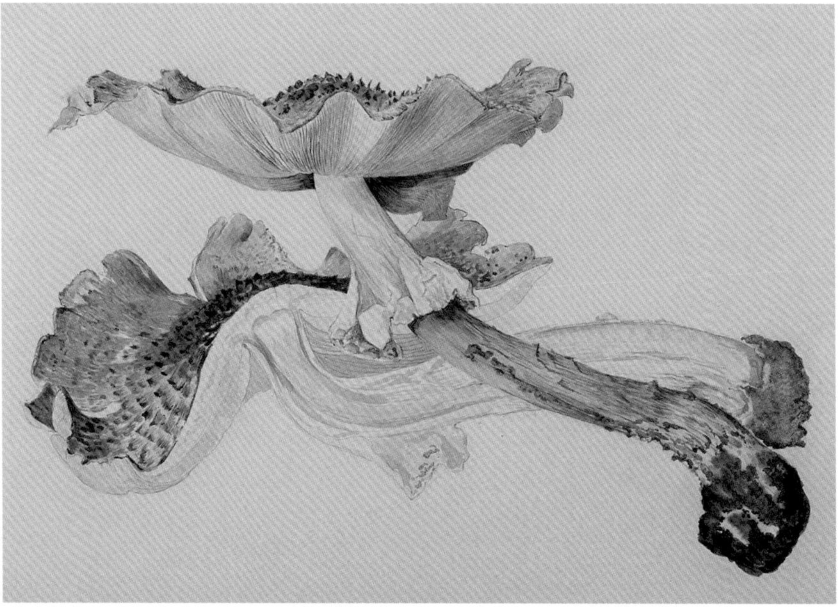

插图52：波特的菌类插图——锐鳞环柄菇（ *Lepiota aspera* ）
坎伯里亚郡阿米特（ *Armitt* ）博物馆藏。

趣物博思　科学智识

花神的女儿

英国植物学文化中的科学与性别（1760—1860）

博物岛

[加] 安·希黛儿——著

姜虹——译

四川人民出版社

图书在版编目（CIP）数据

花神的女儿：英国植物学文化中的科学与性别：1760—1860 /（加）安・希黛儿著；姜虹译. -- 成都：四川人民出版社, 2021.5（2023.3重印）

978-7-220-12066-4

Ⅰ. ①花… Ⅱ. ①安… ②姜… Ⅲ. ①博物学—文化史—英国—1760-1860 Ⅳ. ①N915.61

中国版本图书馆CIP数据核字（2020）第220435号

四川省版权局著作权合同登记号：21－2021－158

HUASHEN DE NVER: yingguo zhiwuxue wenhua zhong de kexue yu xingbie(1760—1860)

花神的女儿：英国植物学文化中的科学与性别（1760—1860）

[加]安·希黛儿 著　姜虹 译

出品人	黄立新
策划组稿	赵　静
责任编辑	赵　静
封面设计	张　科
内文设计	戴雨虹
责任印制	周　奇
出版发行	四川人民出版社（成都市三色路 238 号）
网　　址	http://www.scpph.com
E-mail	scrmcbs@sina.com
新浪微博	@四川人民出版社
微信公众号	四川人民出版社
发行部业务电话	（028）86361653　86361656
防盗版举报电话	（028）86361661
照　　排	四川胜翔数码印务设计有限公司
印　　刷	成都东江印务有限公司
成品尺寸	145mm × 210mm
印　　张	13
字　　数	300 千
版　　次	2021 年 5 月第 1 版
印　　次	2023 年 3 月第 2 次印刷
书　　号	ISBN 978-7-220-12066-4
定　　价	92.00 元

献 给 我 的 母 亲 和 女 儿
并 以 此 纪 念 我 的 父 亲

To my mother and my daughter,
and to the memory of my father.

目录

致 谢

本书所涉及的研究得到了加拿大社会科学与人文研究委员会、约克大学阿特金森（Atkinson）学院和人文学院的资助，阿特金森学院的研究基金来得非常及时。凯瑟琳·宾哈默尔（Katherine Binhammer）、菲利帕·施米格洛（Philippa Schmiegelow）、伊薇特·维勒（Yvette Weller）和杰西卡·福曼（Jessica Forman）几位研究助理大力协助了本研究的开展，谨表谢忱。

十余年前，《1800年以前的英国植物学和园艺学文献》（*British Botanical and Horticultural Literature before 1800*）的作者布兰奇·亨里（Blanche Henrey）邀我喝茶，向我展示了她收藏的18世纪图书，跟我聊起植物学，谈话中提到了那些我闻所未闻的女性故事。近年来，大卫·艾伦（David E.Allen）多次为我提供资料和文献书目，他在博物学史领域展现出来的博学让人难以望其项背。我非常感激雷·德斯蒙德（Ray Desmond）、安妮·西科德（Anne Secord）和吉姆·西科德（Jim Secord）等学者，与他们的交流让我受益匪浅。同时，非常感谢克里斯托夫·罗珀（Christopher Roper）、德斯蒙德·金-海莱（Desmond King-Hele）、艾伦·贝维尔（Alan Bewell）、克拉丽莎·奥尔（Clarissa Campbell Orr）、道恩·巴兹利（Dawn Bazely）、南希·格勒（Nancy Dengler）、马里恩·菲利皮乌克（Marion Filipiuk）、哈罗德·卡特（Harold B. Carter）、盖伊·霍尔伯恩（Guy Holborne）和大卫·特雷汉（David Trehane）对我的研究提供了大量的帮助。

本书的研究材料常常很难获取，需要深挖档案和广泛咨询，还得碰上好运。我很感激约克大学馆际互借处和诸多研究型专业图书馆及其工作人员，尤其是伦敦林奈学会的吉娜·道格拉斯（Gina Douglas），伦敦韦尔科姆（Wellcome）研究所图书馆的约翰·西蒙（John Symon），伦敦自然博物馆植物学图书馆的马尔科姆·比斯利（Malcolm Beasley），大英图书馆，伦敦贵格会图书馆及其馆员马尔科姆·托马斯（Malcolm Thomas），伦敦市政厅大学（London Guildhall University）福西特（Fawcett）图书馆的大卫·道夫兰（David Doughan），卡耐基-麦隆大学亨特植物学文献研究所的安妮塔·卡格（Anita Karg）和夏洛特·坦辛（Charlotte Tancin），多伦多奥斯本（Osborne）早期童书特藏室的德纳·坦尼（Dana Tenney）、玛格丽特·马洛尼（Margaret Maloney）和吉尔·谢福林（Jill Shefrin），纽约公共图书馆，邱园皇家植物园图书馆，等等。我也向英国莱斯特郡、兰开夏郡、德文郡和德比郡等地的档案办公室咨询过研究材料方面的问题，在此一并向他们表示感谢。

我在众多的学术会议和研讨会上报告过本书的研究内容，如美国18世纪研究学会、伯克郡女历史学家会议、剑桥大学博物学珍奇柜、科学协会史、文学和科学学会、伦敦1500—1830年女性研究组织、约克大学妇女研究的研究生项目系列讨论会等，尤为感谢约克大学的“女性与18世纪写作”研究生讨论会上的学生们。

感谢斯腾·谢尔贝格（Sten Kjellberg）、弗雷德里克·斯威特（Frederick Sweet）和克里斯提娜·艾奈林（Christinal Erneling）帮我翻译了瑞典文和拉丁文材料，也很感激伦敦韦尔科姆医学史研究所的影像部，以及约克大学的海泽尔·奥洛林（Hazel O’Loughlin）和约翰·道森（John Dawson）的帮助。

本书有些内容在更早的时候以不同的形式发表过，如在《18世纪研究》（*Eighteenth-Century Studies*, 1990(23): 301—17）杂志上的“植物学对话：玛丽亚·杰克逊和英国女性的科普写作”（“Botanical Dialogues: Maria Jacson and Women’s Popular Science Writing in England”），《不稳定的事业与亲密生活：科学中的女性（1789—1979）》（*Uneasy Careers and Intimate Lives: Women in Science, 1789—1979*, 1987: 31-43）论文集中的“早餐室里的植物学：女性与英国19世纪早期的植物学习”（“Botany in the Breakfast-Room: Women and Early Nineteenth Century British Plant Study”），《流明》（*Lumen*）①杂志上的“女性主义植物志：植物学文化的反思”（“Flora Feministica: Reflections on the Culture of Botany”），《女性与社会结构：第五届伯克郡妇女史大会论文选》（*Women and the Structure of Society: Selected Research from the Fifth Berkshire Conference on the History of Women*）中的“林奈的女儿：女性与英国植物学”（“Linnaeus’s

① 加拿大18世纪研究学会年刊，主要内容基于每年的学术年会。——译注

Daughters: Women and British Botany”），《从林奈到达尔文：生物学和地质学史评论》（*From Linnaeus to Darwin: Commentaries on the History of Biology and Geology*）中的“普丽西拉·韦克菲尔德的博物学写作”（“Priscilla Wakefield's Natural History Books”），等等。

大卫·艾伦（David E. Allen）、堂娜·安德鲁（Donna T. Andrew）、弗里达·福曼（Frieda Forman）、琼·吉布森（Joan Gibson）、伯纳德·莱特曼（Bernard Lightman）和彼特·史蒂文斯（Peter F. Stevens）阅读了本书其中的章节，芭芭拉·盖茨（Barbara T. Gates）、辛西娅·齐默尔曼（Cynthia Zimmerman）和格里夫·坎宁安（Grif Cunningham）阅读了本书在不同阶段的手稿，对他们的感激难以言表。非常感谢霍普金斯大学出版社的审读专家们，他们提出了宝贵意见，以及爱丽丝·班尼特（Alice M. Bennett），她处理了手稿的各项出版事宜。

在此，诚挚地感谢珍妮特·布朗（Janet Browne）、哈丽特·里特沃（Harriet Ritvo）、米兹·迈尔斯（Mitzi Myers）、朱迪斯·斯坦顿（Judith Phillips Stanton）、露丝·佩里（Ruth Perry）、玛德琳·古特维尔特（Madelyn Gutwirth）、艾斯特尔·科恩（Estelle Cohen）、伊索贝尔·格伦迪（Isobel Grundy）、简·费格斯（Jan Fergus）和吉娜·费尔德贝格（Gina Feldbeg）等诸位学者，感谢他们的友谊并对此研究满怀热情和信心。十分感谢乔治·汤普森（George F.Thompson）带给我的耐心和勇气，感谢希拉·谢瓦利尔（Sheila Malovany Chevallier）、埃特·西格尔（Etta Siegel）、玛丽琳·希黛儿（Marilyn Shteir）、乔尔·马丁（Joel Martin）、布朗温·坎宁

安（Bronwen Cunningham）和尼尔·坎宁安（Neill Cunningham）等人在漫长的写作过程陪伴左右，格里夫·坎宁安（Grif Cunningham）的陪伴和理解是最珍贵的礼物，我们的女儿热情而优雅地领会了这个研究项目的精神，成为我们的女性主义花神弗洛拉（Flora）。

推荐序

传统上人们心照不宣：以理性、客观、进步为核心特征的近现代自然科学，理应是男人的事业；参与该领域的女性本就不多，能写入标准科学史和教科书的更是少之又少。早期女性主义者对此耿耿于怀，却没有改变这一局面的好办法。当科学观和文明观发生变化后，形势便彻底改变了，挖掘出来的史料令人震惊。基于政治正确的社会性别研究进路，由细节到整体逐渐展开，最终描绘了人类文明进程中更令人信服的可能场景。

安·希黛儿出版于1996年的这部经典作品和曲爱丽（Gail Alexandra Cook）1994年研究卢梭的博士论文[①]，在20世纪末对我个人打开博物学文化的思路起到了关键作用。历史上那些无法收敛到当代科学的诸多努力，为何一定要往科学殿堂上扯呢？只有当科学主义还盛行时，那才是唯一的成圣通道。在日渐宽容的科学史写作中，那些无法登堂入室的内容有了新的安放家园，科学文化与博物学文化的研究更是如此。希黛儿用翔实的证据展示

---

① 2012年以《让-雅克·卢梭与植物学：有益的科学》（*Jean-Jacques Rousseau and Botany: The salutary Science*）为书名出版，中文版将首次由四川人民出版社推出。

了女性为植物学、博物学文化贡献良多，让人们重新正视人类与植物交互的多样性，也启发我们拨乱反正，反思科学世界图景，以实际行动丰富我们的生活世界。翻译这样一部作品是非常吃苦的，感谢姜虹博士的辛勤译介，让这部经典作品出版25年后终于有了首部中译本。

刘华杰

北京大学哲学系教授，博物学文化倡导者

2020年11月16日

中文版序

植物学盛行于18、19世纪的欧洲，远航探险将异国标本从世界遥远的角落带回欧洲，激发了人们对自然知识的广泛兴趣。男女老少以及来自社会各界的人士抓住各种机会采集植物，他们在乡间漫步时，在学校、公共讲座和非正式的教育活动中学习关于植物的知识。不同年龄和阶层的人绘制植物画、查阅资料鉴别植物、参观植物园，或者以植物学游戏牌等方式交流和传播植物学知识，乐此不疲。《花神的女儿：英国植物学文化中的科学与性别（1760—1860）》出版于1996年，主角是参与这些植物学活动的女性。女性何以对植物知识的科学探究产生兴趣？她们的自然知识对其自身意味着什么？她们的参与又何以成为当时科学文化的一部分？

我致力于欧洲文学与文化研究，一直比较关注欧洲18世纪启蒙运动时期到19世纪浪漫主义和维多利亚时期女性对科学和自然知识的贡献。我发现英国女性参与了植物采集、描述、分类、绘图等活动，不少人还是著名的植物学科普作家，她们向女性、儿童和其他大众读者传播关于植物的新思想和新知识。

探索早期女性的生活和成就，已经成为社会文化史中的显学，也是女性与性别研究领域的重要主题。我将18世纪60年代到19世纪60年代活跃在植物学领域的英国女性称为“花神的女儿”，这种研究进路可以通向一幅丰富的历史图景，而且尚有大量亟待深入探索的内容。

18、19世纪艺术家和作家在谈到女性与植物这个主题时，通常会想到罗马神话里的花神弗洛拉。在古罗马的文学、文化和宗教里，弗洛拉是自然、生育和春天的象征。古罗马诗人奥维德将她称为“花之母亲”，歌颂她的美丽、性和生殖力量。他笔下的弗洛拉代表了西方文化传统中一种主流思想：女性与自然和身体联系在一起，而男性与文化和精神联系在一起。这样的思想曾塑造了男女两性的社会角色和行为，即使现在亦是如此。

类似地，18、19世纪英国女性所处的社会环境也将她们与身体化的自然、生殖和母职联系在一起。因此，当时有不少关于如何培养和教育女性的探讨，为的是让她们扮演好家庭和社会标准赋予她们的“天然”角色。植物学契合了这样的意识形态，因为人们普遍认为植物学活动有益于女孩、妇女的道德健康和“心智培养”，植物学知识也被当成母亲和启蒙老师的教育工具。

本书开篇出自1786年一份大众女性杂志上刊登的一段对话，讲述了一位植物学新手在花园散步，她和同伴弗洛拉讨论了一朵花的植物学特征。女性杂志在当时的印刷文化中扮演着重要角色，出版商也非常重视女性读者市场。女性植物学普及作家尤其擅长科学入门书的写作，她们打造了家庭氛围中母亲和孩子的对话模式，或者在姐妹间的书信中讲授植物学知识。她们以18、19世纪英国女性的母亲角色和家庭职责为基础，将奥维德的罗马花神“花之母亲”重塑为一名作家，活跃在繁荣的出版市场。

自本书出版以来，我追溯了弗洛拉的各种形象。[①]不同时空中的弗洛拉形象被赋予了丰富的文化内涵，她在不同文化中的视觉呈现，曾令我痴迷。和其他研究科学、性别和历史的学者一样，我分析了图像所蕴含和传达出来的关于女性的思想，同时也一直在探索其他文化和地区中投身于植物学的“花神的女儿”。例如，我最近两年通过传记、书信和其他档案材料研究了19世纪在北美加拿大殖民地的植物采集者、艺术家、教师和作家。通过重构她们的植物学活动，我发现了英国的文化信念和思想如何对大不列颠帝国及其殖民地的植物学历史产生影响。[②]

我致力于研究女性的知识获取，我的研究目标包括探索历史上的女性、为女性的兴趣和活动发声、从全新的视角讲述她们的故事等。在更广阔的历史视野中探索女性与自然，可以发现她们作为学生、教师、作家、研究者和艺术家的多种角色，也可以考察性别标准如何限制了女性的教育机会和自我发展。这些主题跨越了不同国家的文化传统和各种各样的界限，指向全球视野，当下令人振奋的研究也将进一步加强我们对相关主题的理解。

非常荣幸姜虹博士将拙著译介到中国，衷心希望中国的读

---

① 可参考作者论文“Iconographies of Flora: The Goddess of Flowers in the Cultural History of Botany// *Figuring it out: Science, Gender, and Visual Culture*, eds. Ann B. Shteir and Bernard Lightman. Hanover and New Hampshire: Dartmouth College Press, 2006, 3–27. 插图1：伦勃朗的油画作品《花神》（1634）。插图2：桑德罗·波提切利《春》（1480年前后），画中右三女子为花神弗洛拉。插图1、2分别是作者在分析弗洛拉图像时所列举的两幅名画，里面的花神都以各种鲜花装饰。——译注

② Shteir, Ann, and Jacques Cayouette, “Collecting with ‘botanical friends’: Four Women in Colonial Quebec and Newfoundland” *Scientia Canadensis: Canadian Journal of the History of Science, Technology and Medicine*, 2019, 41（1）: 1–30. ——译注

者会喜欢本书开篇里弗洛拉和英吉安娜之间那样的“植物学对话”，也希望本书探讨的主题能让读者们对女性、自然、历史和科学等更广泛和更深入的对话产生兴趣。

安·希黛儿

约克大学荣休教授

2020年9月

序幕：植物学对话

18世纪晚期，英国，一个春寒料峭的日子，两位女士漫步花园里，不时驻足欣赏雪地里那些初开的雪滴花（见插图3）。其中一位女士刚开始学植物学，用专业的词汇描述着这些花朵，而陪同她的植物学老师弗洛拉（Flora），很欣慰学生对植物这么感兴趣。1786年的《新女士杂志》（*The New Lady's Magazine*）刊登了一段她们的“植物学对话”，如此写道：

英吉安娜（Ingeana）：这些静静绽放的雪滴花多么迷人呀！尽管严寒还没过去，积雪也没有融化，洁白如玉的花朵们依然竞相开放。

弗洛拉：亲爱的，是积雪保护了她们的美丽和生命，否则它们哪经得起这样的天寒地冻呀。

英吉安娜：多么朴实、优雅而纯洁的花儿！我想它应该是林奈系统第六纲的植物——六雄蕊纲（Hexandria），在我们的植物世界里六雄蕊纲表示六位男士，而且应该属于此纲中的第一目：但在我看来它好像是两朵花，一朵大花里面藏着一朵小花。

弗洛拉：这整个只是一朵花而已。这个部分，你误以为是一朵小花，其实不然。不朽的林奈！他的英国译者巧妙地把这部分称为蜜腺。的确如此！如果蜜蜂现在来传粉，你会看到它正是从那里面吸取花蜜。

英吉安娜：我经常观察到蜜腺旁边短一点的花瓣上有绿色条纹，总共八条。通过显微镜可以看到它们在边缘处突出来，就好像是一段优美的长笛曲谱。哦，有人在叫我们了。

弗洛拉和英吉安娜的聊天既有美学评论，又有科学细节，
还提到了著名的瑞典植物学家卡尔·林奈，他的植物分类思想和
命名法在18世纪极大地促进了植物学在英国的普及。这段简短 2
的对话在即将聊到更专业的细节时被打断了，这些细节都是英吉安娜从显微镜中观察所得。两位女士的植物学对话因为有人叫她们而中断，也许她们需要去做一些更传统的家务事吧。

弗洛拉和英吉安娜在女性、文学和科学文化的历史中扮演着重要角色，当科学在时尚、商业和社会价值观中都成为被认可的文化活动时，她们的名字出现在面向中产阶级女性的杂志中。在欧洲启蒙时期，学习科学成为大众休闲文化的一部分，女性被培养成科学知识的消费者，不少书刊都为“美丽的女性（the fair sex）”[1]普及当时的科学知识。[2]科学推崇者们向女性推荐天文学、物理学、数学、化学和博物学，作为她们道德教育和修养身心的活动。他们认为科学可以根治她们的轻浮，让她们远离危险的牌桌，学习科学的女性会更加健谈，也会成为更成功的

母亲。18世纪60年代后，植物学在英国尤为流行，植物和花卉的对话内容时常出现在出版物和日常生活中。

和现在一样，植物和花卉被广泛使用在园艺、美学、医药、分类学、娱乐、地理、宗教和商业等多个领域，也得到了社会和文化领域的重视和研究。那时和现在一样，对不同的参与者来说它们有着不同的含义。[3]在18、19世纪，植物学通过美学、实用性和智识等方式搭建起通往自然的桥梁。例如，探究植物的动力可能来自对植物生理学、进化论、分类学、自然秩序等方面的兴趣，或者有其他精神追求和社会动机。有人将它当成智识追求，有人则是为了社会声望、社会改良、精神需求和经济利益等，还有人把植物学当成完全不同于园艺学应用性知识的理论性探究。

在18世纪一幅植物学插图中，弗洛拉装扮着鲜花，与农业女神、治愈之神和爱神在一起。这幅画就是桑顿（Robert Thornton，1768—1837）《林奈性系统新图解》（*A New Illustration of the Sexual System of Carolus Linnaeus*，1799）的插图，题为“围着林奈半身像的医神埃斯科拉庇俄斯、花神弗洛拉、谷神赛瑞斯和爱神丘比特”（“Aesculapius, Flora, Ceres, and Cupid Honouring the Bust of Linnaeus”，见插图4）。“植物学对话”中扮演老师角色的弗洛拉承载着18世纪英国关于女性的文化观念，因为在神话和文学中花卉园艺与 3
女性总是联系在一起，而自然与女性仪态、谦逊和纯真等品质也是联系在一起的，弗洛拉的名字与这两类关联产生了共鸣。在18、19世纪，这样的文化关联为女性参与丰富多彩的植物学活动铺平了道路。受到父母、老师和社会评论者们的鼓励，花神弗洛拉的英国女儿们活跃在植物学领域，积极发展自己的兴趣。她

们阅读植物学书籍、参加相关的公共讲座、与博物学家通信，以
及采集本土的蕨类、苔藓和海洋植物并绘制植物画，为了深入学 4
习而制作标本集、学习显微镜的使用。让我尤为感兴趣的是，弗洛拉的英国女儿们也从事植物学写作，她们的书、散文和诗歌成为丰富的文化资源，把那个时期科学文化中的年轻女孩、妇女和母亲的故事载入历史。

1760年对林奈系统的传播可以说具有标志性意义。这个对植物进行归类和命名的分类体系，极大地促进了植物学在英国的流行，它以简洁的方法鼓励男性、女性和小孩都来学习植物学。从18世纪60年代到19世纪30年代，植物学不仅成为时尚潮流，也是“让人进步”的活动。本书第一章概括了植物学在18世纪的英国成为一个文化现象，分析了面向不同层次读者的出版物对植物学的扩散和传播。因为林奈系统基于植物花部的“雄性”和“雌性”繁殖器官，探究植物的人不得不面对“性”这个敏感话题，女性、性别、性征和政治的文化张力也集中体现出来，性别化的观念塑造了女性的植物学活动，她们扮演着学生和读者、老师和作家等角色。

第二章介绍了18世纪活跃在植物学中的女性。在更早的本草学时期，女性与植物打交道都是在家庭医药实践中，但到了这个世纪，她们对植物的认知方式则被植物艺术和时尚这种新的休闲文化所取代。在植物学文化的历史中，女儿和父亲一起工作，女孩的植物学兴趣通常源自有植物学氛围的家庭环境。有些学了拉丁文的女性，也和植物学家们（包括林奈本人）通信。尽管女性的植物学活动被“女子无才便是德”这样的性别化观念所束缚，但她们依然打造了满足自身目的的植物学知识体系。于是，

18世纪中叶的面料设计师安娜·加斯维特（Anna Garthwaite）将自然主义的植物元素应用到设计中，带着根须的植物出现在了贵族的锦缎礼服上。

对英国女性来说，植物学为其所用成了性别经济的一部分。18世纪90年代到19世纪30年代，从事植物学写作的女性尤其多，文化话语和社会规范赋予了女性作为母亲和教育者新的特权。18世纪新的母性意识形态让女性在科学教育和科普写作中有了话语权，女作家们用书信和对话的“亲切文体”（familiar format）写作，如同女性在家教育孩子，写作让她们成为母亲 5
教育的模范。植物学作为非正式教育的流行科目，也吸引了想靠写作赚钱的女性为青少年、女性和大众读者而写作。第三章和第四章介绍了不同类型的女性植物学写作，如诗歌、青少年博物学图书、小说、作为家庭教育的入门书籍等。夏洛特·史密斯（Charlotte Smith）和普丽西拉·韦克菲尔德（Priscilla Wakefield）等人体现了科学文化中女作家的经济处境。

第五章集中讨论了世纪之交的三位女性，她们将植物学当作写作生涯中的核心主题。玛丽亚·杰克逊（Maria Jacson）、阿格尼丝·伊比森（Agnes Ibbetson）和伊丽莎白·肯特（Elizabeth Kent）都同时游走在科学和文学的文化圈子中，经历了启蒙运动、林奈植物学和浪漫主义几个时期。在对弗洛拉的英国女儿们的研究中，这三位女性处于核心地位：她们经历了女性、性别和科学等观念的变迁，每个人都竭尽全力做出贡献，让植物学成为自己的资源。可以说，她们都把植物学写作当成自己的“事业”。

到了19世纪30年代，植物学逐渐走向现代科学，女性作为作家和文化参与者的身份和地位开始遭受质疑。第六章概括了植物学文化在19世纪中叶的这些转变：伦敦大学[4]的第一位植物学教授约翰·林德利（John Lindley）扮演的角色尤为重要，他努力将植物学现代化并去女性化；他也坚定地区分休闲文雅的植物学[5]和科学的植物学，称前者为“女士们的娱乐”、后者为“思维严谨的男性的职业”[6]，将严重的性别偏见置入科学的职业化中。

在19世纪30—60年代，社会对科学的态度摇摆不定，国内外的许多女性依然满怀热情地参与植物学活动。第七章介绍了一系列植物学爱好者，包括年轻的蕨类采集者、多产的水彩画家、蜡花工艺师和培训师、热心的海洋植物学家，以及殖民官员的妻子们，她们奉命为帝国的科学服务，向国内寄送标本。第八章讨论了维多利亚时代早期的作品。植物学依然是女作家们的文学源泉，她们继续为儿童、女性和大众读者写作，尽管此时科学的通才和专家正在分化。安妮·普拉特（Anne Pratt）和简·劳登（Jane Loudon）等著名的女性都展现了19世纪中叶这段丰富的历史，还有一些我们现在不太熟悉的人物。从她们的作品中可以 6
看到，入门普及读物的叙述方式在发生改变，家庭氛围的对话模式被摈弃了个人情感的客观叙事所取代，而后者正是我们熟悉的现代科学读物的标准模式。

在开篇的“植物学对话”中，弗洛拉和英吉安娜讨论的不是时尚或家庭，而是科学——植物学里的命名法和分类学。在欧洲近现代文化的研究中，科学史、文学史、教育史和性别意识形态的历史研究中开始出现她们的身影。植物学史研究往往与传统的学科预设一致，关注英雄似的（通常为男性）个人和科学进展，在这种编史学视野下，女性在早期植物学中做过什么、能做什么却无人关心。[7]然而，如果在科学和博物学的社会史、文化史和文学史的视野中，女性却是植物学和科学的积极分子。[8]她们的故事，也同家庭史、科学体制化和性别意识形态的发展相联系。[9]科学的修辞学研究聚焦于文本，揭示了科学文化中文学实践体现的社会结构及其对知识的塑造。例如，不同的科学写作类别（如对话模式）有其自身性别化的历史，反映了文学、社会历史和政治等方面的特有现象。[10]最近有学者在呼吁一种女性主义历史观，关注早期女性写作的多样性。[11]其中一个新的关注点指向了科普写作和期刊文章，它们是研究科学文化的重要资源，目前的研究也开始探索女性如何讲述科学故事。[12]

在植物学和博物学的社会史和文学史中，弗洛拉不仅是能引起文化共鸣的一个名字、一种视觉符号和象征，也是一种写作方式。博物学中，“植物志”（a flora）代表着野外观察和分类的传统，如威廉·柯蒂斯（William Curtis）《伦敦植物志》（*Flora Londinensis*，1775—1798），列举了伦敦地区的植物，并把它们按照一定的分类系统进行归类。从某种意义上来说，我对弗洛拉的英国女儿们的研究也是一种“植物志”，是一部关于近现代科学文化形成时期植物学文化中的女性志。虽然我关注的重点是植物学文化中的女作家，但通过文本和传记材料也会关注到其他主题，如女性与科学语言、消费主义、读者市场、宗教、园艺、本草传统和家庭医药等。

本书的特色在于研究女性实际参与过的科学和文学活动，重点是把植物学当作精心筛选过并符合社会规范的女性活动之一。我更强调真实存在的女性个体，而不是散漫的女性群体。因为我相信女性写作和女性历史的研究都需要脚踏实地，落到实处，如实际发生的那样。在当下丰富的理论性探究形势下，我们重新思索和打磨了历史的阐释方法，在研究中应用新的分析工具。然而，当我们深度挖掘文学史和文化史时，在我们的智识和政治领地探索丰饶的土壤时，以及当我们转向更老旧的研究方法并将其融入新的解释中时，我们都不该遗忘这些女性以及她们的个人故事。

注 释

[1] "Fair sex"是早期对女性的一种说法，可追溯到文艺复兴时期，在18世纪晚期到19世纪的文本中比较常见。——译注

[2] 见Gerald Dennis Meyer, *The Scientific Lady in England, 1650–1760: An Account of Her Rise, with Emphasis on the Major Roles of the Telescope and Microscope*. (Berkeley and Los Angeles: U of California P, 1955); John Mullen, "Gendered Knowledge, Gendered Minds: Women and Newtonianism, 1690–1760", in *A Question of Identity: Women, Science, and Literature*. ed. Marina Benjamin, (New Brunswick: Rutgers UP, 1993); Patricia Phillips, *The Scientific Lady: A Social History of Woman's Scientific Interests, 1520–1918* (London: Weidenfeld and Nicolson, 1990)，第5章；G. S. Rousseau, "Scientific Books and Their Readers in the Eighteenth Century" In *Books and Their Readers*. ed. Isobel Rivers, (New York: St. Martin's, 1982), 212–214; Teri Perl, "The Ladies' Diary or Woman's Almanack, 1704–1841", *Historia Mathematica* 6 (1979): 36–53; 以及Douglas, Aileen. "Popular Science and the Representation of Women: Fontenelle and After", *Eighteenth Century Life*18(May 1994): 1–14，等等。

[3] 采用民族志和历史学方法研究这个主题，见Jack Goody, *The Culture of Flowers* (Cambridge: Cambridge UP, 1993).

[4] 本书中"伦敦大学"与"伦敦大学学院"为同一所大学，只是在成立之初至今的不同叫法。——译注

[5] 原文"polite botany"中的"polite"及其名词"politeness"有着复杂的含义，也并没有一个中文词能够完全传达它所包含的丰富内涵，本书会根据不同的情况将其翻译为休闲的、文雅的、社交的、高雅的等中文词汇。它远不止餐桌礼仪或社交礼仪的含义，在本书中"polite"与社会阶级联系在一起，意味着中上阶级高雅、有教养的行为举止，可以形容一个群体或一些行为。科学兴趣对男性女性而言都可以看作是"polite activity"，是闲适、体面的消遣活动。然而，对女性而言，能在科学兴趣里走多远，却有着很明确的限

制。例如，植物绘画是女性的“polite”活动，但探究植物的性则不是，因为这样的知识违背了社会的性别标准。学识太渊博对女性而言在某种程度上也超出了“politeness”的标准，所以对女性而言“politeness”更意味着性别意识形态对女性的规约，将她们限制在得体、优雅的性别角色中。本注释来自译者与作者的邮件探讨。

[6] John Lindley, *An Introduction Lecture Delivered in the University of London on Thursday, April 30, 1829* (London, 1829, 17)

[7] 例如，见F. W. Oliver, ed., *Makers of British Botany: A Collection of Biographies by Living Botanists* (Cambridge: Cambridge UP, 1913); Ellison Hawks. *Pioneers of Plant Study* (London: Sheldon, 1928); 以及A.G. Morton, *History of Botanical Science: An Account of the Development of Botany from Ancient Times to the Present Day* (London: Academic, 1981).

[8] 英国博物学的社会史研究，见David Elliston Allen, *The Naturalist in Britain: A Social History* (1976; 2d ed., Princeton: Princeton UP, 1994) 以及他的众多论文；Nicolette Scourse, *Victorians and Their Flowers* (London: Croom Helm, 1983)。关于瑞典的女性与植物学研究，见Gunnar Broberg, “Fruntimmersbotaniken” [“Botany for women”], *Svenska Linnésällskapets*. Arskrift 12 (1990–1991): 177–231.

[9] 见Pnina Abir–Am and Dorinda Outram, eds. *Uneasy Careers and Intimate Lives: Women in Science, 1789–1979* (New Brunswick: Rutgers UP, 1987); Phillips, *Scientific Lady*; Elizabeth B. Keeney, *The Botanizers: Amateur Scientists in Nineteenth–Century America* (Chapel Hill: U of North Carolina P, 1992); Londa Schiebinger, *The Mind Has No Sex? Women in the Origins of Modern Science* (Cambridge: Harvard UP, 1989).

[10] 见David Locke, *Science as Writing* (New Haven: Yale UP, 1992); Greg Myers, “Science for Women and Children: The Dialogue of Popular Science in the Nineteenth Century”, in *Nature Transfigured: Science and Literature, 1700–1900*, ed. John Christie and Sally Shuttleworth (Manchester: Manchester UP, 1989)，以及他的论文“Fictions for Facts: The Form and Authority of the Scientific Dialogue”, *History of Science* 30, 3 (1992): 221–247; Charles Bazerman, *Shaping Written Knowledge: The Genre and Activity of the Experimental Article in Science* (Madison: U of Wisconsin P, 1988); Steven Shapin and Simon Schaffer. *Leviathan*

and the Air–Pump: Hobbes, Boyle and the Experimental Life (Princeton: Princeton UP, 1985), 尤其是第二章。

[11] 见Margaret J. M. Ezell, *Writing Women's Literary History* (Baltimore: Johns Hopkins UP, 1993).

[12] 见Marina Benjamin, "Elbow Room: Women Writers on Science, 1790–1840", in *Science and Sensibility: Gender and Scientific Enquiry, 1780–1945* (Oxford: Blackwell, 1991); Barbara T. Gates, "Retelling the Story of Science" in *Victorian Literature and Culture*, ed. John Maynard and Adrienne Auslander Munich, vol. 21. (New York: AMS, 1993): 289–306; Barbara T. Gates and Ann B. Shteir, eds. *Science in the Vernacular*，即将出版。

第一章　流行于英国的植物学知识（1760—1830）

（植物学）健康又纯洁……（它）赶走沿途的沉闷……让孤独漫步中的每一步都变得愉悦，而且，最重要的是……它能指引人们快乐地思考伟大造物主的美丽、智慧和力量。

威廉·威瑟灵，《大不列颠本土植物大全》，1776

目前，几乎没有什么学问能比得上植物学，能让有品位的人如此青睐；诚然，这些学问都并非生活必需品或满足社会需求，但没有什么能比植物学更值得学习。无论是把植物学当成提升知识的方式，还是有益于健康、纯真的娱乐活动，它都应该被当成一项优雅的才能。

威廉·梅弗，《女士和绅士们的植物学口袋书》，1800

19世纪伊始，产业型艺术家兼印刷商詹姆斯·索尔比（James Sowerby）发行了一套游戏卡片《植物学消遣》（*Botanical Pastimes*, 1810，见插图5），在卡片上印着植物器官图像和知识问答题，以期传授植物命名和分类方法，促进植物学的入门教育。这套游戏卡“提供一系列问题和实例，旨在把入门植物学时最开始那部分比较枯燥的内容变成愉快的娱乐活动”，“用轻松的方式介绍这门学科”。[1]这种出版方式瞄准了大众科学的商业市场，尤其是和植物相关的休闲活动。自然探究在18世纪的物质文化和情感变迁中突显出来，从世界各地引种到英国的植物开始泛滥，本土植物也随之受到关注，各类植物园竞相涌现，其中最著名的莫过于1759年建立的邱园。中产阶级的男人、女人和小孩都捧起了植物学书籍，玩起了植物学字谜游戏，这些文化活动将娱乐和学习融合在一起。植物学就像20世纪早些时候天文学和自然哲学的演示实验，在18世纪末也成了文化和商业的一部分。

植物学作为启蒙运动科学的一部分，得益于18世纪大众对科学活动的热衷而流行起来。英国和欧洲大陆一样，新科学的研究者们努力搜寻新信息、开发新方法，去获取知识，并把他们的想法以崭新的方式付诸实践，比如以商业目的推广牛顿自然哲学。欧洲启蒙运动时期的科学文化更关注新科学思想的产生，尤其是以社会和个人为目的的思想传播。博物学和科学都被纳入各种社会、文化和政治议程，科学协会如雨后春笋般涌现，促进了科学实践、传播了科学发现，也更广泛地推广了科学。启蒙思想家和作家希望揭开知识的神秘面纱，将此前那些晦涩深奥的东西带入公众视野，引起更广泛的大众关注，科学教育自然而然也承载了启蒙科学文化的使命。[2]

如同17、18世纪的物理学和语言学等领域，学者们追寻其
中的普遍规则，分类和排序的动力也体现在植物学中。植物学家 12
认为自然界有着某种模式，在这个模式下会存在一种自然而理性
的植物分类方法。然而，该如何描述这个自然系统中植物间的关
系？是应该用大小、生境、用途、颜色或味道，还是根据生长周
期中的一些特征如花部或种子等器官来描述植物？丰富多样的植
物王国，物种间关系错综复杂，植物学家们把代表这些关系的各
种归类方案放在一起，以便将区分不同植物类群的特征具体化。
就拿约翰·雷（John Ray）来说，他提出了自然分类系统，认为
植物分类应该基于植物的几种形态学特征；而他的法国同行图尔
内福（Joseph Pitton de Tournefort）则仅仅根据花部结构来进
行分类。图尔内福的植物分类系统作为植物归类的实用方法，在
18世纪被广泛采用，这一方法对植物学教学具有启发意义，也促 13
进了植物学知识从学院和专家向日益增长的植物学爱好者传播。

在英国，瑞典博物学家卡尔·林奈（Carl Linneaus，见插图

6）确立的人工分类系统让植物学迅速流行起来。各类人群和不同层次的植物学爱好者之所以能轻松跨入植物学的门槛，林奈系统发挥了关键作用。林奈的分类方法基于容易识别的花部特征，即繁殖器官。这个分类方法也被称为林奈性系统，将植物繁殖器官作为分类的核心标准，仅仅按照植物雄性和雌性繁殖器官把植物王国分成不同的纲和目。具体而言，首先以雄蕊（男性器官）的数目和比例作为“纲”（Class）的分类标准（见插图7），然后以雌 14、15
蕊（女性器官）的数目和比例作为次级的“目”（order）分类标准。[3]林奈根据雄蕊数目将植物王国分成23纲，再加上第24纲隐花植物，并以希腊语中“男性”这个单词的词根 *andria* 为它们命名。这样一来，花部只有一枚雄蕊的植物归到第一纲，被称为单雄蕊纲（Monandria），两枚雄蕊的属于二雄蕊纲（Diandria），以此类推。然后他根据雌蕊部分再把各纲进一步划为不同的“目”，用希腊语中“女性”这个单词的词根 *gynia* 为其命名，所以只有一枚雌蕊的植物被称为单雌蕊目（Monogynia）。[4]本书开篇引用的1786年《植物学对话》里，雪滴花有6枚雄蕊和单个花柱，因此在林奈系统下属于六雄蕊纲单雌蕊目。

林奈系统作为一种关于自然界秩序形态的理论，和任何解释性的系统一样，有着丰富的社会文化含义，服务于几种不同甚至常常矛盾的目的。例如，18世纪80年代就碰巧有一首诗歌认为林奈植物学是整顿社会秩序的灵丹妙药。《春天何以迟来》这首诗描述了朱庇特在5月1日降临大地，寻找新季节萌发的标记。[5]结果，朱庇特发现花神弗洛拉的植物王国杂乱无章，处于“礼貌和道德的困惑”之中，花儿错乱开放，丝毫不尊重前辈们，“到处流浪的菌类”肆无忌惮地长在“高贵的橡树脚趾上”。于是，朱庇特问弗洛拉道，为什么会这样？弗洛拉伤心地向他报告，说在大不列颠人们并不尊敬她，而且：

> 草木之属，皆受蛊惑，
> 罔顾花神威严，无视她的律令。
> 人烟之处，山林水泽之间，
> 无不随心所欲，混乱不堪。

按花神弗洛拉的说法，她的王国这么混乱是因为她的植物们胡乱地交往，各种迥异的花朵混在一起，丝毫不按照自己在王国里该有的位置排列。不过，社会的立法者帮她解决了这个问题，引导她的植物们按林奈系统各就各位。弗洛拉解释道，一些学者正忙着“编辑我的分类系统”：

> 圣贤们即将立法，
> 适用于每个部落的法律、规则和习俗；
> 即使玫瑰和酸模，
> 也可自行其事，冲突不再。

跟朱庇特报告完之后，花神弗洛拉在她的整个王国做了最
神圣的信仰宣誓，以安抚她的臣民： 16

> 欢呼吧，我的孩子们，美好的时光即将到来。
> 是时候让植物学知识来统治这片土地了！

这首奇思妙想的诗，不加掩饰地称赞了林奈系统的价值。弗洛拉推崇礼仪、等级制度和传统权威，在这首诗的社会隐喻里，植物们知晓自己所处的位置。

在17世纪晚期到18世纪早期，有不少植物学家用有性生殖来解释植物的繁殖问题，林奈是其中一位。[6]通过授粉、杂交和种子萌发等实验，他将植物和动物的功能进行了类比，较早提出了植物世界里的“雄性”和“雌性”植物、花粉的性本质，以及“多产”和“不育”等说法。1760年9月，林奈在圣彼得堡帝国科学院一个关于植物的性的研讨会上获奖。在那个会上，他将植物的繁殖器官与男人和女人的生殖器官进行了类比——雌性“流动的生殖液”和“雄性花粉”，它们各居其位，雄蕊和雌蕊分别是一朵花的男性和女性部位。[7]

林奈在陈述自己的观点时向来谨慎而认真，但他对植物性关系的描述却充满想象，甚至大肆渲染18世纪的性政治。在他最早的一部著作《植物婚配初论》（*Praeludia Sponsaliarum Plantarum*，1729）里，林奈就对植物王国进行了人格化的描述，使用了新娘和新郎、婚姻和夫妻关系、“私密婚姻”和“阉人”等词汇。他含蓄地争论道，在自然王国里，性无处不在，塑造着雄性和雌性生物的行为，让它们在生生不息的生命循环中各司其职。“自然的”这个词，可以解读为林奈关于性的观点陈述，他和支持者们都认为植物的繁殖系统可以直接与人类性行为进行比较。林奈关于植物繁殖中的性功能假说反映了传统的性别观念，因为他以雄蕊（男性器官）为标准划分等级更高的“纲”，而次一级的“目”的划分则是基于雌蕊（女性器官），而且将植物繁殖过程中的男性器官当成主动一方，女性器官当成被动接受的一方。我们至少可以说，林奈将那个时期的性和性别意识形态自然化，与他的植物分类观念整合起来，重现了当时盛行的观念。换句话说，林奈分类学既反映了他自己的观念，也反 17
映了18世纪早中期欧洲的社会关系。[8]林奈植物学也可以解读为性差异的一种建构方式，因为植物性系统在发布时，性差异恰是医药和其他自然知识领域里的热议话题。[9]

林奈植物学体现了当时社会对性和性别差异问题的痴迷。在整个18世纪的文化里，对性别边界的划定呈现出普遍的张力，暗示着各种性别焦虑。对于在分类上渴望简洁明了的分类学家来说，性和性别上的模棱两可让他们甚为恼火。林奈的性系统是比较保守的性别建构，体现了清楚明了而且自然化的性差异，也划分了性别边界，断言“男性”和“女性”在生物学上的不可通约性。因此，林奈对植物繁殖过程中男女差异高度自然化和性别化的理论，反映了更普遍的文化焦虑，包括性和性别上难以区分的两性差异，以及性别歧义和转变中的性角色等。[10]

林奈用娴熟而形象的语言去描述植物的性，此方法让一些植物学家耳目一新，也招致了其他人的反感和批判。对“性论者”的批判来自那些在实验中得到不同结果的植物学家，以及对类比方式表示怀疑的植物学家。爱丁堡医学和植物学教授查尔斯·奥斯顿（Charles Alston）是林奈性系统较为强烈的反对者，他认为林奈以偏概全，因为他所做的实验毕竟有限，除了植物的性，还有其他因素同样可以很好地解释树木不结实现象。奥斯顿撰文反对林奈植物学的流行，并争辩道：花粉“对种子来说就是有害的排泄物，对其营养和繁殖力毫无用处”。他认为林奈性系统“让植物学完全变了样，引入了无穷无尽的新名字，还有令人费解的幼稚术语，导致原本最实用的科学变得复杂了很多，甚至荒谬”。奥斯顿还反对林奈将植物性别化的方式，他撰文称林奈的观察只是基于某个特定的植物，“对英国人的耳朵来说太污秽了”，这位保守的植物学家对林奈性别化和色情化的植物学理论作如此回应。[11]

在英国，各种前沿著作向读者介绍林奈的植物分类法和命名法思想，有一些是解释林奈系统，另一些是采用他的方法对本土 18
和区域植物或者更远地区的植物进行分类。在18世纪50年代末，这个系统的追随者们开始将林奈的著作翻译成英语，例如与“蓝袜子”（Bluestocking）[12]圈子意气相投的作家本杰明·斯蒂林弗利特（Benjamin Stillingfleet）在50年代力挺林奈，编辑了《博物学、畜牧业和药学杂录》（*Miscellaneous Tracts Relating to Natural History, Husbandry, and Physick*，1759）一书，其中包括经林奈本人严格审核过的六篇论文译文和他自己写的一篇赞美林奈及其植物学方法的文章。1760年，詹姆斯·李（James Lee）出版了《植物学概论》（*Introduction to Botany*）一书，是介绍林奈系统的先锋作品，包括林奈著作的节选翻译，尤其是《植物学哲学》（*Philosophia Botanica*）一书，林奈在其中解释了他的分类系统和花部器官的专业术语。詹姆斯·李是园艺圈引领潮流的园艺学家，也是伦敦哈默史密斯（Hammersmith）著名的葡萄庄园主人，他将不少异域植物引种栽培到英国的花园中，其中包括倒挂金钟。他写这本书是“为了帮助那些渴望学习［林奈］方法和提升自己的人”，他在序言里解释说“虽然近年来学习植物学在这个国家已成常见的休闲活动，但还没有一部用我们自己语言写成的作品，专门介绍这门科学的基础知识”，而且目前能够买到的林奈植物学图书"对很多人来说太贵了"。这本书还附了2000多种英国植物的列表，包括它们的名字和在林奈系统中所处的纲目属位置。詹姆斯·李的《植物学概论》是较早的林奈植物学畅销书，而且50年里一直被当成植物学入门书的标杆。

在18世纪60年代，林奈思想在英国站稳脚跟并传播开来。回望这段历史，林奈的追随者、剑桥大学植物学教授托马斯·马丁（Thomas Martyn）在给林奈学会创始人詹姆斯·史密斯爵士（Sir James E. Smith）的信中写道："在17世纪中叶，植物学在英国是多么死气沉沉……林奈的……系统在1762年左右几乎还未被普遍传播开来，那时候［约翰·］霍普博士(John Hope)和我分别在爱丁堡和剑桥讲授林奈植物学，［威廉·］哈德森（William Hudson）发表了他的《英格兰植物志》（*Flora Anglica*）。"[13]植物学书本和实践活动培养了大众的兴趣，威廉·柯蒂斯（William Curtis）于70年代组织绅士们在伦敦附近参加田野实践，他们"希望了解城市附近生长的野生植物，或者学习林奈植物学知识"。柯蒂斯受聘于伦敦药剂师协会（Worshipful Society of Apothecaries），长期担任学会的教 19
学机构切尔西药用植物园的植物讲解员。他的职责包括，为药剂师学徒组织"植物采集"活动，让他们能够在野外识别药用植物。他后来自己建了一个私人植物园，植物园的捐赠人可以每天去参观栽种的植物和里面的图书馆。[14]

出版商也努力发掘植物学兴趣和潮流中的商机。查尔斯·布莱恩特（Charles Bryant）在他的《食用植物志》（*Flora Diaetetica*，1783）一书中引入林奈的植物命名法，此书是一本"可以装在口袋里"的可食用植物手册。他用林奈双名法列举了各种根茎、浆果和坚果，以帮助“不熟悉植物学的绅士淑女们在他们的花园里找到乐趣，科学地观察植物最伟大的部分，而无须定期学习这门枯燥乏味的科学”（ix）。1787年，威廉·柯蒂斯创办了插图期刊《植物学杂志》（*Botanical Magazine*），其封面公告显示，这本期刊是“面向渴望科学地了解自己所栽培的植物的先生、女士和园艺师们”。后来这本杂志更名为《柯蒂斯植物学杂志》（*Curtis's Botanical Magazine*），每月第一天发行，杂志主要特色就是手绘的植物雕版插图，并附有林奈植物学名字和栽培信息。该杂志很受欢迎，经常重印，“早年的每期发行量就达到了5000份”，它采用了林奈分类方法，“为林奈思想在英国树立了权威、赢得了尊重”。[15]

1760年之后，越来越多的植物学书被写出来或翻译引进，女性是这些书的目标读者。让-雅克·卢梭为女性写了一本植物学书，就是著名的《植物学通信》（*Lettres élémentaires sur la botanique*，1771—1773）。他写了8封信，指导一位年轻母亲学习植物学，从而让她可以再去教自己年幼的女儿。[16]这些信件对英国的植物学文化来说尤为重要，托马斯·马丁将其翻译成英文，这样的话“英国美丽的女同胞和没有受过教育的男同胞们就可以阅读了，并从博物学中找到乐趣”。马丁还加上了一些笔记和他自己写的24封信，“全面讲解了林奈植物学”。卢梭-马丁的《植物学通信》（*Letters on the Elements of Botany*，1785）在接下来的30年间再版了8次，在植物学普及写作中颇有影响力。马丁保留了卢梭的书信格式，继续把信写给“亲爱的表妹”，但他明显倾向于林奈的植物学方法，偏离了卢梭的本意。马丁解释说卢梭通过一些事实和一种自然哲学建立了植物学

学习的基础，而他自己则是“更上一层楼”，让他的女学生们可 20
以自己识别植物。卢梭本人对系统分类和任何执着于植物名字的行为有些反感；但马丁却发问道：“［对每位普通读者来说］既要投入植物学，同时又拒绝命名法，怎么可能呢？”马丁也推崇林奈分类方法，“这并非图尔内福的那个漂亮也有价值的法国理论，而是林奈提出的瑞典方法。我更喜欢后者，因为它最完善也最为流行”[17]。同样是向女性普及林奈植物学，格雷高里（G. Gregory）《自然的经济学》（*The Economy of Nature*，1796）的目标读者是“所有对一般性自然探究感兴趣的人和医药学的年轻学生，［尤其是］越来越有知识的女性群体”（序
言）。查尔斯·阿博特（Charles Abbot）出版了《贝德福德郡 21
植物志》（*Flora Bedfordiensis*, 1798），用林奈的分类方法罗列和描述了这个郡县的野生植物，“为‘阿尔比恩[18]美丽的女儿们’提供娱乐和指导”。威廉·梅弗（William Mavor）《女士和绅士们的植物学口袋书》（*The Lady's and Gentleman's Botanical Pocket Book*，1800，见插图8）是为了让“植物学更流行的新尝试”，将这本书设计为学习记录簿，读者可以把自己的植物学发现按林奈的方法填在合适的位置，并预留了空白处，好让读者找到标本后填上名字。

林奈思想在英国大众中流行不久后，女性便在阅读植物学书籍时面临文本和性的困境。植物的性是林奈植物分类学思想的核心所在，导致作者、教师、父母、译者和出版商对植物学保持高度警惕，尽管他们一心倡导植物学教育。

在18世纪70年代，医生兼植物学家威廉·威瑟灵（William Withering，见插图9）响应促进有用知识的启蒙运动号召，

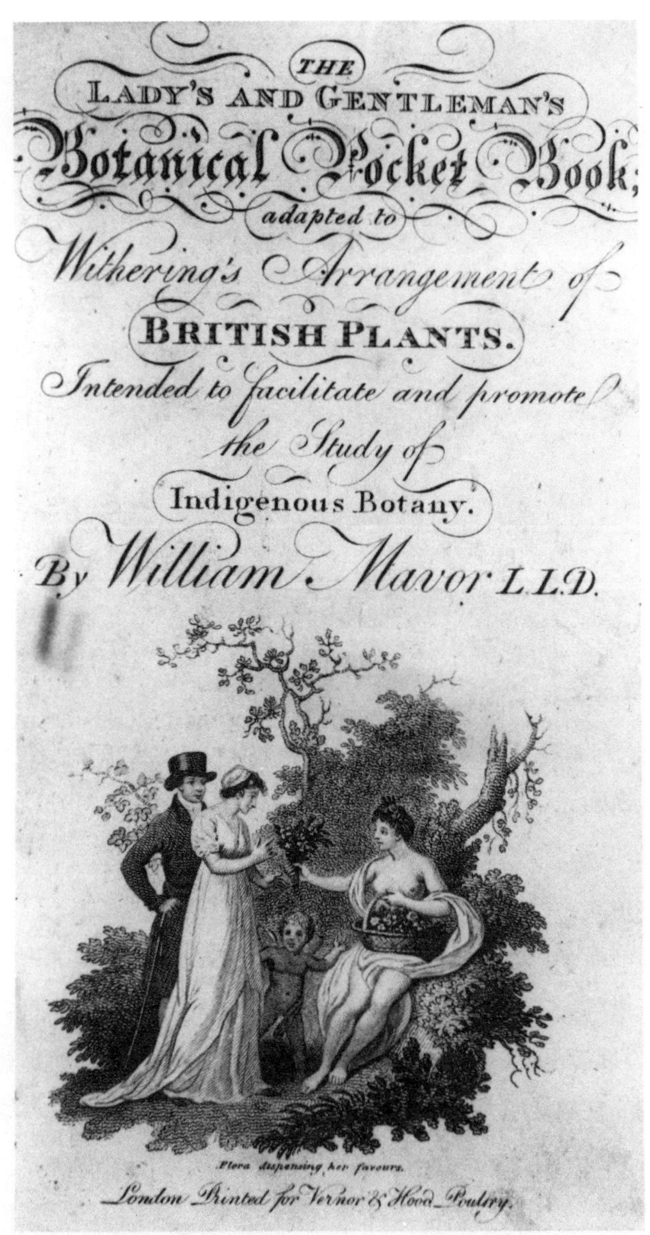

THE
LADY'S AND GENTLEMAN'S
Botanical Pocket Book;
adapted to
Withering's Arrangement of
BRITISH PLANTS.
Intended to facilitate and promote
the Study of
Indigenous Botany.
By William Mavor LL.D.

Flora dispensing her favours.

London Printed for Vernor & Hood Poultry.

插图8：《女士和绅士们的植物学口袋书》封面

插图9：威瑟灵肖像
卡耐基-麦隆大学亨特植物学文献研究所授权。

写了一本普及性的植物学手册《大不列颠本土植物大全》（*Botanical Arrangement of All the Vegetables Naturally Growing in the Great Britain*，1776）。这本植物分类手册介绍了林奈的分类方法，在当时享有盛名，再版了多次；1796年的第三版做了大量扩充和修改，被当成权威版本。这本书后来以“威瑟灵的植物学”闻名，“至少在一代人的时间里，一直是英国植物学的标准教材”[19]，读者对象涵盖了追随林奈的专业人士、热心的业余爱好者和儿童。桃乐茜·华兹华斯（Dorothy Wordsworth）在1800年5月16日的《格拉斯米尔日记》（*Grasmere Journal*）里写道，“啊！我们会有一本植物学书”，她和哥哥威廉在那年晚些时候就得到了一本威瑟灵的书。[20]20年后的1823年，一本流行童书里的角色抱怨植物分类学时嚷嚷道：“埃米琳，我根本不喜欢你的威瑟灵！”而她那个更热爱植物学的同伴回答道：“别，别，亲爱的！你不能毫无道理讨厌可怜的威瑟灵，因为他是我最喜欢的人，他对英国植物的编排非常有价值，可不能小觑。”[21]

不管是那个时代的威瑟灵，还是现在的我们，都可以从他这本书的历史中窥见林奈植物学存在的争议。威瑟灵在《大不列颠本土植物大全》中采用了林奈分类系统，使这本书成为两个争论问题的焦点，而这两个问题都是大众读者在采用此方法时无法
避免的：一是涉及林奈术语从拉丁文到英文的翻译问题，二是如 22
何呈现林奈关于植物的性理论。

威廉·威瑟灵是伯明翰月光社的成员，该组织是英国中部地区绅士业余爱好者及其朋友组成的一个非正式组织。从1775年到18世纪90年代初，他们定期聚会，探讨与科学技术相关的一些话题。月光社的成员包括伊拉斯谟·达尔文（Erasmus Darwin）、约西亚·韦奇伍德（Josiah Wedgwood）和马修·博尔顿（Matthew Boulton）等，他们都广泛涉足18世纪的科学发现，并将这些新发现使用在机械、矿物学和植物学等领域。[22]然而，关于林奈语言和林奈系统的基本特征，威瑟灵和达尔文却持有不同的看法，前者认为英语术语会让普通大众更容易理解林奈的方法，浅显易懂是他的首要原则，他把林奈的拉丁术语都翻译成了英语。在这本书的首版中，他把“雄蕊”（stamen）和“雌蕊”（pistil）翻译成“花丝”（chives）
和“柱头”（pointals），“花萼”（calyx）翻译成“环绕的 23
刺”（impalement）。他还将林奈描述叶形的拉丁词汇翻译为

英语，如叶缘不平滑、呈波浪形的叶子被林奈叫作“波状的”（repandus），威瑟灵将其翻译成“圆齿状的”（scalloped）。

威瑟灵的书让不同群体的读者能够了解林奈植物学，但他对一部分目标读者（即女性）持有的保守观念，削弱了他的进步主义初衷：想为更多的人创造学习机会。威瑟灵在写作时惦记着女性读者，他在1791年给女儿的信中贴心地说道：“我给你和其他很多人写信，我希望对你们来说，[我的植物学书]可以提供有用的知识和优雅而理性的娱乐。”[23]然而，读者不仅包括一般意义上的女性，也包括作者的女儿，他该如何处理书中性描写的相关内容？在描述林奈性系统时如何把握详细和生动的程度？是该称颂植物王国一夫多妻异花授粉的淫秽解释，或是该谨慎而委婉一些？在威瑟灵自己的性别意识里，女性是（或者说应该是）谦逊纯洁的，将植物的性毫无顾忌地展现在她们面前当然不妥。于是，本书在1776年首版时，他将相关术语和标题都翻译成英语，回避了所有的性描述语言。对林奈及其追随者来说，已经难以从他的术语中看出雄性和雌性器官所处的核心地位。威瑟灵直截了当地解释了为何要这样删改，他在首版序言里说道：“可以说穿着英国外衣的植物学已经成为女士们最喜欢的消遣活动……摒弃‘纲’和‘目’名字里面的性差异表述会比较合适。”

伊拉斯谟·达尔文固执地反对威瑟灵处理林奈语言的方式，争辩说学习植物学最好的方式就是按字面意思翻译林奈的作品，而不是将他的拉丁术语英语化。[24]1783年，也就是威瑟灵那本书出版7年后，利奇菲尔德植物学协会（Botanical Society of Lichfield）出版了林奈的《植物系统》（*Systema Vegetabilium*），将1400多种植物归到林奈系统的24纲，本书书名完全按字面翻译过来。译者解释说他们的目的就是要做“英国的林奈”，即“按字面意思精确地翻译”。他们将这本书与林奈植物学的其他译本放在一起，尤其是把它与威瑟灵那本书相对立，争论说威瑟灵的书“让[林奈的]很多工作对拉丁语世界的植物学家来说莫名其妙；对英国的学者来说也同样困难重重；而且 24
还给这门科学额外增加了大量新词汇”。他们主张，威瑟灵在准备写一本普及手册时，不该把术语翻译成英语，最好保持拉丁文原状，他们也反对威瑟灵删除性差异的那些词汇（序言）。[25]利奇菲尔德的林奈译本是精确翻译的样板，面向那些既懂拉丁文又渴望用英语交流林奈植物学的读者。译者们竭力把林奈的拉丁语和拉丁化的术语自然地融入英语的用法中，所以他们保留了林奈的拉丁术语“花萼”（calyx），表示包裹花蕾的叶状结构，而不是像威瑟灵那样翻译成“环绕的刺”。他们也承认在处理林奈的那些词汇时面临技术上的困难，尤其是翻译一些复合词的时候，因为林奈经常会造一些复合词去描述叶子和花，如“椭圆卵形”（oblonged-egg）、“斧形”（axe-form），他这种造词的方式用拉丁文可以表达得很准确，但翻译成英语时则有些尴尬。不管怎样，译者们的目标还是“保持和原文同样的简约和精确”。

利奇菲尔德植物学协会的《植物系统》以及接下来翻译的《植物家族》[26]（*The Families of Plants*）（即林奈的《植物属志》，*Genera Plantarum*）塑造了一种英国植物学的语言，为两类人搭建起了桥梁：一类只了解拉丁文世界里的林奈；一类几乎不懂或完全不懂拉丁文，想通过英语学习植物学。在他们打造英语世界的林奈以及植物学语言体系的过程中，他们寻求了塞缪尔·约翰逊（Samuel Johnson）的建议，并在序言中对他的帮助表达了谢意。

达尔文和威瑟灵的争论不仅仅关乎植物学术语问题，也关乎植物的性，这是林奈植物学的核心所在。威瑟灵将林奈术语英语化，故意掩盖其分类学中的性描述，而在利奇菲尔德的译者们看来，这无疑否定了植物学知识的重要进步。在达尔文和威瑟灵关于植物的性描述的争论中，利奇菲尔德的译者们不但在专业术语翻译上再胜一筹，而且在林奈植物学的核心方法介绍上也占据了上风。后来，他们的译本成为林奈植物学著述的风向标，他们还将花萼、圆锥花序、雄蕊和雌蕊等术语在植物学中固定下来。不过，威瑟灵在《大不列颠本土植物大全》第三版时做了一些修改，接受了一些固定用法，包括拉丁专业术语和林奈为各纲取 25
的名字。“英国读者会理解”，他写道，“专业术语上的大量变化，使其更接近林奈的语言表达；但作者在此只是跟随大众的品味，而非冒失地试图误导大众”（序言）。

从18世纪80年代利奇菲尔德的林奈译本出版到1796年威瑟灵植物学第三版问世，其间伊拉斯谟·达尔文发表了“臭名昭著”的诗歌《植物之爱》（*The Loves of Plants*，1789），这首诗后来 26
成为诗集《植物园》（*The Botanic Garden*，1791）的第二部分。《植物之爱》是一首关于自然的诗歌，附有冗长的脚注解释。借“植物缪斯”之声，达尔文展示了各种植物、描述了80多种植物的雄蕊和雌蕊，对林奈所有的纲和目都列举了示例植物。在序言部分，达尔文介绍了林奈性系统，也在诗歌正文的四个章节脚注里做了相关的植物学讨论。出版商在1791年发行《植物园》两卷四开本时，定价高达21先令。几年后，达尔文的年轻朋友、诗人安娜·苏华德（Anna Seward）回忆起这个时期说：“书商给这本书定了这么高的卖价，无疑是对作者的信任，相信这本书会很受欢迎。在那个时候，植物学依然非常流行，不只是哲学家，好学的文雅女士和绅士们也在探索它的奥秘。”[27]（见插图10）

相比之下，《植物之爱》并不完全是向门外汉讲解林奈植物学方法，更多的是唤起情爱的冲动，因为达尔文发现这是性系统的核心所在。林奈性系统是达尔文将植物王国的爱和性进行人格化的出发点，他的诗歌展示了性和繁殖是植物世界最重要的使命，激发着每朵花里“男人”和“女人”的行为。在充满激情和性幻想的诗句中，达尔文开创了简洁的植物描述方式，构想了“花花公子向美人们求爱并获得植物之爱”的情节。[28]通过与人的类比，他把人类的性置换到植物世界，编织诗句，非常生动地展示了植物的典型特征。

达尔文解释道，《植物园》的整个目的是“打着科学的幌子激发人们的想象力”，把科学知识带到生活中去，激发读者的科学热情。[29]达尔文相信，科学和进步的启蒙思想鼓励学校加强对女孩的科学教育，他后来在《寄宿学校的女孩教育实施计划》（*A Plan for the Conduct of Female Education in Boarding Schools*，1797）一书中把植物学列为女子学校理想的学习科目之一。在这本书中，他列举了涉猎广泛、进步的教学内容，特色是纳入更多的科学和体育教育内容，不同于老师和父母所一贯期望的女性标准：柔弱。除了算术、地理、博物学、神话学和绘画，他建议将植物学也作为一门学科，并推荐了一些具 27
体的书目，引导她们进入植物学的世界。达尔文的这本书旨在呼吁为女孩提供更丰富的学习课程，如给年轻学生和女孩们推荐一些适宜的科目，这本书也成了这些科目的教材指南。[30]

同时，达尔文在诗歌和教学法写作中都强调了性和性别差异。《植物之爱》很自然地展现了传统的性政治，诗句中充满了淫秽的女性描写，如处女百合“黯然伤神……默默哀叹”，黄花九轮草“对着五位求爱的公子哥，放纵地弯着腰”，读到剪秋罗，则是“放荡地裸着，展示着力压群芳的魅力/把惊愕的情人们勾入她的臂弯”。虽然有的诗句充满感伤、流着泪、羞红了脸，还有慈母的叹息，但主腔调还是以男性为中心的性幻想带来的情欲快感。像林奈一样，达尔文的思想是18世纪关于性和性别差异争论的一部分，他并没有在诗歌中有任何令人惊讶的言论——他自己的角色“只是一位花卉画家”，他的诗句是“悬挂在女士更衣室烟囱上的各种小画”（开篇）——尽管达尔文在政治上思想进步，但他个人在这方面的想象却很极端：一端是迷人、羞涩的处女，另一端是性感、饥渴的女人。虽然达尔文的描写在为女人的性发声，但他笔下的女性依然是保守的，而且保守得很极端。

在18世纪90年代的政治动荡时期，保守的性别意识依然占据上风，不少人认为女性就不该了解性知识，或者将性知识与不符合女性规范的行为等同起来，在他们看来，林奈的植物性系统代表的政治思想别有用心。在玛丽·沃斯通克拉夫特（Mary Wollstonecraft）去世后的那年，反雅各宾派（anti-Jacobin）牧师和诗人理查德·波尔威尔（Richard Polwhele，1760—1838）在诗歌《无性的女人》（*The Unsex'd Females*，1798）中，将矛头直指沃斯通克拉夫特和她“凶悍的盟友”女作家们。波尔威尔是政治上的一位保守主义者，在效力于教堂、国王和国家的他看来，沃斯通克拉夫特就是自由主义者和革命分子的危险化身，与法国共和主义和无神论扯在一块。威廉·戈德温（William

Godwin）在遗作——给沃斯通克拉夫特写的传记中，直言不讳地描述了她个人的抗争和有悖传统的生活，甚至让原本志趣相投的作家对她动荡的个人生活深感不安。沃斯通克拉夫特很容易成为波尔威尔的靶子，被谴责带坏了90年代的文学女性，例如安娜·巴鲍德（Anna Barbauld）和夏洛特·史密斯等，让她们偏离了“女人味”的情感道路。在巴斯的文学女性眼里，波尔威尔是一位年轻有为的诗人，但他的诗充满了对某些女性的愤怒，因为她 28
们与他观念里的理想化女性背道而驰，而他的理想化女性是保守的福音派作家汉娜·摩尔（Hannah More）这样的人物。波尔威尔使用了“新哲学里的女堂·吉诃德”这个称呼来抨击女性学习植物学，谴责探究植物的女性故意参与到性活动中，警告说如果“学习植物学的女孩子……不留心的话……她们很快会从谦逊羞涩的红脸蛋变成厚颜无耻的青铜色面孔”。有一节诗如此写道：

> 植物学让她们欣喜若狂，胸脯高耸，
> ［她们］仍在摘取禁果，与夏娃母亲一起，
> 惊叹于青春萌动之花的心跳，
> 或者，毫不避讳植物的淫荡，
> 解剖它被欲望玷污的器官，
> 天真地凝视着挑逗的粉末。[31]

波尔威尔将笔和淫乱相提并论，这一做法同笔和阳具的文化类比如出一辙。按这样的逻辑，女作家是在公然违背道德，展示性欲。[32]他在诗中的脚注明确表示了他不仅反对女性学习植物学，更反对青年男女在一起学习植物学。对他来说，探究植物

简直就是在亲身实践性行为，他写到自己“见过女孩和男孩一起学习植物学”，这在他的保守主义立场看来就是假正经和淫乱行为。他的批判立场当然也包括对女性科学实践的反感，以及对其他“法国式的”（Gallic）和“革命的”行为的批判，例如承认性欲和给小孩讲性知识。

在波尔威尔歇斯底里的攻击背后，隐藏着关于身体政治里的性和国家道德的争论，这个话题在18世纪90年代一直是政治领域的关注点。玛丽·沃斯通克拉夫特自己也关注“不洁与贞洁”的话题，她在《为女权辩护》（*A Vindication of the Rights of Women*）中的一个基本观点就是将理想的人类理性、婚姻中的友谊和美德与女性不恰当的教育现实进行对比，她所看到的女性教育很容易就让她们被好色者所奴役、被错误的文雅观念所牵绊。然而，她固然坚信应该鼓励女性的美德，并对她们有所约束，但并不反对教女孩子植物学知识；按她的设想，植物学在小学课程中应占有一席之地，她也更青睐男女同校的走读学校。[33]类似地，诗人安娜·苏华德也认为植物学对女孩来说不存在困难；她不同意那些抱怨林奈的语言不适合大众女性读者的人。如苏华德所言，林奈的植物性语言“只是不适合 29
这样的女性：她们依然相信苗圃里发生的传说，以为孩子是从欧芹地里挖出来的；她们也从来不去教堂或阅读《圣经》——在目前这种现实状况下，对两性作为动物繁衍的前提条件竟然一无所知”[34]。林奈学会创始人詹姆斯·史密斯当时在写《植物生理学和分类学入门》（*Introduction to Physiological and Systematical Botany*，1807），他的妻子普利赛斯·史密斯（Pleasance Smith）就波尔威尔对植物学女性的攻击反驳道：

"我很高兴地看到，这门美丽纯洁的学问，从你笔下所有的批判中逃脱出来——如果自然可以被所有的女性欣赏和探究，那么植物世界必然不会让她们失去教养……这更符合虔诚而纯洁的心灵，而不该被判定为无用的追求。洁本自洁，清者自清，而对堕落腐化的人来说，无论活物、死物，还是自然物、人造物，所有东西都会激发他们放纵的想法。"[35]

本书开篇引用的1786年那篇"植物学对话"里，其中一位女性似乎开心地念叨着植物学的专业术语，就好像使用专业词汇是学习植物学的诱因之一。虽然植物学的专业术语里夹杂着复杂的文化争论，但更突出的问题是，女性与植物学用语的争议演变成了更广泛的性别政治议题之一。林奈系统作为一种命名法在某些方面促进了植物学研究，因为他采用的双名法代替了过去常用来描述植物特征的累赘词组。林奈同时代的瑞士植物学家哈勒（Albrecht von Haller）给一种龙胆属植物命名为"*Gentiana corollis quinquefidis rotatis verticillatis*"，与这串冗长的描述形成对比的是，林奈在属名后面为这个物种加的名字仅有一个单词，并将哈勒的龙胆重新命名为黄龙胆（*Gentiana lutea*），此物种的简洁名字最早被林奈在《植物种志》（*Species Plantarum*，1753）中采用，这一做法极大地简化了植物的鉴定。

林奈命名法的传播让植物学讨论打破了国家和语言的边界，但也导致了植物学的排他性。拉丁植物学命名法带来了标准化，有利于商业利益和农业改良，对专业的博物学家和科学家来说也是有益的，他们渴望将自己的工作与上一代人的本草俗名和地方性实践区别开来。林奈的方法"反映了欧洲大陆跨越国界的科学愿景……林奈故意复兴拉丁文并使用在他精简的命名法

中，因为拉丁文不是任何人的国语”[36]。然而，不懂拉丁文或 30
者缺少古典教育的人因此无法进入林奈植物学的核心领域，拉丁文成了看门人，限制了准入门槛，只有符合条件的性别和阶级才能进入。在进入17世纪时，本草学很繁荣，命名法上存在地区和语言差异，俗名是在本草学实践中受女性欢迎的习惯用法，但到了17世纪晚期，关于自然世界的流行观点和学术观念开始明显分化。“蓝袜子”圈子里一位年老的女性弗朗西斯·博斯科恩（Frances Boscawen）在写给朋友玛丽·德拉尼（Mary Delany，1700—1788）的信中，谈到了她花园里新到的一种植物，发表了自己对植物学命名法相关的语言政治的看法：

> 我乘坐马车从［巴罗斯先生］那里带回了一株植物，它有一个长得惊人的希腊名字，我还没到家就忘了，但我还是希望它……能扎根下来，生长繁茂……它的名字是M开头的，好像是Mucephalus还是什么，但不止这一个词……我不认识这种植物，至少这个难记的名字我就没听过，如果它的名字比较简单，估计苗圃主人就不会相信我对它有兴趣吧，唯恐我会轻视这株植物和它的主人；可能在他看来，记住如此累赘的名字并念出来，说明我比较看重他和这株植物吧。[37]

对苗圃主人来说，植物的“硬名字”（hard name，学名）和“软名字”（soft name，俗名）的差异代表着不同的地位和意义，对博斯科恩来说也如此。她的这段评论表明，他们都很清楚“通俗”和“高雅”言辞之间的博弈，这也体现了那个时期语言的社会史和政治史特点。[38]

从18世纪60年代到19世纪30年代，简单易行的林奈分类方法让植物学在英国成了一门流行的科学，随处可以感觉到这种流行的盛况，如杂志、小说、科普书、诗歌、艺术、游戏和公共讲座等。在这几十年间，英国植物学基本上都是采用林奈方法。各种图书如雨后春笋般涌现出来，一些是写给普通的成年读者，一些则区分了读者的性别和年龄。植物学也进入学校课程，供“学校和家庭”当教材和非正式教育使用的书都层出不穷。但到了19世纪20年代，研究植物学的不同阵营开始出现。对诗人和早期的科学家（protoscientists）[39]来说，他们用非常不同的方式去探究植物，这也是他们自然观念的一部分。林奈植物分类系统和命名法因此遭到各种批判，诸如在整体论和情感影响下去探究自然 31
的浪漫主义诗人、随笔作家和科学家等，他们反对植物分类学，与早期植物学家对分类学的执念完全不同。对一些浪漫主义者而言，植物学不过是一门词汇的科学，让人远离对自然的直观感受；查尔斯·兰姆（Charles Lamb）就完全反对从自然中获取知识和信息，主张用哲学、美学和诗性的方式取代植物学和博物学启蒙。其他人则认为艺术和科学的边界比较模糊，如约翰·济慈（John Keats）广泛接触了植物学，将其作为医学训练的一部分，他在写诗的时候大量用到本草学和植物学知识，展示植物奇妙的特性；对他而言，植物学是诸多重要的自然灵感来源之一。[40]柯勒律治很敬仰林奈对植物学的贡献，但他认为基于表面特征的分类方法让人难以理解真实的因果律，他的目标是通过艺术与科学的解释，以及心灵与自然的和谐去定义自己与自然的关系。[41]

与之形成对比的是，更专业的植物学圈内人士在19世纪20年代取得了卓有成效的研究进展。一些植物学家转向植物生理学这个新领域，并尝试将研究结果用于作物产量的提高。越来越多的植物学家开始放弃林奈基于繁殖器官的分类方法，而是根据一系列的植物特征将其归到不同的科中，他们更青睐巴黎的裕苏（Antoine Laurent de Jussieu）[42]和日内瓦的德堪多（Augustin-Pyramus de Candolle）确立的“自然系统”分类方法。从林奈分类方法到自然系统的转变迅速发生在专家、植物学家和受教育程度较高的能够阅读高水平期刊的群体中。例如，1819年《哲学年报》（*Annals of Philosophy*）上有一篇关于科学进展的评论文章，发现自然系统取得的进步和林奈性系统越来越被忽视后而得出结论，“不得不说，从［林奈方法］的权威中挣脱出来对科学是有益的；仅仅按照植物繁殖器官的数量、比例和联结关系进行植物分类浪费了很多时间，我们毫不怀疑在几年后植物学将重新找回这些失去的时间，将［分类学］转向被完全忽略的亲缘关系……以及利维纳斯（Augustus Quirinus Rivinus）、图尔内福和雷等人的系统”[43]。老师们依然在给学生传播林奈植物学，但越来越多的人认为，林奈植物学更像是提供给儿童、初学者和女性的入门知识，处在植物学知识的阶梯
上最低的阶段。在18世纪90年代，评论家们开始区分“植物学 32
家”（botanist）和“植物学爱好者”（botanophile），以及科学家和业余爱好者，这种区分在之后的几十年里不断被强化。而且这种区分的性别化也愈加突显，植物学家通常是男性，具有男子气概，而植物学爱好者则多是女性，充满女性气质。其结果是，在19世纪20年代，一些植物学家开始行动起来，为这门科学的公共形象“去女性化”。

注 释

［1］ James Sowerby, *Botanical Pastimes…Calculated to Facilitate the Study of the Elements of Botany* (London: Darton, Harvey, and Darton, ca. 1810). 例如，在一副牌里编号1的卡片提问“请描述一株完整的植物”，拿到答案卡的玩家就会回答：由根、树干或茎、叶子、支撑部分、花和果（卡片上的描述），然后反过来再提问，回答错误的人会从提问者那里得到一张牌。最后的赢家是最先抛完手里所有牌的人（伦敦自然博物馆）。

［2］ 关于18世纪英国的科学，见Larry Stewart, T*he Rise of Public Science: Rhetoric, Technology. and Natural Philosophy in Newtonian Britain, 1660—1750* (New York: Cambrideg UP, 1992); James E. McClellan, *Science Reorganized: Scientific Societies in the Eighteenth Century* (New York: Columbia UP, 1985); Maureen McNeil, *Under the Banner of Science: Erasmus Darwin and His Age* (Manchester: Manchester UP, 1987).

［3］ 不管是性分类系统还是自然分类系统，其等级中从“纲”到“属”只有“目”一个等级，比现在少了 “科”这一等级，但当时的“目”实质上与现在的“科”相当。如果写成“科”一是造成时代错误，另一方面也会引起中英文的不对应，故本书还是一律按字面翻译成“目”来代表“纲”和“属”中间的等级。——译注

［4］ 林奈分类系统的图表参看Wilfrid Blunt, *The Compleat Naturalist: A Life of Linnaeus* (London: Collins, 1971): 242–249,威廉·斯特恩（William T. Stearn）做的附录表格；也可参考Gunnar Eriksson, “Linnaeus the Botanist,” in *Linnaeus: The Man and His Work*, ed. Tore Frängsmyr (Berkeley and Los Angeles: U of California P, 1983).

［5］ 这首诗的手稿附在藏于大英图书馆里利奇菲尔德植物学协会翻译的林奈《植物系统》（*A System of Vegetables*, vol. 2, BL447c. 19）的末尾，估计是为这个译本的出版临时写的。尽管这首诗没有署名，内部的一些证据显示是安娜·苏华德（Anna Seward）的作品。

［6］ 关于植物性繁殖的早期历史见John Farley, *Gametes and Spores: Ideas*

about Sexual Reproduction, 1750–1914 (Baltimore: Johns Hopkins UP, 1982).

[7] Linnaeus, *A Dissertation on the Sexes of Plants*, trans. James Edward Smith (London, 1786).

[8] Londa Schiebinger, *Nature's Body: Gender in the Making of Modern Science* (Boston: Beacon,1993), chap.1.

[9] 关于科学里两性体系的形成理论，可参看Thomas Laqueur, *Making Sex: Body and Gender from the Greeks to Freud* (Cambridge: Harvard UP, 1990), 第五章；以及隆达·施宾格（Londa Schiebinger）关于互补理论的历史讨论，*The Mind has No Sex,* 第七、八章。

[10] 18世纪70年代与"纨绔子弟举止"相关的性别焦虑，见Paul Langford, *A Polite and Commercial People: England, 1727–1783* (Oxford: Oxford UP, 1992), 第12章；也可参考G. J. Barker–Benfield, *The Culture of Sensibility: Sex and Society in Eighteenth–Century Britain* (Chicago: U of Chicago P, 1992).

[11] Charles Alston, "A Dissertation on Botany," in *Essays and Observations, Physical and Literary*, 2d ed. (Edinburgh, 1771), i: 263–316.

[12] 18世纪50年代，在伦敦成立的文化沙龙，成员主要是贵族女性。到18世纪末，"蓝袜子"还是一个中性词，到19世纪后，其声誉开始下降，慢慢专指女性知识分子，最后演变成贬义的"女学究"之意，本书第八章中简·劳登就用了"女学究"之意。——译注

[13] 书信日期是1821年11月6日，见Lady Pleasance Smith, ed. *Memoir and Correspondence of the Late Sir James Edward Smith, M.D.* (London, 1832), 1: 507; 也可参考Frans A. *Stafleu, Linnaeus and the Linnaeus: The Spreading of Their Ideas in Systematic Botany, 1735–1789* (Utrecht: International Association for Plant Taxonomy, 1971).

[14] 一则报纸广告对这样的田野活动描述道："本月31日，药剂师公司的植物讲解员、《伦敦植物志》作者威廉·柯蒂斯将带领第一次本草学野外实践，会在巴特西（Battersea）的田间草地搜寻当季植物，九点在沃克斯豪尔（Vauxhall）附近的九棵榆树（Nine Elms）咖啡屋集合。希望了解这个小镇附近野生植物或者想学习林奈植物学的绅士们，可以抓住这次难得的机会，下周六一起来学习。"（*Gazetteer*, May 28, 1777）。1779年，柯蒂斯在伦敦朗伯斯区（Lambeth）建了一个私人植物园——伦敦植物园，10年后搬到了

布朗普顿（Brompton）；该植物园对外开放，1801年有213位参观者，见Ray Desmond, *A Celebration of Flowers: Two Hundred Years of Curtis's Botanical Magazine* (Kew: Royal Botanic Gardens, 1987), 21.

[15] Desmond, *A Celebration of Flowers*, 40, 23.

[16] 这些书信的接收者德莱赛尔夫人比卢梭这位导师成为更受欢迎的植物学家，布兰奇·亨里（Blanche Henrey）将她描述为“投入的植物学家，拥有一个著名的标本馆和植物学图书馆”，见*British Botanical and Horticultural Literature before 1800* (London: Oxford UP, 1795), 2: 55.

[17] Jean-Jacques Rousseau, *Letters on the Elements of Botany*, trans. Thomas Martyn, 2nd ed. (London, 1787), v, 18, 86.

[18] Albion，不列颠岛的古称，现在作为诗意的雅称有时在文学中会用到。——译注

[19] Allen, *Naturalist in Britain*, 48. 第二版在1787—1792年出版，第三版改了个新的书名《不列颠植物大全：按最新的林奈方法分类》（*An Arrangement of British Plants; According to the Latest Improvement of the Linnean System*, 1796）。威瑟灵去世后，在其子监督下这本书又出了三版，到1877年时已经出版了14版。

[20] Mary Moorman ed., *Journals of Dorothy Wordsworth* (London: Oxford UP, 1971), 16, n. 2. 现存的四卷本附有页边注，见John Blackwood, “The Wordsworths' Book of Botany”, *Country Life*, October 27, 1983, 1172-1173; D. E. Coombe, “The Wordsworths and Botany,” *Notes and Queries* 197 (1952): 298-299.

[21] 在萨拉·威尔逊（Sarah Wilson）《访格鲁夫小屋》（*A Visit to Grove Cottage*, 1823）里，一位伦敦出生的女青年拜访住在乡下的朋友的女儿们，跟她们抱怨说：“植物学对我来说太枯燥了，不管我多么喜欢植物花草，我也觉得自己不会喜欢植物学；而且我真搞不懂这些冗长的名字有啥意义，如单雄蕊纲、双雄蕊纲啥的，我是在你那本威瑟灵的书里偶然看到了这些词。”而这位乡下姑娘埃米琳很喜欢植物学，就如此为威瑟灵辩护（第34—35页）。

[22] Robert E. Schofield, *The Lunar Society of Birmingham: A Social History of Provincial Science, and Industry in Eighteenth-Century England* (Oxford: Clarendon, 1963).

[23] William Withering, *Miscellaneous Tracts: To Which Is Prefixed a Memoir*

of His Life, Character, and Writings, ed. William Withering the Younger, 2 vols. (London, 1822), 1: 113.

[24] 关于这个问题可以参考Desmond King-Hele, ed. *The Letters of Erasmus Darwin* (Cambridge: Cambridge UP, 1981): 111-115. 在18世纪80年代，这两位产生了一系列有关植物学和个人的争执。威瑟灵以毛地黄医治猩红热闻名，他的《毛地黄及其医药用途》（*Account of the Foxglove and Some of Its Medical Uses*, 1785）报告了十年的临床观察。达尔文声称威瑟灵刚去世的儿子才是最先发现毛地黄疗效的人，这惹怒了威瑟灵。见Schofield, *Lunar Society*, 163-165和Desmond King-Hele, *Doctor of Revolution: The Life and Genius of Erasmus Darwin* (London: Faber and Faber, 1977): 101-103.

[25] 这部作品的译者团队通常是以伊拉斯谟·达尔文为主要成员的非正式团体，其他成员还包括约翰·杰克逊（John Jackson）和布鲁克·布思比（Brooke Boothby）。

[26] “科”的概念形成很晚，从现在的分类学来看，“科”更接近当时的“目”而非“属”。因此，此处不宜按现在的分类译为“科”。感谢刘华杰教授的建议。——译注

[27] Anna Sward, *Memoirs of Dr. Darwin* (London, 1804): 167-168.

[28] Erasmus Darwin, *The Botanic Garden* (1789-1791; rpt. Menston, Yorkshire: Scolar, 1973): 9-10.

[29] 如珍妮特·布朗（Janet Browne）指出的，在18世纪80、90年代，植物学对伊拉斯谟·达尔文来说承载着多种不同的社会和个人的用途和含义。在科学政治上，《植物之爱》通过展示植物和人类“天然的”性，成为林奈学派和反林奈学派之间争斗的武器。对繁殖力的强调也体现了达尔文关于自然界发生的转变和进步的演化等观念。在个人层次上，达尔文有可能意欲将这首诗作为“一种爱情赞歌”送给未来的妻子伊丽莎白·波尔（Elizabeth Pole），见“Botany for Gentlemen: Erasmus Darwin and the Loves of the Plants”. *Isis* 80, 4 (1989): 593-620；也可参考Londa Schiebinger, “The Private Life of Plants: Sexual Politics in Carl Linnaeus and Erasmus Darwin”, in Benjamin, *Science and Sensibility.*

[30] 在《寄宿学校的女孩教育实施计划》中，达尔文推荐了一些植物学参考书，包括詹姆斯·李《植物学概论》和“利奇菲尔德一个协会翻译的林奈作品”（即他自己的翻译）。他尤为推荐玛丽亚·杰克

逊（Maria Jacson）《霍尔滕西娅与四个孩子的植物学对话》，“一部介绍植物学基础知识的新书……非常适合在学校使用，是M. E. 杰克逊写的，这位女士非常精通植物学，该书由伦敦的约翰逊公司出版。”（London: Johnson, 1797; rpt. New York: Johnson, 1968）: 41.

［31］Richard Polwhele, *The Unsex'd Females* (1798), 9, n. 1: 8–9. 关于波尔威尔，见Emily L. de Montluzin, *The Anti–Jacobins, 1798–1800: The Early Contributors to the "Anti–Jacobin Review"* (New York: St. Martin's, 1988): 129–132.

［32］见Cf. Sandra M. Gilbert and Susan Gubar, *The Madwoman in the Attic* (New Haven: Yale UP, 1979), 7. 作者在这里探讨了文学中的父权制隐喻及其对文学女性的暗示，并发问：“如果笔是隐喻中的阳物，那女性应该使用什么器官来创作的好？”

［33］一位女性读者问：“女性是否可以学习植物学的现代方法，但又不会有损女性的得体？”一位期刊编辑回答说“她们不能”，玛丽·沃斯通克拉夫特对“让人讨厌的谦卑观念”提出了严厉的批判，见*A Vindication of the Rights of Woman* (1792; London: Penguin, 1922), 293, 233.

沃斯通克拉夫特翻译了《为儿童写的道德故事》（*Elements of Morality, for the Use of Children*, London: Johnson, 1791），这是一本德国的道德故事集，关于懒散、诚实和劳动价值等主题。原书作者扎尔茨曼（C. G. Salzmann）对性教育感兴趣：“我完全认同根除（不道德）的最有效方式……应该与孩子们开诚布公地讨论生殖器官，就像我们跟他们谈论身体的其他器官一样，向他们解释这些器官被设计出来有何高贵的用途，以及什么情况下会伤害到它们。”（xiv–xv）

［34］伊拉斯谟·达尔文遗作《自然神殿》（*Temple of Nature*）遭到批评，说它“不适合女性阅读”，他的朋友安娜·苏华德是在回应这些批评，见1803年6月20日从利奇菲尔德写给利斯特医生（Dr. Lister）的第14封信，选自Anna Seward, *Letters Written between the Years 1784 and 1807* (Edinburgh, 1811), 6: 79–85.

［35］书信的日期是1806年6月1日，藏于林奈学会，Smith MSS, 19: 176.

［36］Mary Louise Pratt, *Imperial Eyes: Travel Writing and Transculturation* (London: Routledge, 1992): 25.

［37］Mary Delany, *The Autobiography and Correspondence of Mary Granville,*

Mrs. Delany. Ed. Lady Llanover. Ser. 1 (London, 1861), 1: 559.

[38] Olivia Smith, *The Politics of Language, 1791—1819* (Oxford: Clarendon, 1984).

[39] 该词来自原科学（protoscience），指科学史最早期阶段，但科学哲学家和科学史家还有其他定义。——译注

[40] Donald C. Goellnicht, *The Poet-Physician: Keats and Medical Science* (Pittsburgh: U of Pittsburgh P, 1984); Hermione de Almeida, *Romantic Medicine and John Keats* (New York: Oxford UP, 1991); Alan Bewell, "Keats's 'Realm of Flora'," *Studies in Romanticism* 31,1(1992): 71-98.

[41] 在读一位法国植物学家的书时，柯勒律治在笔记中写道："目前的植物学是什么？不过是没完没了的命名法；庞大的名录，*bien arrange*……没完没了的同义词堆砌，让这个名录不断膨胀，术语体系、方法和科学不过是不合时宜的礼仪词汇，没有神经的波动或脉搏的跳动，也没有生长的迹象或内在的同情。"转引自Trevor H. Levere, *Poetry Realized in Nature: Samuel Taylor Coleridge and Early Nineteenth-Century Science* (Cambridge: Cambridge UP, 1981): 89.

[42] 作者将裕苏当成更早期的一位法国博物学家（Bernard de Jussieu, 1699—1777）。——译注

[43] *Annals of Philosophy* 16 (1820): 130.

第二章　植物学休闲文化中的女性

英国漂亮的姑娘们激情满满地投身于植物学研究，这为她们自身赢得了最大的尊敬，也显著地提升了这门科学的声望，使其免遭责难。虽然她们未必在这门学科上有卓越的贡献，至少让它备受欢迎，成为一种时髦的潮流——尽管普遍认为女性不宜接受学术和专业训练，科学的这个分支能够取得如此显著的成效却得益于众多女性的参与，这也有力地证明了女性与生俱来的宽容大度。

——查尔斯·阿博特，《贝德福德郡植物志》，1798

本书开篇的“植物学对话”引自1786年，从中可以窥见在 35
18世纪80年代，植物学被看作是一门适合女性的科学，并在当时主流的性别意识形态下备受推崇。对话中的弗洛拉和英吉安娜两位女士是学习林奈植物学的典型例子，她们谈论着植物的名字，沉浸在植物学中。然而，有人叫她们回屋时，她们会立刻把植物学搁置一边，离开花园，回归家庭事务，切换到当时社会标准下的好女人角色中。在这个时期，植物学对话真实地发生在女性之间，发生在现实的花园中。是该鼓励女性探究植物，还是该告知她们植物学的危险性？是该认可还是该谴责她们这样的对话？这都取决于不同的态度。植物学被越来越多地与女性联系在一起，也因此负载了更为宏大、但常常又说不清道不明的复杂含义。

自18世纪80年代开始，植物学与传统观念里女性的天性和“本职”角色是一致的，符合作家和文化仲裁者们对女性和家庭意识的性别化假设，成为塑造女性的一种方式，或者说植物学可以让她们成为更好的妻子和母亲。例如，有作家从美学的角度认为植物学符合女性美丽、优雅或娇弱的气质。《绅士杂志》（*Gentleman's Magazine*）的一位通信者宣称“照料外来植物不仅是女性更为特殊的职责所在，也因为植物生长需要非常精细的照料，这是一项优雅的家庭休闲活动，比起男性笨拙的双手，女性灵活的纤纤玉手才能做得更好。女士们也更方便去调节温室的窗户，这种细活儿以绅士们的细心程度是难以做到的”[1]。其他人则从教育的角度认为，植物学是达到虔诚、健康的一种方式，也是远离肤浅活动的一种方法。它被当成一项“愉快的活动”，可以带来“理性的快乐”，更适合女性“在田野、树林和父亲的花园里学习……比起荒芜的沼泽，这些地方与她们的天性更相宜，也更有利于她们身体锻炼”。[2]还有人将植物学与探究动物或昆虫进行比较，认为植物学没有残忍的杀戮和解剖。
18世纪晚期的社会评论家们将植物学看作一项女性活动，供她 36
们“娱乐消遣”。简而言之，植物学可以作为一种检验人们对待女性态度的方式。

尤其到了18世纪晚期，植物学成为社会中上阶层培养女孩子女性气质的方式之一。例如，植物学就像音乐一样受到性别和阶级观念的影响，被当作是适合女孩和妇女的文雅活动。[3]探究植物作为女性流行的休闲爱好，女性也能从中学到知识，她们参与的方式包括采集植物、制作标本集、学习植物学拉丁文、阅读林奈植物学手册、参加植物绘画课程、使用显微镜学习植物生理学、写植物学入门书等。乔治三世的妻子夏洛特皇后就是一个典型例子，从她身上可以看到植物学成为常见的女性活动而受到欢迎，在18世纪最后那30年里，植物学一直都是她喜爱的娱乐活动。《女士诗歌杂志》（*The Lady's Poetical Magazine*）创刊号的一首诗歌称赞夏洛特皇后为模范妻子和母亲，也赞美了她在科学上的兴趣：

为英格兰欢呼，每位女性的心思，
更多地向着科学，远离浮华；
如果父母们，通过实例，谨慎地教育，
从她们的皇后那里获取美德的火焰！
习得每项技艺，为生活添彩，
瞧啊，她是热爱科学的妻子！[4]

在英国启蒙运动的氛围中，父母和老师都会对孩子进行科学教育，在他们看来，科学活动要比其他肤浅的社会娱乐更利于女孩子的礼仪和道德培养。夏洛特皇后就是这样，她很早就对文雅的科学活动产生了兴趣，喜欢花卉和园艺。因此，她还接受了植物学指导，也认为女儿们应该学习植物学。国王和王后也是邱园慷慨的赞助人，邱园是乔治三世的母亲奥古斯塔王妃和她的老师比特伯爵（Lord Bute）花了不少心血建立起来的。1773年，约瑟夫·班克斯（Joseph Banks）爵士用夏洛特皇后的名字命名了一种刚引种到英国不久的鹤望兰（*Strelitzia reginae*，见插图11），“向当今大不列颠皇后的植物学热情和知识致敬”。乔治国王为她买的标本馆坐落在弗洛格莫（Frogmore）的温莎大公园内，林奈学会主席曾被邀请来帮她管理标本并指导皇后和公主们学习动植物知识。[5]18世纪90年代，夏洛特皇后经历了个人和政治上的动荡期，她每天和三个年长的女儿去拜访弗洛格莫，从植物学中寻求慰藉。当时有人报道说，她“坐在那间喜欢的绿色小屋里，读书、写字、学习植物学”[6]。牧师植物学家和林奈学会会员查尔斯·阿博特（Charles Abbot）将他的《贝德福德郡植物志》献给了夏洛特皇后，因为她是“幅员辽阔的大英帝国里第一位女植物学家”，将她列为那个时代为植物学做出贡献的众多女性的首要代表。

夏洛特皇后的例子无疑是植物学得到社会认可的一大标志，它成为备受推崇的家庭娱乐活动，虽然尚存一些争议，但女性学习植物学依然得到鼓励。中产阶级、上流社会和贵族家庭的女性成为新生力量，参加文雅休闲的植物学活动，充当植物采集员和绘图员，学习分类学。当她们的兄弟和儿子们离开学校、在游学旅行中获得丰富的体验时，庄园里的贵妇和城里的新中产阶级女性待在家里，参加一些必要的传统社交活动。她们不能正式加入植物学和科学的公共机构，也不能成为皇家学会和林奈学会的会员，更不能参加会议、宣读论文或者将自己的发现成果发表在这些学会的期刊上（极少数除外），于是作家、老师和布道者们就推荐她们参加一些非正式的植物学活动。

本草传统

在启蒙运动前的很长时间里，女性作为传统医疗者需要了解植物知识。农民和贵族女性中都有“药婆”[7]，会将植物知识应用到本草医药、助产术和食疗烹饪中。她们从经验中获取关于植物的知识和技能，并靠口口相传而代代传承下来，是典型的以女性为中心的科学。[8]本草医疗传统为女性创造了不少接触植物的机会，使她们积累了丰富的知识和经验。插图版的本草学书籍随着印刷技术的传播兴盛起来，作为植物识别手册，为植物学和医药学服务，同时也提供了一些植物的食用和药用信息。[9]本草医疗法是现代早期女性的职责之一，典型的代表如格蕾丝·米 38
尔德梅（Grace Mildmay，1552—1620）女士，她精通本草医药，“实际上已经成了职业医生”[10]。在17世纪晚期，女性活跃在医药的各个领域里，从药婆到执业医师，都能见到她们的踪影。例如诗人和随笔作家简·巴克（Jane Barker），她和哥哥一起“采草药”，收集了“大量不同的植物，准备出一本大部头天然本草疗法的书”。而且，她在本草医药上非常专业，“用拉丁文作记录，就像医生写的秘方和用法；写给药剂师的账单、处方和这些医生写的差不多”[11]。男女医生和靠经验行医的人也包括没有医疗许可、非正统的赤脚医生。然而，更普遍也更重要的是，民间的医药知识传播广泛，本土药方也被广泛使用。在自给自足的医疗传统下，“厨房里的医疗”成为女性家庭职责的一部分，普遍存在于社会各阶层，聪慧的农妇和在厨房里拿着食疗菜谱的地主妻子，都是如此。[12]

从乔治·法夸尔（George Farquhar）的喜剧《花花公子的计谋》（*The Beaux Strategem*，1707）看，女性医者精通本草学似乎理所当然。剧中富有而博爱的寡妇邦蒂富尔女士为穷人提供医药建议和良方，“治疗风湿病、疝气、男性皮肤溃烂、萎黄病、梗阻、女性分娩后才有的疾病、国王病、百日咳和小孩冻疮等”，而且“在10年里治好的病人比医生们在20年里治死的人还多呢”。邦蒂富尔女士严肃的工作态度在法夸尔友善的喜剧中也显得有些幽默，她一心想帮助一个她以为生病的人，不承想那人打着生病的幌子来调情并引诱她。当然，作者并非把她描写成一个傻子，或者去讽刺她的本草知识，抑或讽刺她“靠自己的药方在乡间创造了奇迹”。确实，本草学在目标和方法上为这部喜剧提供了隐喻，开场白的台词就宣称，“我们的作者在田野四处探访，才挑选出这些傻瓜蛋，让观众们乐呵”[13]。

像邦蒂富尔女士这样拥有本草知识，是女性典型的医药实践方式，但到了18世纪40年代，这样的医药实践很快被取代，女性的“草药”知识不再是理所当然的事。一份重要的女性杂志《女性观察者》（*The Female Spectator*，1744—1746）经常刊登女性自我提升的一些建议，该杂志的一位作者回忆说，在他孩提时“贤惠的家庭主妇”会干燥、保存和熬制草药，擅长用它们来治病。然而，“在更文雅的时代”，“这个副业……却不再被漂亮的女士们所重视”，这位作者宣称，“我一把年纪了，上 39
帝禁止我讨厌他的杰作里最有魅力的尤物（女性），而且建议她们回归过去消磨时间的方式（本草药实践）”。虽然他“并不能因此劝说女士们都成为医生”，但真心希望女性可以学习一些本草知识，并从中受益。[14]当然，乡村里的妇女们依然在利用她们的本草学知识，为新的经济做贡献。18世纪晚期植物学圈子里响当当的人物约瑟夫·班克斯爵士回忆说，他最初的植物学知识就是50年代在伊顿跟一位“采草药”并卖给药剂师和药材商的妇女学的，那时他还是小学生。[15]尽管一些地区的底层妇女在社区采集草药，然后拿到伦敦市场上去卖，比如说卖给科芬园（Covent Garden）的药店[16]，但很多越来越贵族化的中产阶级女性把传统本草医药实践抛之脑后，更多去依赖男医生，而不是有传统医疗技能的女性。从约翰·希尔（John Hill）《实用的家庭本草学》（*Useful Family Herbal*，1754；第六版，1812）的成功可以看出，18世纪中叶男性化的“科学”方法代替了之前非正式的女性医疗模式，本草学的风格和权威性都因此发生了转变。[17]

植物艺术与设计

在18世纪，植物绘画成为描述植物和系统分类的工具，植物插图已成一个多世纪以来图书出版的一大特色，如约翰·杰勒德（John Gerard）《草药志》（*Herball, or Generall Historie of Plants*，1597）就有大量的木刻画，以辅助植物的识别。后来的插图著作越来越追求植物学上的精确性，在描述植物器官时尤其如此，艺术也成为重要的植物学记录形式。18世纪早期的伊丽莎白·布莱克威尔（Elizabeth Blackwell，约1700—1758）将本草学传统与艺术融合，出版了两卷对开本《奇草图鉴》（*A Curious Herbal*，1737—1739），描绘了“目前在医药实践中最常用的植物”。这本图鉴中包括500幅植物插图，全由她自己绘制、刻印和手工填色，每种植物有特征描述、不同语言的俗名、药用信息等内容，这些都是参考当时的植物学文献而来。例如，她这样描述欧洲防风草，“在厨房用得比药店还多……人们觉得它很有营养，可以刺激性欲”，而黄色睡莲“可以清热止痛，对高烧引起的神志不清很管用，对尿热尿急和腹泻症状也有疗效”。[18]布莱克威尔本草学不是

为那些精通复杂拉丁文的专业人士编写的，而是为“读不懂其 40
他本草学的人士而写”，她在引言中如此写道。本书最重要的特点就是浅显易懂，所有的植物学信息都是用英语写的，而不是拉丁文。（见插图12）

布莱克威尔出版这本书是为了赚钱，书中隐晦地谈到过她的个人状况，当时的期刊也流传着一些说法，这些传言让这部作品多少带有一些忧伤的色彩。[19]她的丈夫出身于苏格兰一个学术家庭，惹上官司入了狱，她因此不得不靠《奇草图鉴》一书替丈夫还债。布莱克威尔是商人的女儿，有个叔叔在格拉斯哥大学担任医学教授，如果不是这层关系，估计她也很难得到当时一些知名药剂师、医生和植物学家的支持。她把自己画的植物插图呈献给药剂师协会的几位著名医生和博学的药剂师艾萨克·兰德（Isaac Rand）。药剂师协会和切尔西药用植物园有密切联系，而兰德又负责植物园的管理，大家都极力推荐了她的作品。布莱克威尔甚至还搬到切尔西药用植物园附近居住，以便得到最新的标本作为参考。《奇草图鉴》是订阅式发行的系列出版物，每周发行一部分。整个18世纪，这套书在英国内外都享有盛名。这套书的扩充和改进版《布莱克威尔本草学》（*Herbarium Blackwellianum*，1750—1760）在纽伦堡出版，文字改成了拉丁文，由克里斯托夫·特鲁（Christoph Jakob Trew）编辑。[20]直至18世纪中叶，作品能在公共记载中留名的女性寥若晨星，布莱克威尔就是其中一位。《奇草图鉴》是女性最早的植物学著作之一，它将女性更古老的本草学传统与新兴的植物学绘画两者结合起来。

乔治·埃雷特（George Ehret）是18世纪英国最著名的

植物画家之一，他精确的植物肖像画透着质朴的美感，时至今日依然备受推崇。[21]埃雷特是一位德国商业园艺师，深受植物学家们的青睐，如纽伦堡的特鲁、巴黎的裕苏和林奈本人。同时，他也是一位忙碌而受欢迎的植物绘画老师。据他自己所言，他在1749—1758年间教“英国最高贵的人士”怎么画植物和花卉。[22]他的学生多为年轻女性，如“波特兰公爵夫人（Duchess of Portland）的两个女儿……肯特公爵（Duke of Kent）的两个女儿，卡莱尔伯爵夫人（Countess of Carlisle），埃塞克斯伯爵（Earl of Essex）三个女儿……卡彭特女士（Lady Carpenter），约翰·希斯科特爵士（Sir John Heathcote）的四个女儿”。每年从一月到六月，贵族家庭都住在城里，埃雷特就教学生们植物学和植物绘画。他非常强调细致 41
观察和精确描绘，要求学生在创作艺术作品时不能只贪图画得好看。

像埃雷特这样的植物学艺术家们将艺术与植物学融为一体，也可以看出这些女学生的家庭非常认可这种将科学与艺术结合起来的方式。文雅休闲的科学符合父母的教育标准和当下的潮流，因为绘画本就是较高社会阶层女孩们的传统学习技能。各种各样的绘画指导书层出不穷，例如奥古斯丁·海克尔（Augustin Hackle）《女士绘画手册》（*The Lady's Drawing Book*，1753）讲解了花卉的描绘方法，如何一步一步从粗略的速写到完整的一幅画，“让女性在她们的闲暇时光里受益，提升自己”。书中列举了如何绘制一株普通植物的花和茎的实例。与新兴的植物学绘画求真的目标不同，它没有展示植物的根系，也没有对花朵内部的繁殖结构给予特别的重视乃至单独画出来。

相比之下，埃雷特为女性开设的绘画班代表着一种文化契机，对植物学精确性的兴趣开始超越对装饰和时尚的追求。18世纪四五十年代英国盛行在洛可可风格的裙子上设计植物图案，有一些花卉装饰表现出明显的自然主义风格。华丽的法式风格依然很流行，但丝绸设计师安娜·加斯维特（Anna Maria Garthwaite，1690—1763）创新地设计了逼真的植物学风格图案，并卖给伦敦的纺织工。她有1000多个设计作品留存至今，植物图案的大小、形态、颜色都非常自然，她甚至把植物的根系也展示了出来。加斯维特还把一些普通植物用到她的设计中，如雏菊和铃兰，当然也包括一些新引种到英国的异域植物。她是地方上一位牧师的女儿，终生未婚，和守寡的姐姐住在伦敦，几十年里一直是从事织物设计的自由职业者。在18世纪40年代，她每年设计50—80个作品，其中一些是绸缎商人委托她设计的。因为家庭关系，加斯维特与早期植物学圈子里的一位药剂师和一位博物学家有些往来，加斯维特的设计灵感来自细致的观察而不是花卉图书上的插图。纺织工采用了她的一些设计样品，在时髦的丝绸锦缎中加入精细的植物学图案，这类风格多用于女性服装。[23]

加斯维特的织物设计展示了时尚与自然主义的相融，适用
于男女服装的艺术设计（见插图13）。例如，1741年，昆斯伯 42
里（Queensberry）公爵夫人的一件宫廷长袍上有着精致的风景图案，她的朋友和表妹玛丽·德拉尼如此描述道：

> 长裙底部是褐色的山丘，上面覆盖着各种青草，每一

> 段都有一个老树桩几乎延伸到裙子顶部，穿插着褐色的丝绒线，显出其凹凸不平和沧桑感。周围缠绕着旱金莲、常春藤、忍冬、小长春花、旋花植物和各种藤蔓花卉，到处伸展，遍布整个长裙；眼前的这条裙子上，在阳光底下可以看到各种长满叶子的藤蔓缠绕，它们比实际的植物都要小很多，看起来更加轻柔；长袍和装饰的带子上镶着绿色的窄边，上面布满各种野草；袖子和长袍的其他部分很宽大，也
> 是布满了长裙上那样的缠绕枝条。很多叶子用金线作了点 43
> 缀，一些树桩看起来就像阳光给它们镀上了一层金色。[24]

在伦敦，精心设计的发饰也流行此类风格。除了用如画的风景和移动的太阳系作为装饰，真花、水果和蔬菜都被用到发型设计中；一款叫“厨房花园”的发型设计把一些蔬菜装饰在了女士的卷发上。[25]

在1760年后的几十年里，植物和花卉绘画继续将艺术、植物学和女性素养联系起来。就像50年代女性参加埃雷特的植物绘画培训，她们继续将花卉和植物绘图作为画室里的一项技能训练，向植物画家学习，并照着绘画手册临摹。例如G. 布朗（G. Brown）《花卉绘画的新方法》（*A New Treatise on Flower Painting, or Every Lady Her Own Drawing Master*，3rd ed., 1799），教读者如何掌握铅笔绘画技能和混色方法，以及如何给花卉线稿填充颜色。

玛丽·德拉尼是一位多才多艺的植物艺术家和绣娘，活跃于18世纪英国贵族文学圈和社交圈里，她在衣服、床单、挂件、坐垫等物件上绣花，也在贝壳和羽毛工艺品上创作

花卉图案。德拉尼早年与伦敦和都柏林的乔纳森·斯威夫特（Jonathan Swift）和其他保守党人有往来，到了18世纪中叶时又与玛丽·蒙塔古（Mary Wortley Montagu）和“蓝袜子”圈子交往甚密。由于她身上散发着早些年安妮皇后的高雅气质，后来就被引荐到乔治三世和夏洛特皇后的圈子里。她一生都在从事剪纸艺术，晚年时视力变差，便把所有的精力都投入“剪纸马赛克”创作。这是一种拼贴式的花卉艺术，通过复杂的剪纸，将层层叠叠的彩色薄纸粘贴起来完成造型，她总共创作了900多幅这类作品。（见插图14）“德拉尼植物志”的植物造型相当逼真，栩栩如生，让人惊叹，色彩丰富而细腻，叶子上甚至有昆虫啃食的痕迹。[26]德拉尼因为这些作品享有盛名，例如伊拉斯谟斯·达尔文在《植物之爱》这首诗歌中描述纸莎草时评论道：

> 于是，德拉尼制作了逼真的草丛，
> 巧手灵动，剪刀飞舞：
> 纸张变幻，绿叶娇花显现。
> 勾出叶脉，染出紫色花瓣：
> 亚麻色的卷须缠绕着坚硬茎秆，
> 下面匍匐着苔藓，白色果实就快成熟， 44
> 寒冬的冰雪王国里
> 德拉尼的植物雕塑吹响号角。[27]

约瑟夫·班克斯爵士评价德拉尼的作品说：“从未见过谁将自然模仿得如此逼真，完全可以从植物学的角度描述任何一种植物，丝毫不用担心犯错。”[28]

之后，随着植物学活动的流行，女性也可以通过植物艺
术培训谋生，玛格丽特·米恩（Margaret Meen, fl. 1775—
1820）是其中一位女画家。她年轻时从东英格兰来到伦敦，教
花卉和昆虫绘画，差不多能以艺术家的职业身份谋生。在1775
年到1785年间，她的作品在皇家艺术学院展览，后来又在水彩
学会参展。1781年，一封写给植物学家、《伦敦植物志》作者 45
威廉·柯蒂斯的介绍信称赞米恩是一位优秀的艺术家。[29]她
被誉为“18世纪与邱园合作的最杰出女艺术家”，为《邱园异
域植物》（*Exotic Plants from the Royal Gardens at Kew*）
画了10幅插图。她本来是要在这个系列出版物中每年画两期，
但在第二期的时候就没再画了。[30]与米恩同时代的玛丽·劳
伦斯（Mary Lawrance，？—1830）也是著名的植物画家，
园艺师詹姆斯·李将最新引种的植物标本寄给她参考，并称赞
说“劳伦斯小姐能为植物画像是其主人的荣幸，也是植物的荣
幸”。从1794年到去世，她都有作品在皇家艺术学会展览。献
给夏洛特皇后的《大自然中的玫瑰》（*A Collection of Roses
from Nature*，1799）对开本图册包括90幅人工填色的插图，
而另一部订阅式发行的《大自然中的西番莲》（*A Collection* 46
of Passion Flowers Coloured from Nature，1802）展示了
“在英国花园里栽培的每种西番莲”（见插图15）。劳伦斯也
开设植物绘画课程，收费为“每次课半个几尼，入学费是一几
尼”。她一直都是受欢迎的老师，为学生编写过一本绘画手册
《自然中的花卉速写》（*Sketches of Flowers from Nature*，
1801）。[31]

London, May 1, 1799.

PROPOSALS

FOR PUBLISHING BY SUBSCRIPTION,

A COLLECTION OF

PASSION-FLOWERS

FROM NATURE.

BY MISS LAWRANCE,

TEACHER OF BOTANICAL DRAWING, &c. &c.

The Work to be etched and coloured to imitate Drawings, by Miss Lawrance, from the Originals now in her possession.

To contain every species of Passion-flowers, now in cultivation in the English Gardens.

To be published in Numbers, each containing Three Species, and to be comprized in Ten Numbers.

The Work to be printed upon a Superfine Wove Paper, 20 inches by 15, and when complete will form an elegant Volume.

The Name and Botanical Description (according to the best Authorities) ~~to be elegantly engraved to each Plate~~. *To be given in the last number*

The Price to Subscribers will be Ten Shillings and Sixpence each Number (to be paid on delivery); to Non-Subscribers the Price will be advanced.

Subscribers' names are received at Mr. Hookham's, No. 15, Old Bond-street; Mr. White's, Fleet-street; Mr. Robinson's, and Mr. Clarke's, New Bond-street; Messrs. Carpenter and Co. Old Bond-street; at each of which places Specimens of the Work may be seen; and at Miss Lawrance's, No. 86, Queen Ann-street East, Portland Place.

COLLECTION OF ROSES.

Miss Lawrance's Publication of Roses is now complete, and ready for delivery, comprized in Thirty Numbers, and containing every approved Species now in cultivation in England, is printed upon a Superfine Wove Paper, and is illustrated with an elegant frontispiece, and a descriptive Letter-press; both of which will be delivered gratis, with the last Number. Price to Subscribers is Ten Shillings and Sixpence each Number, and may be had of Miss Lawrance, No. 86, Queen Ann-street, East.

插图15：玛丽·劳伦斯：“订阅式发行《大自然中的西番莲》的提议”
由耶鲁大学拜内克善本和手稿图书馆提供。

赞助人和采集者

贵族女性加入植物采集的社会热潮，同时也成为植物学的 47
赞助人，利用她们的财富积累标本。无论是坐拥大庄园还是只有小房子，女性在她们的花园和后来的温室中收集了越来越多的植物，以便娱乐和学习植物学。

在18世纪贵族女性中，波特兰公爵夫人玛格丽特·本廷克（Margaret Bentinck, 1715—1785）堪称18世纪贵族女性植物采集者的典范。她是牛津最后一位公爵爱德华·哈利（Edward Harley）唯一的女儿和继承者，在1734年嫁给了波特兰第二公爵威廉·本廷克（William Bentinck），由此加入了一个有着浓厚植物学传统的家族，因为波特兰第一伯爵曾在汉普顿宫掌管威廉三世的花园。玛格丽特·本廷克拥有的强大资源，有助于发掘她在植物学和博物学的广泛兴趣，加上公爵夫人的身份和巨额财富，也为她的兴趣提供了条件保障。她向公众开放自己的收藏，欢迎博物学家去查阅藏品，还委托植物猎人从世界各地为她寄来异域的标本。许多著名的园艺师和植物学家都会去拜访她，她也赞助植物学家和植物画家，邀请他们到位于白金汉郡布尔斯特罗德公园（Bulstrode Park）的庄园中帮她整理植物，为藏品作图像记录。18世纪中叶的植物学和博物学文化圈子得益于公爵夫人的慷慨，她在其中扮演着重要角色。例如，她赞助了约翰·莱特福特（John Lightfoot）在苏格兰高地的植物采集之旅，这位牧师博物学家将他的《苏格兰植物志》（*Flora Scotica*，1777）献给了公爵夫人，称她为“伟大而睿智的博物学赞助人，对博物学有着广泛而热烈的爱好”[32]。她也致力于开发意义更广泛的智识活动，与伊丽莎白·蒙塔古保持着长久的友谊，后者把公爵夫人的宅邸当成理想的社交和智识活动场所，并效仿这样的聚会模式，后来便形成了伦敦著名的“蓝袜子”圈子。[33]

从18世纪30年代起，公爵夫人与她的闺蜜玛丽·德拉尼（即上文提到的“剪纸马赛克”艺术家）一起学习植物学。德拉尼夫人从40年代到80年代的多卷通信集就像一扇窗户，可以一窥当时的人物、事件和社交行为等，其中有不少内容更引起了研究植物学文化的社会历史学家的关注。60年代，寡居的德拉尼夫人开始在布尔斯特罗德庄园避暑，与公爵夫人一起参加植物学活动。约翰·莱特福特经常在庄园里整理植物标本，教她们林奈 48
植物学。例如，德拉尼曾写道，他“沿着长满蘑菇的道路上搜寻有趣的东西，现在正是蘑菇的生长季。在下午茶前一个小时，他给我们读了一篇关于菌类的讲稿，尊敬的公爵夫人查阅了所有知名作者的著作，找出它们（在林奈系统中）的纲”[34]。在蘑菇和菌类的生长期，两人忙着采集标本，德拉尼有一段日记淋漓尽致地描述了两人的兴奋之情：“夫人的早餐室里……到处摆满了筛子、平底锅、浅盘，全都装着（菌子），餐桌、窗台、椅子上都是，还有各种打开的书籍，翻至要查阅的页面。虽有些凌乱，却让人多么快乐；尽管有12把椅子和一个沙发，有时却连个坐处都没有！”在堆满各种蘑菇和菌类的餐厅里，两位女士一起共进晚餐，德拉尼继续写道：“前菜已经吃完——第二道菜也快了——夫人极为严肃地看着公园的马路，神情紧张，喃喃道‘一驾马车和六匹马！歌德芬勋爵——那肯定是他的座驾，他总是坐着六匹马的马车来这里，把晚餐带走……他们看到这堆大大的马勃菌会怎么想？’”[35]德拉尼在庄园中制作了不少漂亮精致的剪纸花卉，也是在那里，她收到了来自著名的园丁和邱园送的植物标本。因为乔治国王和夏洛特皇后下过指令，一旦有新来的国外植物都会寄送给她。

在世纪之交，采集植物依然是贵族女性们的重要活动，如莱斯特郡的伊丽莎白·诺埃尔女士（Lady Elizabeth Noel,

1731—1801）采集植物，编纂了拉特兰郡的植物志，为史密斯和索尔比的《英国植物学》寄标本，也画植物画。[36]而有地产的女性如柴郡一位富有而进步的地主妻子埃杰顿夫人，不仅采集本土植物，而且拥有一座不错的标本馆，到18世纪70年代晚期，她还在自家的土地上建了一个植物园。班克斯爵士的一位通信者描述埃杰顿夫人“非常喜欢植物学，深陷其中不能自拔”，她的标本馆“是我见过的最整洁的干燥花园；所有的植物保存得完好无缺、井然有序”。[37]

在18世纪60年代后，植物学（尤其是系统地采集和学习）不只是在贵族阶级流行。安妮·蒙森女士（Lady Anne Monson, ca. 1714—1776）就是历史上的一位桥梁人物，她既代表了贵族女性植物采集者，又体现了中产阶级新兴的植物学潮流。蒙森女士是查理二世的重孙女，喜欢采集植物和昆虫，培养了浓
厚的博物学兴趣，还精通拉丁文。（见插图16）在休闲的植物 49
学文化中，蒙森女士为植物学知识在全国的传播贡献了一份力量。50年代末，45岁左右的她协助詹姆斯·李出版了《植物学概论》。据说是她向詹姆斯·李提议出版这本具有前瞻性的普及读物，书中节选了一些林奈的作品，还有传言说她在协助创作这本书时，很可能自己翻译了拉丁文，但她不希望自己的贡献为人所知。詹姆斯·李是一位非常忙碌的园艺师，他坦言自己在编著这本书的过程中得到了很大帮助：“若能得到允许，他将不胜荣幸，向热心帮助他的人表达诚挚的谢意；然而……他并没得到许
可，只能保持沉默。”1757年，离婚后的蒙森女士与一位掌管 50
印度殖民地的军官结婚，婚后去过几次印度。她在印度采集植物和昆虫，雇用本地画家为她绘制印度植物。1774年，在去加尔

各答的途中，她拜访了林奈在好望角的学生，和他们一起研究植物学；当时一位植物学家将她描述为“一位博学的女士，对博物学充满热情”[38]。林奈为了纪念她，不仅用她的名字命名了多蕊老鹳草属（*Monsonia*），而且老套又夸张地表达了自己的爱慕之情：“很久以来，我都在竭力压制自己的激情，然而却难以抑制，此时它如火焰般燃烧。对我来说，这不是第一次被一位女士点燃爱火，我想您的丈夫也会原谅我，这并没有损害他的荣耀。谁能够看着如此美丽的一朵花而不动心？当然这是纯洁的爱……但我能否有幸得到爱的回应，恳请您能答应我一件事：请允许我能和您生一个可爱的女儿，作为我们爱的见证——可爱的多蕊老鹳草属。如此一来，您的盛名将永远留在植物的王国。”[39]

林奈的女儿

在18世纪60年代到19世纪20年代，越来越多的女性参与植物学文化活动。植物学日渐成为女性化的领域，被贴上“尤为适合妇女和女孩”的标签，和其他科学一样成为教育和娱乐的一部分。尤其是对女孩子来说，植物学符合崛起中的中产阶级的价值观，她们拿起各种手册，培养采集、观察、绘画、分类和命名植物等各种爱好，甚至出现了植物学的殉道者。柴郡一位年轻的采集者芭芭拉·汤森·马西（Barbara Townsend Massie，1781—1816）在一次植物考察中遭受意外，严重伤残，最后结束了短暂的一生。[40]在林奈时期，不少女性受到家庭影响而接触植物学，成为父亲、丈夫或兄弟的助手和“漂亮同伴”。家庭中的学徒或导师模式并不只是植物学或科学文化中的特有现象，其实也是女性进入艺术或音乐领域的方式。[41]植物学家的女儿们受益于父亲的植物学兴趣，她们或成为父亲的同伴或帮手，或得益于他们的社会关系。

林奈恳请蒙森女士满足他成为植物学父亲的幻想，他的比
喻既是修辞，又反映了现实。18世纪最典型的植物学家女儿就 51
是林奈自己的大女儿伊丽莎白·克里斯蒂娜·林奈（Elisabeth Christina Linnea），林奈培养了伊丽莎白观察自然的兴趣，却反对她学习“法语或其他任何没用的技能”。与之形成对比的是，他的妻子则更热衷于为女儿提供在瑞典属于他们这个阶层的传统教育。[42]1762年，19岁的伊丽莎白在《瑞典皇家科学院会刊》（*Transactions of the Royal Swedish Academy of Sciences*）上发表了一则简报，内容是她在乌普萨拉附近哈马比（Hammarby）自家花园里的一些观察结果。她注意到旱金莲在夏季几个月的破晓和黄昏时会有电效应或发出磷光，并把这个现象告诉了父亲。[43]林奈建议她把这个观察结果汇报给皇家科学院，她就描述了此现象并推测了这些花发光的几个可能原因。可能它反射了北边的灯光？也可能是观察者的眼睛看起来它在发光？于是，她谦虚地把观察结果呈现给“比我的双眼更敏锐的人”。19岁的年轻女性不大可能在公开场合大胆发表自己的观点，只有作为著名科学家的女儿，她才有这样的机会将其发表出来，并用这种方式为自己树立了科学侍女的身份。[44]

从伊丽莎白·林奈的故事可以看出，在植物学文化中，父亲如何让女儿的科学参与变得可能并影响其参与的方式，但同时

又限制了她们的科学活动范围和方向。在报告发表两年后，伊丽莎白结婚了，但这段婚姻并不顺利，她只好带着年幼的女儿回到娘家。之后她不再涉足植物学，也没有任何证据显示她协助父亲整理多卷标本集，那可是林奈晚年的主要工作。[45]1778年，林奈去世时，他的遗嘱明确表示卖标本的钱要留给女儿们，图书馆则留给儿子。不过，在1783年他儿子去世时图书馆也被变卖了，因为他的妻女们“没有兴趣留着它”[46]。尽管林奈在伊丽莎白年轻时并不反对她喜欢植物学，但当她成为年轻妈妈后，他很可能就让她远离植物学。林奈在《植物种志》中提到了她的发现，18世纪植物学史里也可以看到一些她的观察记录。伊拉斯谟·达尔文在《植物之爱》中描述旱金莲时称赞她时写道，“她的头上环绕着微光”，“那是电光在她美丽的身姿上产生了作用”。达尔文的脚注里解释了这句话的背景，“E.C.林奈女士最 52
先发现了旱金莲植物发光的现象”[47]。

在这个时期，植物学文化中还有一些“林奈的女儿”因为她们的父亲而进入公共视野，这让她们的贡献为人所知。在北美殖民地，纽约首任测绘局局长的女儿简·科尔登（Jane Colden，1724—1765）学习植物学，描述和鉴定了家附近的哈德逊河谷本土植物。她的父亲很推崇林奈，教她双名法，并为她翻译林奈的拉丁文术语，她则帮父亲整理长长的本土植物清单寄给林奈。18世纪50年代中期，父亲在给一位欧洲著名的植物学家写信时这样描述她：“先生，如果您觉得她可以帮到您，她绝对会非常乐意为您效劳，不管是描述植物还是寄种子或干燥标本，只要有您想要的植物，尽管跟我提就是了。她比我更有时间去做这些事情，很荣幸能满足您的好奇心。”[48]卡德瓦拉德·科尔登

（Cadwallader Colden）写信的目的是想把女儿引荐给欧洲植物学圈子，时年她30岁出头，已是优秀的植物学家。不过这些努力都是徒劳，其他几位受益于简·科尔登标本采集的植物学家也白费苦心，林奈并没有用她的名字命名任何植物。在学习植物学的那些年，简·科尔登采集和描述了约400种植物，并画了插图，制作了一本手稿簿。1759年，35岁的科尔登结婚了，7年后却因难产去世。她被誉为美国第一位女植物学家，曾得到了父亲和其他几位男性植物学家、博物学家的支持，他们都认可她的植物学造诣，也把她当同事。她编著了最早的地方植物志之一，然而这份手稿直到1963年才得以出版。[49]新大陆这位好心的父亲，似乎并没能让林奈及其同行在18世纪50年代就认可并采用一位女性的科学成果。

在18世纪的植物学文化中，家里的女儿利用艺术才能为家族事业贡献力量，成为女性“隐形劳动”的一部分。例如，园艺师和作家詹姆斯·李的女儿安·李（Ann Lee，1753—1790），在英国植物学文化的核心圈子里长大，其父“非常热爱自己的事业”，她深受父亲的启发。悉尼·帕金森（Sydney Parkinson）成为安·李的绘画老师，这位年轻的植物画家后来受雇于库克船长的奋进号，跟随皇家海军舰队在南半球探险航行
3年。在这次探险中，班克斯共采集了3600种植物，帕金森为其 53
中700多种画了水彩画。帕金森后来死于这次探险途中，他在遗嘱中把绘画工具都留给了这位学生。70年代，安·李成为父亲及其朋友们的重要助手，为他们个人收集的植物绘画。例如，贵格会教友约翰·福瑟吉尔博士（Dr. John Fothergill）在艾塞克斯郡的植物园里有3400种植物，不少是从北美引种而来的，

安·李是植物园的艺术家之一，整日忙于绘画各种外来植物。在70年代，她还画了一本日中花属（*Mesembryanthemum*）的植物图谱。关于她的其他事就知之甚少了，只知道她结婚了，1810年为父亲的回忆录写了序，像简·科尔登一样也是中年离世。[50]

对富有的博物学家父亲来说，未婚女儿是非常不错的同伴。植物学家、鸟类学家和博物学赞助人安娜·布莱克本（Anna Blackburne，1726—1793）是一位鳏夫的女儿，居住在正经历工业化的英国中部，有钱有闲的父亲喜欢博物学。伊拉斯谟·达尔文在林奈《植物系统》里称赞她“博学而机智”，詹姆斯·李和其他人在70年代还打算用她的名字命名一种植物。[51]在三四十年代，年少的布莱克本应该就开始学习植物学了，她从家附近的奥福德厅（Orford Hall）图书馆借阅博物学普及读物。后来，父女两人接待了博物学家约翰·福斯特（Johann Forster）这样的访客。60年代，福斯特在附近的沃灵顿学院任教，那是一所在持异议者和自由思想者圈子中很有名的男子学校。与沃灵顿学院的这种联系让布莱克本受益匪浅，尤 54
其是学校对外开放的自然实践活动。福斯特也经常把上课讲稿读给她听[52]，她学习了林奈植物学，又自学了拉丁文，所以可以阅读林奈的《自然系统》。

布莱克本的父亲从不干涉她追求知识，女儿的兴趣反而让他有了同伴，于是带着她参加科学活动，尽管这些活动对年纪和地位相仿的女性来说是有悖传统的。要是母亲健在的话，估计她和博物学的故事反而会很不一样，因为母亲很可能会让女儿学一些与社会地位相符的传统技能。18世纪小说里充斥着年轻女孩没有母亲的凄惨故事；因为通常是母亲培养女孩们谦逊的品行，似乎这才是成为得体女人的正确方式。然而，从女性参与科学文化的角度和已有的记载看，失去母亲的女孩，如果父亲有科学兴趣又愿意培养她的话，她更可能跳出文雅爱好的束缚去追求科学，在一定程度上变得博学并投身科学。

1771年，布莱克本写信给林奈，并寄了一些从她哥哥那里得来的鸟类和昆虫标本，信中写道，“［哥哥］住在北美的纽约附近，每年都会给我寄一些那边的标本来充实我的标本柜”。接着她描述了自己学习植物科学知识的故事：“我经历过很多困难，在最开始学习您的《自然系统》时，我连一个拉丁词都不认识。过去四五年里，我把闲暇时间都用来学这本书了，但依然很难完全理解它，好在目前为止我可以理解大部分内容了。我向您保证，我付出的所有艰辛都得到了不错的回报。”另外，她进一步表达了自己学习林奈植物学的热情：“我父亲有这个国家最好的植物藏馆之一，但他已经73岁，觉得现学一个新方法太迟了，所以我从他那里没得到什么帮助。”[53]林奈已经知道了布莱克本，他曾写道，自己听说过“三位植物学女士……在1769年与牛津药用植物园的植物学家们争论并获胜”。布莱克本的回复很简洁，纠正说三位女士其实是一位，就是她本人，和一位园艺师争论，“那人真是大傻瓜”，他“完全想不到一位女士可以对植物了如指掌”。[54]

植物学妻子也是18世纪科学伴侣中的典型角色。萨拉·阿博特（Sarah Abbot）协助丈夫查尔斯·阿博特出版了英国第一部县级植物志《贝德福德郡植物志》，该著作罗列了1300多种“贝德福德郡土生土长的植物，按林奈系统编排”。查尔斯·阿博特是一位牧师博物学家，指明这本书“供英国漂亮的姑娘们娱乐和参考”，他在序言中评价了当时女性对植物学的贡献，高度赞扬了“一位女士一直以来都在精心照料”他家花园里的植物。作者接着称赞道，“［非常感谢］亲切有趣的搭档与自己志趣相投，共同努力”，“他也非常感激［她］制作了一本标本集……但这远不是她所有的付出，他无不自豪地承认自己所取得的成就得益于她的勤勉和忠诚”。据说萨拉·阿博特在1790—1810年期间制作了六卷标本集，一位植物学史家在谈到这个标本集的时候发问道：“更准确地讲，是不是该叫阿博特夫人的标本集？”萨拉·阿博特和丈夫亲密合作，他们一起参与了不少植物学著作的出版，也包括给詹姆斯·史密斯《英国植物学》和《不列颠植物志》（*Flora Britannica*, 1800）寄送标本。据说查尔斯·阿博特曾经“坚持要求”在这些著作中承认萨拉·阿博特的贡献，但最后连致谢中却都没有提到她的名字。[55]

《贝德福德郡植物志》隐去萨拉·阿博特的名字也可能是双方的一种选择策略。尽管查尔斯·阿博特非常明确地表示把这本植物志献给“英国漂亮的姑娘们”，他同时也有另一种期待，渴望能得到林奈学会的认可。在序言里，他表示“很荣幸成为林奈学会会员”，希望学会“能够原谅这部植物志现在的呈现模式，考虑到作者的动机，主要的一个目标是希望能够兼顾读者群[56]，方便他们阅读。虽然他们相对而言或者说按一般的说法未受过教育，但不能也不该就当他们一无所知或完全外行”。查尔斯·阿博特对当时植物学学术圈里的性政治持警惕态度，他可能是在担心自己对女性读者的关注会让圈子里的权威人士觉得这本书不够严谨。

20年前，安娜·布莱克本写信给林奈时，区分了那时候女性参与植物学的两种不同方式。她写道，有一些人“非常喜欢植物”，还有些人“科学地了解植物”。她所谓“科学地”是指用林奈的方式探究植物，懂得林奈的分类和命名方法，同时也 56
意味着懂拉丁语。在本书开场白里，我引用了1786年《新女士杂志》上的“植物学对话”，弗洛拉和英吉安娜兴奋地探讨着用林奈方法命名和鉴别植物。懂拉丁文命名法本身就代表着知识性，也意味着一些女性渴望进入更广阔的知识领域，但实际上女性并不能正式学习拉丁文。在文艺复兴时期，学习拉丁文等同于男孩子的一种青春期仪式，文艺复兴之后的拉丁文教学可以解释为一种心理定位，继续将拉丁文当成男孩教育体系和社会化的一部分。[57]既然正式学习林奈方法只开放给参加过这类仪式的群体，而这样的仪式又基于男性的古典语言教育，那女性如何能跨越这个门槛进入那个知识体系？威瑟灵在编辑《不列颠植物体系》（*Systematic Arrangement of British Plants*，1796）第三版时，他增加了一个“植物学术语词典”——将普通的英语词汇与林奈描述植物采用的拉丁文术语对应起来。他的目标读者包括女性：“女士们常常需要参考林奈的拉丁文原文，鉴于她们在理解一门死去的语言时较困难，她们可以借助［这个词典］去做研究”（序言）。有一些女性学习了拉丁文，甚至学习了林奈的拉丁文原版，而其他女性则借助一些手册和译本，去理解林奈命名法和分类法。18世纪八九十年代，《绅士杂志》经常收到来信，呼吁植物学书要更多地用英文而不是拉丁文写作。1797年，在讨论一本英国植物志口袋书的出版时，一位通信者写信强烈要求用英语写，可以兼顾男女读者：“不管是精神上还是个人魅力上，英国的女士们都努力让自己比其他任何一个国家的女性都优秀。在女性的众多爱好中，不少人满怀激情地学习植物学，也取得了成功，但很少得到认可。我们应该考虑下她们的困难，不应该让拉丁文阻碍了她们的进步，毕竟她们并不熟悉这门死语言。”[58]

同时，对女性学识的担忧是18世纪女性和科学话题作品的主旋律，作家们警告女性不要学太多、懂太多——读太多书、学多种语言、知道太多科学知识。他们采用二分法，将渴求太多知识或追求错误知识的女性与选择更恰当领域的女性进行对比，前者被贴上卖弄学问、男人气、不宜结婚、无慈母心等标签，后者 57
则是“得体、有女人味的”女性，赞扬她们将热情都奉献给了家庭。女学究的意象如幽灵般，在男人和女人、父母和女儿的脑海里挥之不去。在18世纪80年代，托马斯·马丁通过他的植物学书信鼓励女性学习植物学，倡导用林奈的“植物学新语言，不再使用陈旧冗长的［植物学］描述”。他评论道：“当一位女性或者一位男性（像女性）那样询问你一种草药或花卉的名字时，不再是什么卖弄学问或荒唐可笑的事。如果说非要去回答一长串拉丁文词汇，反而像是在神秘兮兮念咒语一般可笑。”[59]本着性别化的思想，礼仪训导书也反对女孩子去追求“复杂的理论和抽象的科学观念”。例如，安·莫里（Ann Murry）在《训导续集》（*Sequel to Mentoria*，1799）写道，专业术语和科学语言可能对知识传播很有效，但“如果广泛使用或者熟知这些词汇，会让女性尤其是年轻女孩们被冠上卖弄学问的污名，或者被当成一知半解的学习者”[60]。这样的文化规约与母亲、母育和母职等意识形态的转变相辅相成，“得体的女士”有着很多标准，如整洁、居家、纯洁、谦逊、体贴以及贤妻良母等，总之就是要让女性自己能更好地服务他人。作家们所称赞的女性知识是指有助于她们的母亲角色或其他家庭职责的那部分，而且他们界定了女性知识的适宜类型和程度，以便与过多的学识相区别。在这些文化标签下，女性只能在田野和家里学习植物学，虽然她们被限制在家庭中和朋友之间，但在印刷文化中，她们却发挥了植物学兴趣和特长并将其呈现在诗歌、散文和其他作品中。

注 释

[1] *Gentleman's Magazine* 71, 1 (1801): 199–200.

[2] Hannah More, *Strictures on the Modern System of Female Education* (1799), in *The Works of Hannah More* (London, 1853), 3: 267.

[3] 见Richard Leppert, *Music and Image: Domesticity, Ideology and Socio-cultural Formation in Eighteenth-Century England* (Cambridge: Cambridge UP, 1988), chap. 8.

[4] *The Lady's Poetical Magazine, or Beauties of British Poetry* 1 (1781): 1–4. 夏洛特皇后在1779年6月写道，“在我看来，如果女性能得到与男性同样的教育机会，她们也会有优秀的表现”。她非常关心孩子和孙辈们的教育问题，推荐法国作家德·让利斯夫人（Madame de Genlis）的作品，并邀请这位著名的教育家和作家入住温莎城堡。她曾在某处写道，计划让两个大女儿学习电学和气体力学，让她们懂“一点点物理学”。见Olwen Hedley, *Queen Charlotte* (London: Murray, 1975): 125–126.

[5] Smith, *Memoir and Correspondence*, 1: 289–290.

[6] 转引自Hedley, *Queen Charlotte*, 113, 181.

[7] “wise women”更多时候指助产婆，但此处指通晓一般性草药知识的女性。——译注

[8] Ruth Guizburg, “Uncovering Gynocentric Science”, in *Feminism and Science*, ed. Tuana, Nancy (Bloomington: Indiana UP, 1989): 72.

[9] Agnes Arber, *Herbals, Their Origin and Evolution: A Chapter in the History of Botany, 1470—1670*, 3d ed. (Cambridge: Cambridge University Press, 1986).

[10] 米尔德梅女士代表了众多没有医疗许可的女性民间医者，她们是“未经批准的家庭和社区医生”。Linda Pollock, *With Faith and Physic: The Life of a Tudor Gentlewoman, Lady Grace Mildmay, 1552—1620* (London: Collins and Brown, 1993).

[11] Jane Barker, *A Patch-Work Screen for the Ladies* (1723; rpt. New York: Garland, 1973), 10, 56.

[12] 关于女性的食疗和医药实践，见Schiebinger, *The Mind Has No Sex*? 112–116; Elaine Hobby, *Virtue of Necessity: English Women's Writing, 1649—1688* (London: Virago, 1988): 177–178; Mary Fissell, Patients, Power, and *the Poor in Eighteenth–Century Bristol* (Cambridge: Cambridge UP, 1991), 第二、三章；以及Roy Porter, *Health for Sale: Quackery in England,1650—1850* (Manchester: Manchester UP, 1989), Dorothy Porter and Roy Porter, *Patient's* Progress: *Doctors and Doctoring in Eighteenth–Century England* (Oxford: Polity, 1989).

[13] *The Works of George Farquhar*, ed. Shirley Strum Kenny (Oxford: Clarendon, 1988).

[14] Blanche Henrey回顾了这个细节，见他的*British Botanical and Horticultural Literature*, 2: 256; John Gascoigne, *Joseph Banks and the English Enlightenment: Useful Knowledge and Polite Culture* (Cambridge: Cambridge UP, 1994): 83.

[15] Letter from "Philo–Naturae", *Female Spectator* (Glasgow) 4(1775): 27–28.

[16] Bridget Hill, *Women, Work, and Sexual Politics in Eighteenth Century England* (Oxford: Blackwell, 1989): 163.

[17] 女性依然还会将本草知识用在慈善活动中。英国作家塞缪尔·约翰逊（Samuel Johnson）的朋友安娜·威廉姆斯（Anna Williams）是一位诗人，在她的《心愿》一诗中想象了她理想中的房子和生活。她写道，远离"卑劣的野心"或"浮夸的虚荣"，每年100英镑"足够我的朋友、仆人和自己织布的开销"，这就是她理想的生活："避开好奇的眼神/我的小图书馆躲在角落/在那里享受自由的上午时光/远离干扰，无论好意助我还是劳烦我/上帝赐予的神圣和美好/诗人教化心灵/哲学提高心智/物理帮助人类……我的橱柜里藏有精挑细选的药物/用来减轻穷人的病痛"，选自*Miscellanies in Prose and Verse*（London, 1766），从中可以看到诗人对宁静、实用生活的期待，其中也包括慈善性质的本草学实践。

[18] 见Elizabeth Blackwell, *A Curious Herbal*, 2 vols. (London, 1737—1739)，379号、497号插图附带的文字描述。约瑟夫·班克斯收藏的《奇草图鉴》（BL452 f. I）注释里提到，伊丽莎白·布莱克威尔采用的是林奈分类体系统。

[19] Blanche Henrey重构了布莱克威尔的故事，见*British Botanical and*

Horticultural Literature, 2: 228–236；也可参考*Gentleman's Magazine* 17 (1747): 424–426.

［20］Wilfrid Blunt and Sandra Raphael, *The Illustrated Herbal* (London: Lincoln, 1979): 175–176.

［21］Gerta Calmann, *Ehret, Flower Painter Extraordinary: An Illustrated Biography* (Oxford: Phaidon, 1977).

［22］"A Memoir of George Dionysius Ehret," *Proceedings of the Linnean Society*, 1894—1895, 57–58.

［23］Rothstein, Natalie. *Silk Designs of the Eighteenth Century in the Collection of the Victoria and Albert Museum, London* (London: Thames and Hudson, 1990): 33–48.

［24］1741年2月写给迪维斯夫人（Mrs. Dewes）的信，*The Autobiography and Correspondence of Mary Granville, Mrs. Delany*. ed. Lady Llanover. ser. 1 (London, 1861), 2: 147–148.

［25］汉娜·摩尔在18世纪70年代描述了这种时尚："另一个晚上，我们有很多人一起——11位少女对男人只字不提。当我细数她们戴的那些奇奇怪怪的东西，我表示实在是欣赏不了。她们头上的装饰物包括：一英亩半的灌木丛，还有斜坡、草地、郁金花苗圃、大束牡丹花、厨房花园和温室等。"转引自Richard Corson, *Fashions in Hair: The First Five Thousand Years* (London: Owen, 1965): 348.

［26］关于德拉尼参考Ruth Hayden, *Mrs. Delany and Her Flower Collages* (London: British Museum Press, 1992), Janice Farrar Thaddeus, "Mary Delany, Model to the Age", in *History, Gender and Eighteenth–Century Literature*, ed. Beth Fowkes Tobin (Athens: U Georgia P, 1994).

［27］Darwin, "Love of Plants", 2: 153–160.

［28］*The Autobiography and Correspondence of…Mrs. Delany*, ed. Lady Llanover, ser.2 (London, 1862), 3: 95.

［29］转引自Hugh Curtis, *William Curtis, 1746—1799* (Winchester: Warren, 1941).

［30］Richard Mabey, *The Flowering of Kew: 350 Years of Flower Paintings from the Royal Botanic Gardens*. (London: Century Hutchinson, 1988), 42. 关于米恩也可参考Henrey, *British Botanical and Horticultural Literature*, 2: 248.

［31］Henrey, *British Botanical and Horticultural Literature*, 2: 580–581.

[32] 德拉尼夫人在1772年8月16日写道："波特兰公爵夫人这个夏天不能听莱特福特先生的讲座了；他正在苏格兰西部群岛的湖上航行，穿越诸岛，攀登山岩，等等，为的是在下一个米迦勒节（Michaelmas）将他的战利品献到夫人的脚下"（*The Autobiography and Correspondence*, ser.2, 1: 448）。1766—1767年，卢梭在吴敦厅（Wootten Hall）待了几个月，波特兰公爵夫人对他也很慷慨。卢梭在1762年发表《爱弥儿》后到瑞士寻求庇护，后来收到了来自英国的邀请。那时候德拉尼的哥哥住在德比郡的吴敦厅附近，公爵夫人和卢梭通过他见了面。卢梭住在吴敦厅那段时间，公爵夫人给他送去了标本和书，在1766年9月卢梭还和她一起去匹克区（Peak District）搜寻野生植物。

[33] Sylvia Harcstark Myers, T*he Bluestocking Circle: Women, Friendship, and the Life of the Mind in Eighteenth-Century England* (Oxford: Clarendon, 1990), 第一章和各处。

[34] Delany, *The Autobiography and Correspondence*, ser.2, 1: 240.

[35] Ibid, 238-239.

[36] A. R. Horwood and C. W. F. Noel. *The Flora of Leicestershire and Rutland* (London: Oxford UP, 1933), cclxxii.

[37] 劳埃德（J. Lloyd）在1779年11月15日写给班克斯的信，见伦敦自然博物馆植物学图书馆藏《班克斯通信集》，I：273-274，Dawson Turner版。

[38] 关于安妮·蒙森，见James Britten, "Lady Anne Monson," Journal of Botany 56(1918): 147-149；Ray Desmond, *The European Discovery of the Indian Flora* (Kew: Royal Botanic Garden; Oxford: Oxford UP, 1992), 149.

[39] 转引自Blunt, *Compleat Naturalist*, 224.

[40] A. A. Dallman and W. A. Lee. "An Old Cheshire Herbarium" *Lancashire and Cheshire Naturalist* 10 (1917): 167. "这位年轻有为的女士遭受了永久性的伤残，甚至很可能英年早逝，导致这样的结果是因为她作为植物学家，培养了植物采集这样可悲的兴趣。"

[41] 在艺术史研究中，安·哈里斯（Ann Sutherland Harris）和琳达·诺克林（Linda Nochlin）在*Women Artists, 1550—1950* (New York: Knopf, 1977)一书中得到类似结论。关于音乐史中的家庭模式见Marsha J. Citron, "Women and the Lied, 1775—1850", in *Women Making Music:*

The Western Art Tradition, ed. Jane Bowers and Judith Tick (Urbana: U of Illinois P, 1986).

[42] B. D. Jackson, *Linnaeus* (London: Witherby, 1923), 318, 319. 关于林奈和女性的研究，见Lisbet Koerner, "Women and Utility in Enlightenment Science", *Configurations* 3, 2 (1995): 233−255.

[43] Elisabeth Christina Linnea, "Om Indianska Krassens Blickande", *Svenska Kongliga Vetenskaps. Academiens Handlingar* 23 (1762): 284−286.

[44] 林奈补充了她的报告，提到三个旱金莲植物的变种中有一个变种展示了特殊的磷光效应。一位皇家学会的评论员宣称这项"了不起的观察……证明了我们最伟大的科学家是毋庸置疑的"。

[45] 一位19世纪早期的女性研究者、科学和医学史研究者称她也写过其他的植物学文章，但从来不发表。Christian Friedrich Harless, *Die Verdienste der Frauen um Naturwissenschaft und Heilkunde* (Göttingen, 1830): 252−253.

[46] Jackson, *Linnaeus*, 46.

[47] 达尔文这首诗原文如下："明亮的星星叫醒清晨的天空/他钻石般的眼睛挂在红霞满天的东方/纯洁的旱金莲离开她神秘的床/她的头上环绕着微光/八位警惕的情郎沿着晚间的草地/热情似火，追逐着这处女之光/那是电光在她美丽的身姿上产生了作用/她恰好就在柔和明亮的亮光里。（4: 43−50）

[48] 1755年10月1日的信件，转引自James Britten, "Jane Colden and the Flora of New York", *Journal of Botany* 33(1895):13.

[49] *Jane Colden−Botanic Manuscript* (New York: Chanticleer, 1963). 关于简·科尔登见Marcia Myers Bonta, *Women in the Field: America's Pioneering Women Naturalists* (College Station: Texas A&M UP, 1991).

[50] E. J. Willson, *James Lee and the Vineyard Nursery, Hammersmith* (London: Hammersmith Local History Group, 1961): 41−42; Patrick O'Brian, *Joseph Banks: A Life* (London: Collins Harvill, 1987), 151; 关于安·李为福瑟吉尔画植物画见*Journal of Botany* 52 (1914):323, 她的作品可以参考Mabey, *Flowering of Kew*各处。

[51] 詹姆斯·李曾把安·李的一幅植物画寄给林奈，他们觉得画上的植物所在的属用布莱克本的名字命名比较合适，见Willson, *James Lee and the Vineyard Nursery*, 61.

[52] 关于安娜·布莱克本见V. P. Wystrach, "Anna Blackburne (1726—1793)

—a Neglected Patron of Natural History", *Journal of the Society for the Bibliography of Natural History* 8 (1977):148–68. 关于福斯特和布莱克本见Michael E. Hoare, *The Tactless Philosopher: Johann Reinhold Forster, 1729—1798* (Melbourne: Hawthorn, 1976): 56–64.

[53] *Bref och Skrifvelser af och till Carl von Linné* (Uppsala, 1916), 2, 1: 285–286.

[54] Wystrach, "Anna Blackburne", 153–154.

[55] J. G. Dony, "Bedfordshire Naturalists: Charles Abbot (1761–1817)", *Bedfordshire Naturalist* 2 (1948), 39; Dony, *Flora of Bedfordshire* (Luton, 1953): 18–20. 一位作家在《绅士杂志》中评价查尔斯·阿博特的《贝德福德郡植物志》时说"阿博特在把植物学知识推销给女士们时，也不忘为妻子在这方面的才能表达最深情的称赞和纪念"（*Gentleman's Magazine* 70[1800]: 360）。

[56] 其实主要指女性读者。——译注

[57] Walter J. Ong, "Latin Language Study as a Renaissance Puberty Rite", *Studies in Philology* 56 (1959): 103–124.

[58] *Gentleman's Magazine* 67 (1797): 215.

[59] Thomas Martyn, *Letters on the Elements of Botany*, 2d ed. (London, 1787): 12–13.

[60] Ann Murry, *Sequel to Mentoria* (London, 1799): 250–251.

第三章　花神的女儿：林奈时代的女作家

致植物学女神

逃离暴力和欺骗，
请允许疲倦和愚昧的我
从谦卑的生活中获得完全的宁静；
我将永远不再被困扰，亲爱的女神！
和您一起，寻找避难所；
我疲惫的双眼饱含泪水，
在您寂静的庇护所得到抚慰。
您那些“五彩缤纷的铃铛和小花”该歇歇了——
要知道，各种漂亮的花儿
在您迷人的双手里被露水滋养着；
每一片脉纹交错的叶子，瑟瑟低吟在林间的草地；
或在偏远的荒野，或掩藏在潮湿洞穴的苔藓中，
或遍布峭壁，或漂浮在河水的涟漪中，
或从海洋浪潮里的珊瑚岩中涌出。

夏洛特·史密斯，《十四行诗哀歌集》，1797

天文台昂贵的仪器，化学的劳累，使得天文学和矿物研究仅限于少数人涉足；而探究动物王国同样面临许多障碍，很难细致地调查研究，也不适合大众参与；而植物学让我们区分和辨认不同的植物，几乎为每个有好奇心的人敞开大门；院子、田野都是便捷的学习之所，它让人乐此不疲，有益于健康，到户外锻炼也有了持续而快乐的动力。

夏洛特·默里，《不列颠花园》，1799

在林奈时代，女性以采集者、赞助人、艺术家、助手和合 61
作者等角色，在植物学文化中留下了自己的印记。在18世纪的文化和特殊写作模式下，植物学写作也是她们留下印记的方式。女性在植物学的文学土壤里耕耘，或为娱乐，或为赚钱，或为公众的认可。她们的植物学写作题材多种多样，如描述性的条目、儿童文学、小说、期刊、训导诗、入门读物等。女作家们在编写植物学教材时的一个显著特征，是偏爱书信和对话体的模式。女性的植物学写作旨在植物学知识的传播，而非生产知识，其作品通常是面向儿童、女性和大众的普及读物，而不是面向林奈学会或皇家学会等学术机构成员的专著或论文。

在18世纪的英国，女性写作已成为一种社会现象，公开从事写作的女性人数达到了历史新高。理查德·波尔威尔在诗体檄文《无性的女人》中愤怒地遣责道，18世纪90年代那场骚乱的一大表现就是躁动的女作家们投身写作。如果按照波尔威尔的标准，女作家们只能写与自己性别相宜的作品，只有那些轻言细语的女性才符合他的标准，典型代表就是汉娜·摩尔。在1798年，他列举了一份长长的女作家名单，里面是在意识形态上可接受的小说家、诗人和剧作家等。例如，据估计在18世纪90年代就有三四百位女性出书，她们的作品包括宗教读物、论战文章、小说、儿童文学、戏曲和科学读物等。[1]尽管女性的作品有多种类型，但大多数主题依然受到当时性别意识形态的限制。可以确定的是，为了被作家圈子所接受，女性小说家通常会写一些被看作是女性专属的故事和体裁。因此，她们常写婚恋和有特色的家庭故事，并在叙事中融入有教化意义的道德故事。于是，在这种模式下，女性有更多的写作机遇，但同时也受限于主题和体裁。[2]许多女作家为了让自己符合做“得体的淑女”这一意识形态，压抑和掩饰着自己的想法。[3]同时，也有一些女性会参与颠覆性的论辩，还有一些则巧妙地用修辞手法调和自己的观点，融入普遍的社会意识形态。事实上，18世纪晚期女性的写 62
作可以解读为一部足智多谋的历史，因为女作家们在当时的社会规范和标准下找到了表达自己观点的策略。

其中一种常见的策略，便是以母亲教育者的身份说话。英国发生了关于母亲和母职复杂的文化争论，力图为新的家庭模式塑造新的母亲形象，通过改造女性进而改造国家。母亲们被提升到社会文化的优先位置，对身体的讨论建构了女性的母亲角色而非性欲的身体，赋予了她们作为母亲教育者的崇高地位。[4]米兹·迈尔斯（Mitzi Myers）指出，那个时期母亲身份的社会建构有一个典型例子，就是乔治王朝时期童书里的女性教育传统，其鲜明的特点就是把母亲打造成理性的教育者角色。[5]这种传统一部分源自青少年读物本身的写作特点，一部分来自教学法的进步，在那个时代的女性科学写作中，她们的亲子教育方法也显而易见。

慈母般的含羞草：弗朗西斯·罗登

从18世纪90年代到19世纪20年代，科学读物常常被当成提高自我修养的一种方式。尤其是那些由女性写的和写给女性的普及读物，会以科学之外的理由去呼吁大家学习，就好像知识本身并非女性的正当追求，至少不被公开鼓励。弗朗西斯·罗登（Frances Rowden，约1780—1840）《植物学入门诗》（*A Poetical Introduction to the Study of Botany*，1801，见插图17）将女性和植物的象征意义融入经验知识，同时夹杂着对女

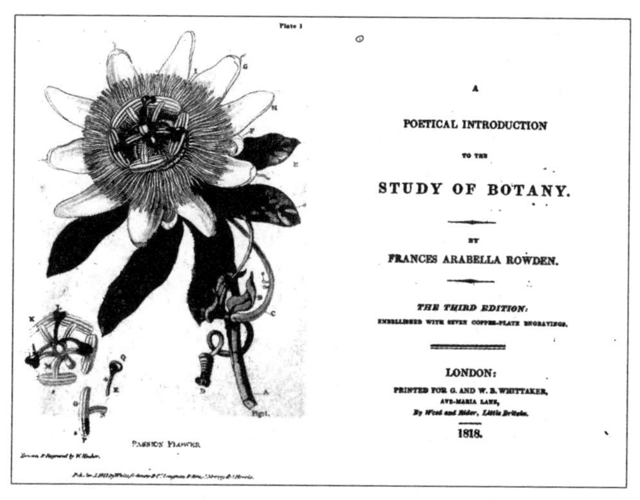

插图17：弗朗西斯·罗登的《植物学入门诗》
1801年；1818年第三版。

性教育问题的关注。作者所在的女子学校开设了植物学课程，这本书就源自她的授课经验。罗登本打算用伊拉斯谟·达尔文的《植物之爱》作为小学植物学课程的基础教材，但她发现里面的语言“常常过于华丽繁冗，对追求简单朴素的女性教育来说不太合适”。于是她彻底改造了达尔文作品中关于林奈的植物性理论描述，使之更加适合其目标读者。结果则是，她大量删减了林奈性系统内容并换以“后波尔威尔式（post-Polwhelean）”的方法，让植物学变成得体的女孩教育内容。罗登在《植物学入门诗》中将科学和道德教育结合起来，介绍了植物的器官并系统地讲解了林奈的思想，还用一系列诗句描述了林奈系统的纲和目。罗登和当时其他植物学入门读物的作者一样，其目标不仅是普及林奈植物学本身，还在每种植物的拟人化描述中引入道德教化的
内容。在决定如何改编达尔文《植物之爱》的内容时，她所选择 63
的植物描述是那些“可以从中引入一些道德训导，从而让心灵和智慧同时得到提升的信息”[6]。

罗登这本书的目标读者是“青少年”，为的是引导他们“细心观察，谨记上帝的仁慈”。这也是当时博物学书籍的普遍目的，只不过罗登还特别说明了不仅是为了引导青少年，也为了引导女性。罗登相信植物学在普遍的家庭意识形态下对女性有特别的益处，她这样解释道：“置身于幽闭的家庭生活中，女性有必要学会自娱自乐这门伟大的艺术，才能让她们在狭小的生活圈子里可以专注于学习并乐在其中。这样可以调节她们的心智，不仅为将来的幸福打下基础，也可以给他人带去快乐。”她反对“浅薄放纵”或者久坐不动的活动，一心想寻找可以培养自律和品德的那些活动，但并非所有的活动都能达到这样的目的。相比

之下，植物学不仅可以培养心智，还能让女植物学家们走出家门，达到“强身健体”的目的。[7] 64

罗登将植物学教育置于更庞大的女性教育信念体系中，她的诗歌也在有意传达某种性别意识形态，体现女性在世界中的位置，拟人化和道德教化的诗句强调圣洁、母职、虔诚，以及纯洁的男女关系，充满家庭的温馨，不涉及情爱。她用铃兰（*Convallaria*）作为林奈系统中的六雄蕊纲（Hexandria）单雌蕊目（Monogynia）的典型例子，象征女性的谦逊和纯真。（见插图18）这类花本性温顺，一旦被关注就很警觉，“好像胆小羞涩的少女”，“迷人的身姿羞答答地躲藏”在树荫下。还有一些诗赞美母亲和母爱，如合雄蕊纲（Gynandria）二雌蕊目（Diandria）的代表杓兰（*Cypripedium*），又称为女士拖鞋兰，花的两枚雄蕊直接从雌蕊中长出来，罗登回避了林奈植物学原本的性描述，取而代之将其描写为“母亲柔软的怀抱托着两个婴儿”[8]。这首诗最后以一个说教的历史故事“温柔的母爱”结尾，讲的是昂儒（Anjou）[9]的玛格丽特皇后被放逐后，在苦难和危险中备受煎熬却竭力保护她的幼儿。罗登在性别化的诗句中向女性和男性传达家庭、孝道以及妻子的忠贞等道理，把植物拟人化为善良的哥哥，质朴、高尚和尽职的青年，天真无邪的牧羊人，婴孩，或者迫不及待想赶回家享受“天伦之乐”的丈夫。她把哥哥们塑造成妹妹们的“看护人”，因为她们生性柔弱温顺，“性”带来的危险无处不在，她们永远处在被哄骗和受欺凌的边缘。罗登用三色堇作为聚药雄蕊纲（Syngenesia）[10]单花目（Monogamia）（五个雄蕊和一个雌蕊）的代表，“五个宠爱她的哥哥……围绕在颤栗的妹妹身旁/牢牢守护着她，唯有死神才能将他们拽开”[11]。

罗登生怕性描写会危及到纯真的少女读者，如果将她和伊拉斯谟·达尔文在《植物之爱》中对同一植物的描述进行对比，这种警惕性便突显出来。典型例子如含羞草（*Mimosa pudica*，见插图19），两人的差异非常显著。含羞草的小叶片会在触碰时闭合、叶柄耷拉下去，这种植物在林奈系统里属于多雄蕊纲（Polygamia），有多枚雄蕊（男性器官）和一枚雌蕊（女性器官）。达尔文把含羞草的种名 *pudica* 解释为“贞洁的”，把它描写成充满东方风情的新娘，即将被带入后宫。达尔文的描述总在性主题的边缘试探，他的含羞草“娇弱但充满生气”，虽然 65
“每一次无礼的触碰都让她缩回柔弱的双手”。他的诗歌如此写道：

> 披着面纱，庄重而欢喜，高贵又谦逊，
> 这位东方新娘呀，缓步走向那座清真寺；
> 柔声细语，许下永恒的爱的誓言，
> 国王富丽堂皇的宫殿里，她就是那位皇后。[12]

与达尔文形成对比的是，罗登把含羞草的种名 *pudica* 解释为“谦逊的”，将这种植物描述成典型的女性形象，既没有东方化也没有过度强调性方面的特征。她的诗句如此写道：

> 某位年轻的姑娘，如此谦逊，
> 遮掩自己迷人的模样，不让世界看见，
> 羞涩如她，每一次轻微的触碰，

都会让她合起柔软的叶子；

……美丽的含羞草，

天生柔弱，却快乐而敏感。

罗登的含羞草是年轻谦逊的姑娘，而不是多愁善感的妇女，她恳求五位精灵能够指引自己，“平息她满腔的激情”。她笔下的含羞草是贤惠的英国人，而不是一妻多夫的异域女性，作者旨在倡导回归母爱世界的道德价值观，远离危险荒唐的异域世界：

因此，我亲爱的学生呀，愿你们敞开心扉，

全能的上帝设计了美德和最明智的言行；

趁年少脆弱时，

早早远离愚蠢而危险势力的侵害；

谦逊而优雅地退隐吧，

回到更适合你们纯洁心愿的生活里，

且看那无与伦比的母爱，

花儿绽放，她的关怀也随之显现。[13]

达尔文将植物拟人化成夫妻，描述充满性暗示，罗登则把这些诗句改造成歌颂母爱的赞歌，回避性暗示，歌颂充满母性的含羞草与达尔文诗歌里男人对女人的性幻想，形成鲜明对比。

罗登会是女性植物学文化里的汉娜·摩尔吗？像后者一样成为19世纪早期进步文化思潮中另一位逆潮流者吗？从罗登对普遍流行的家庭观念、女性从属地位和母亲角色的认可来看，她的确是。弗朗西斯·罗登是一位牧师的女儿，在贝斯伯勒 66

（Bessborough）勋爵家当过家庭教师，后来成为伦敦上流社会一所女子学校的老师。19世纪初的20年间，她在切尔西汉斯·普莱斯学校（Hans Place School）教书，并任校长一职；后来她和学校的共同负责人—— 一位法国移民，一起加入巴黎一所新学校，并和他结婚了。[14]切尔西的学生回忆说，罗登在写给公众的植物学作品与她私底下的授课时，表现出了不同的性情，似乎写给公众的诗歌需要去迎合目标读者。例如，作家玛丽·米特福德（Mary Russell Mitford）回忆道，罗登小姐活泼而严苛，会读诗给米特福德，带她去剧院，会编辑“纹章学、植物学、传记、矿物学、神话学，以及至少五六种其他学问”来教育米特福德。罗登还给米特福德介绍了蒲伯翻译的荷马史诗和德莱顿翻译的维吉尔诗歌[15]，“允许我欣赏撒旦、厌恶尤利西斯、责骂埃涅阿斯（Aeneas），只要我愿意的话”。“R小姐”曾一度希望她的女学生们把弥尔顿的“酒神”[16]搬上舞台，却认为“只有适合年轻女士们演的戏剧”才能得到许可，结果只好排练了汉娜·摩尔一部田园牧歌的戏剧《追逐幸福》（*The Search After Happiness*）。从米特福德的叙述来看，尽管戏剧的选择要遵守严格的规定，但罗登依然希望通过活灵活现的戏剧让女孩们学到一些东西。[17]

那个时期，女教师和女作家都普遍面临着一个两难问题：尽管伊拉斯谟·达尔文在《植物之爱》里无所顾忌地描写女性的性行为，但他的女性同行们却不敢效仿。教育家和诗人罗登的《植物学入门诗》由牧师和她的学生家长赞助，订阅式发行，主题和模式都受到限制。她后面发表的作品也一如继往，将道德教化和文学融为一体。[18]很明显的是，尽管使用了拟人化的手法和道德教化内容，罗登在讲授植物学分类时显得比达尔文更直截了当。《反雅各宾派评论》（*Anti-Jacobin Review*）批评她把达尔文当榜样，但其他的评论者却称她的书在“文雅地讲授植物学”[19]。罗登在科学教育中既教了女孩子关于家庭和母亲的职责，也教了她们林奈植物学。

夏洛特·默里女士

从启蒙运动晚期到维多利亚中期，植物学被贴上“受女性 67
追捧的科学”的社会标签。一时间，采用林奈系统对英国植物
进行分类的植物学书如雨后春笋般涌现出来，《不列颠花园》
（*The British Garden*，1799）就是其中一本（见插图20）。
这本书根据林奈系统的纲和目对大不列颠本土植物或从其他地方
引种到英国花园的植物进行了分类，在致“年轻的植物学家”的
导言里，作者解释了如何“找到任何未知植物的名字”。因此，
这本书除了描述性的植物目录，也介绍了林奈植物学。本书作者
夏洛特·默里女士（Charlotte Murry，1754—1808）是巴斯的 68
一位贵族女性，希望通过写作激发读者的植物学兴趣，她把植物学打造成比其他科学更容易上手的学科。[20]她的书借鉴了伊拉斯谟·达尔文翻译的林奈植物学和“诸位先生精妙出众的作品，如威瑟灵、贝克恩霍特（Berkenhout）以及其他渊博的作家写的植物学”。她没有吹嘘自己的植物学有多么专业，或者对这个领域有多独特的兴趣。“这门快乐的科学，每天都不断有新发现”，她并没有打算“讨论这些有趣却没完没了的科学发现”。

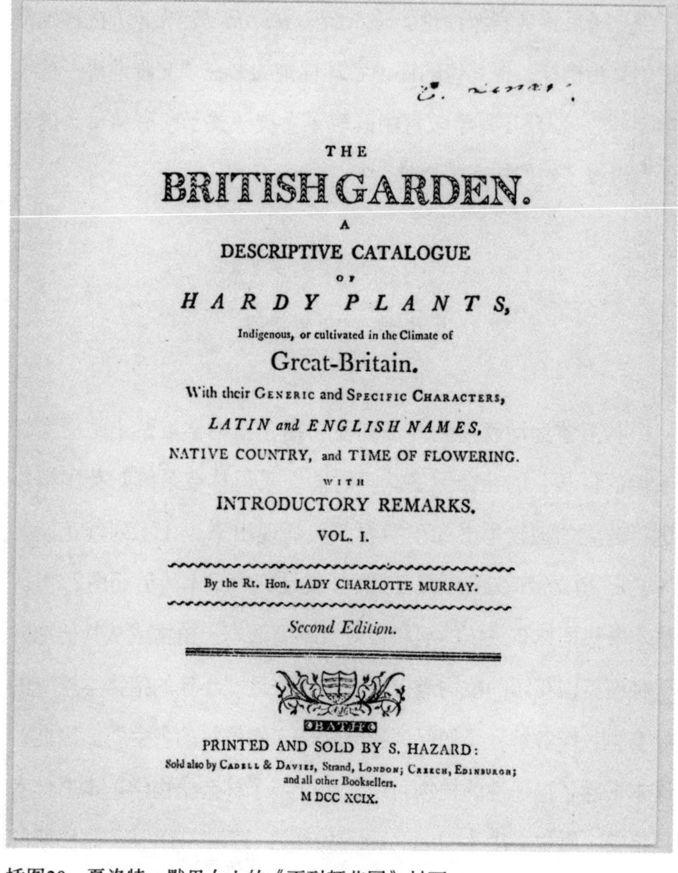
THE
BRITISH GARDEN.
A
DESCRIPTIVE CATALOGUE
OF
HARDY PLANTS,
Indigenous, or cultivated in the Climate of
Great-Britain.
With their GENERIC and SPECIFIC CHARACTERS,
LATIN and ENGLISH NAMES,
NATIVE COUNTRY, and TIME OF FLOWERING.
WITH
INTRODUCTORY REMARKS.
VOL. I.
By the Rt. Hon. LADY CHARLOTTE MURRAY.
Second Edition.
BATH:
PRINTED AND SOLD BY S. HAZARD:
Sold also by CADELL & DAVIES, Strand, LONDON; CREECH, EDINBURGH;
and all other Booksellers.
M DCC XCIX.

插图20：夏洛特·默里女士的《不列颠花园》封面

她表示本书“应一位朋友之邀”而写，其架构非常符合当时特定的社会环境。在序言中，她区分了旅行指南和路标的区别，前者生动刻画了乡村的美丽风景，后者除了给旅行者指路之外，“没有任何自身的价值”。在18世纪90年代的性别和阶级分化中，作者谦虚的自我定位在当时的历史背景和文学传统中很常见。默里的作品契合了休闲文雅的植物学文化基调，将目标读者定为青少年等人群。她的书得到高度评价，被认为是一部“实用、方便、精心编纂的手册”，很适合“年轻的植物学家，还有……业余爱好者，去植物园那样的地方会很有帮助”，有评论者认为这本书不是为了“促进科学发展”，而是“为了培养对这项优雅追求的兴趣”。[21]《不列颠花园》的目标读者是把植物学当高雅爱好的有钱人，虽然两卷本价格不菲，但并没有影响它的销量，在出版后的十年里再版多次。

盈利和慰藉的植物学：夏洛特·史密斯

对于职业女作家而言，植物学写作也是一项经济来源。例如，18世纪晚期作品颇丰的小说家夏洛特·史密斯（Charlotte Smith，1749—1806），就把自己的植物学知识转变成面向年轻读者的博物学普及读物和诗歌，作为一项收入途径。她的诗歌充斥着大量的植物学专业知识，处处体现着这种独特性。正如朱迪恩·帕斯科（Judith Pascoe）所言，这些“诗歌里有精确的植物学知识”，体现了浪漫主义的新形式，挑战着浪漫诗歌传统中华兹华斯那样的经典风格。[22]同时，史密斯以女性和植物学为主题，在她的世界里探索女性的生存之道。

史密斯离开丈夫后，为了抚养9个孩子，于18世纪80年代后期开始以写作为生。她写了一些传统主题和哥特式风格的小说，
鲜明地讽刺律师、贵族和自命不凡的有钱人，也常常批判时下的 69
女性教育体系并在小说里塑造了聪慧、敏感和神通广大的女性角

色。关于风景的描写，体现出她对叶子、树木、荆豆和蕨类的细致观察。

18世纪90年代中期，史密斯把童书纳入自己的写作范畴。她预估了将道德故事与博物学相结合的出版可能性，于是加入萨拉·特里默（Sarah Trimmer）、安娜·巴鲍德（Anna Barbauld）和普丽西拉·韦克菲尔德之列，由此进入青少年博物学读物市场。1794年，恰逢她一个女儿怀孕且病重，她开始为这个新市场写作。[23]为了给女儿筹钱看病，她写了几本给十二三岁小女孩看的书，《乡间漫步》（*Rural Walks*，1795）就是其中一本。在这本书里，史密斯塑造了一位守寡的母亲伍德菲尔德夫人（Mrs. Woodfield）。因命运不济，伍德菲尔德夫人不得不隐居乡下，带着女儿和一位城里长大的侄女在乡间散步，和她们聊谦卑、仁慈、勇气、富人的挥霍无度和时尚的荒谬。《乡间漫步》和当时其他写给女孩子的书一样，也是为了教导女孩如何成为得体女人的训导文学，尽管它被包装成一种不同的风格。在关于性别与知识那一段，伍德菲尔德夫人以母亲和导师的身份，评价书中的坦西（Tansy）夫人道："她一直在学植物学，自鸣得意地跟每个人讲这些知识，满嘴都是花瓣、花柱和花丝那些惹人厌烦的名词，我可不知道什么术语。"伍德菲尔德夫人在和侄女的对话中作此评论，而小女孩在盛行的传统教育模式中长大，也希望能从夫人的课堂上受益。夫人解释道，坦西夫人炫耀自己的植物学知识，不懂植物学却卖弄专业名词假装自己很有学问，其结果不过是让自己看起来傻透又很烦人罢了，最后她"只得回到花园里无所事事，幻想自己作为通信者出现在某个植物学协会的刊物上"[24]。

从史密斯进步的女性主义倾向看，伍德菲尔德对坦西夫人的评论并非谴责女性对知识的追求，而是批评她说话没有分寸，
不分场合炫耀自己的知识。事实上，她认可了坦西夫人“爱慕虚 70
荣”背后的原因，因为她自己也热衷于植物学。不同的是，伍德菲尔德学了后，还会经常温习，“要知道，除了了解一种植物的科属和特征，还需要做其他更多的事情”。从对话的结尾可以很清楚地看到，伍德菲尔德夫人作为传统的女性教育者角色，更热衷于科学对话，而不是闲言碎语。比起闲聊，“聊杜鹃花、漆树、菊花、漆蛱蝶[25]和其他名字难记的植物不是更好”？

书中的伍德菲尔德夫人是史密斯的代言人，用女性容易接受的传统方式，将植物学热情用到母亲职责和性别意识形态的教育中。史密斯自己也同女主角一样，在《十四行诗哀歌集》（*Elegiac Sonnets*，见本章开篇引文）里借“植物学女神”之名，在写作中利用了自己的植物学知识。例如，她未完成的“比奇角”（Beachy Head），读起来就像博物学家的笔记，反映了诗人好像是“早期的自然圣地朝拜者”，仔细观察树篱，“缠绕的野豌豆，紫色的花儿与又苦又甜的野葡萄交织在一起”[26]。在其他诗歌中，史密斯经常会用脚注，解释植物学术语和林奈的植物名字，她的小说里也穿插着详尽的植物学参考书。比如，在《小小哲学家》（*The Young Philosopher*）里，思想自由的男主角教育妹妹要成为“理性的伴侣”，教她“科学地绘画”，而英勇的女主角则是与美国和自由联系在一起的母亲角色，“非常热爱植物学”，教女儿学习天文学和植物学。

1798年，《小小哲学家》出版。夏洛特·史密斯坦言，是林奈学会主席詹姆斯·史密斯（两人并非亲属）建议她把植物学

知识转化成文学上的优势，并以此增加收入。夏洛特在给他的信中写道："我没忘记您提醒我把植物学引入小说里的事，我依然得靠写作养家。当前，人们追捧极为恐怖的故事，这简直令人无法忍受，我不得不承认这种喜好有些病态和污浊。我几乎有些怀疑，自然物带来的简单快乐对热衷幽灵小说和洞穴探险的人来讲会不会了无生趣。无论如何，我已经做了一点尝试，希望这不至于惹恼读者们，我最渴望的就是得到他们的认可。"她还说道，"在长期徒劳的挣扎之后"，她不得不离开英国去了欧洲大陆，在那里她顶多能"看看窗台上花盆里的一年生植物"。然而，书 71
中的她声称自己"对植物学的热情随着生活的不如意反而与日俱增"[27]。

一年前，夏洛特·史密斯在写《小小哲学家》时，曾向詹姆斯·史密斯求助，她希望能从植物学写作中获得经济回报。她向出版社提议，和妹妹一起出本书，把林奈系统的插图和植物学知识纳入，以供"植物学爱好者和想培养绘画爱好的人参考"。1797年，她在一封未发表的信中写道："我相信这个计划能得以实现，它不会与索尔比家族或柯蒂斯的作品产生冲突。这也会是植物学初学者们想读的书，不会用复杂的专业术语吓跑他们，也不会让他们花高价去买植物学入门书，那些书里的插图通常都很糟糕，长久以来都是照着同样的模板抄来抄去。"她还补充道，"詹姆斯·史密斯博士会帮我校对"，但最终这个写作计划并没有实现。[28]

即使如此，史密斯还是继续设法把她的植物学兴趣和专业知识用到写作中，最突出的例子是《博物学入门：对话和诗歌选集》（*Conversations Introducing Poetry: Chiefly on Subjects of Natural History*，1804）。这本书是写给“儿童和青少年”的，关于昆虫、四足动物、鸟、海洋生物和植物等博物学内容的诗歌夹杂在众多主题的对话和评论中。诗集中比较多的主题是植物，如“野花”一诗中，提到了多种植物，作者附了两页注释，给出了它们的拉丁学名。在“温室玫瑰”这首较有象征意义的诗歌中，史密斯比较了温室和花园里的植物，反映出自然和人工对植物的影响。[29]类似地，“含羞草”一诗也提到了多种含羞草植物，作者的含羞草“象征着极度的敏感”，这首诗通过导师角色揭示了含羞草“苛刻傲慢”又“矫揉造作”的性格。正如史密斯的第一本儿童读物，书中的母亲担当了教育者的角色，主导了伦理价值观和文化观念。书中的导师角色塔尔博特（Talbot）夫人努力培养孩子“纯真的娱乐爱好，不仅打发时间，还能引导我们‘通过观察自然去理解上帝’”。这意味着去热爱博物学，作者尤其推崇植物观察而不是玩桌球，或者阅读影响恶劣的讽刺诗集、浪漫小说和超自然的恐怖故事。[30]

这部诗集的压轴诗《花神弗洛拉》，是夏洛特·史密斯参
考伊拉斯谟·达尔文的《植物园》后为女孩们改写的版本。这首 72
诗附有不少植物学注释，描述了花神在春天降临大地的场景，她漫步在自己的植物王国，这里有鲜花、树木、阴生植物和海洋植物。这首诗意欲激发女孩子们的植物学兴趣，按达尔文的话说是为“充满想象的孩子”呈现“一幅可以摆放在柜子里的花神图像”。这首诗描述了花神弗洛拉和仙女精灵们一起“守护脆弱的蓓蕾，照料幼小的花儿……保护花粉不被大风吹散”。史密斯的诗主要不在于说教和解释植物学，更像在卖弄植物学知识，例如她用植物的花部器官命名花神领导的仙女们，“佩特

拉”（Petalla）、“内克塔芮妮亚”（Nectarynia）、“卡莉克莎”（Calyxa）。[31]小女孩们还不足以应付达尔文世故老练的诗句，因此在史密斯的改编版里，花神回避了植物王国的性和婚姻，她“衣着朴素”，而不是达尔文“浓墨重彩勾勒”的光彩夺目的形象。[32]（见插图21）

从夏洛特·史密斯的文学生涯可以看出，18、19世纪之交的英国女性、性别和植物学文化紧密地交织在一起。在《博物学入门：对话和诗歌选集》最后的对话里，塔尔博特夫人的女儿艾米丽讲述了她给花束里的植物命名时，与两位上流社会年轻女性发生了不愉快的交流：

> “天啊，”其中一位叫道，“就算知道这种植物那种植物叫什么名字又有何意义？……我敢肯定，哪怕我活到100岁，我也不会知道这种花和那种花的区别，知道这些有啥好处？”“噢！你知道吗，这是一种潮流，”一位女士回答道……用一种慢悠悠的语气——“但即便我要以此生，我打赌自己也绝对记不住这些难记的名字。”[33]

母亲兼教育者的回应是鼓励女性学习植物学，但又坚持认为她们在公共场所与人谈论植物学时应该遵守某些礼仪。不管是《乡村漫步》，还是《博物学入门：对话和诗歌选集》，都将植物学定位为女性私底下的乐趣，不鼓励她们在家庭或社交场所高谈阔论。

史密斯童书里的母亲角色体现出她作为职业作家的一贯形象，但她对植物学的许多表述明显透露出她自己在其中的投入和得到的乐趣。史密斯成长于有教养的家庭，学习了这个阶层认可的传统才艺。她在年幼时就表现出绘画天赋，还得到过一位风景画家的单独指导，终其一生都在画水彩植物和花卉。[34]因生 73
活所迫，史密斯将观察技能和植物学热情用到写作中。在《小小哲学家》一书中，植物学母亲回想起曾经甚为忧伤和孤独的时光。那时她住在乡下的房子里，唯一的装饰就是苔藓地衣："在我度过的那些忧伤时光里，大自然的植物总能让我的心灵得到抚慰。"[35]对一位女作家来说，植物学在复杂的个人故事里有着重要意义，史密斯成功地把植物学专业知识与流行小说、青少年博物学读物和诗歌融合在一起。

亨丽埃塔·莫里亚蒂

女作家们想要避免和大众观念起冲突，就不得不面对林奈植物学晦涩的语言和植物繁殖器官图像带来的尴尬。林奈手下著名的植物画家乔治·埃雷特在作品中喜欢强调植物的繁殖器官，通常会在一幅插图的某个角落单独画出雌蕊和雄蕊的分解图。对亨丽埃塔·莫里亚蒂（Henrietta Maria Moriarty，fl.1803—1813）来说，这确实伤脑筋，她的《欢乐花园》（*Viridarium*，1806）植物插图按植物拉丁学名首字母排列，在序言中她表示有些犯难：

> 最希望指导青少年的人，或者可以说想培养甚至塑造他们心智的作者，却常常很难给博物学里最愉快的分支（即植

> 物学）找到合适的图像，既要非常精确，又要完全避免那些奇怪的臆想和影射。这种东西只适合生理学家，对懵懂无知的青少年来说却是危险的：基于这个考虑，我尽可能不使用伟大的林奈先生的方法，及其所有相关的插图和评论；不仅如此，我也从未提到喜欢幻想的达尔文博士。

为避免植物的性产生“奇怪的臆想和影射”危害到懵懂的
青少年，莫里亚蒂没有在《欢乐花园》插入植物繁殖器官分解
图，但使用了其他插图和林奈的植物描述，还满足了关于植物文
化的知识需求。这是一本实用手册，针对没有园艺师可咨询的读 74
者，收录了当时流行的温室植物，如山柑属植物。莫里亚蒂给
这本书贴的标签是适合“下一代”尤其是少女们，这本书的第
二版更名为《50种温室植物》（*Fifty Green-House Plants*,
1807），副标题指明是“为了提高年轻女士们的绘画技能”。
新版把这本书的插图定位为绘画摹本，“（以供）公立寄宿学校
使用”，某种程度上也是普及植物学的一种方式。

莫里亚蒂的策略是从书中删掉了一些植物学知识，以免让某些读者（消费者）觉得不适。作为带着孩子的陆军上校遗孀，莫里亚蒂写书也是迫于经济压力，她自身或许就是“下一代”的老师，可能还给贵族人家当过家庭教师。[36]她的作品包括发行了两版的插图植物学读物和一些小说，叙述的主题直指婚姻和经济现实，让很多女性认为写作是实现自给自足的有效方式。《骚动中的布莱顿》（*Brighton in an Uproar*，1811）中的女主角莫蒂默（Hubertine Mortimer）夫人不久前结束了一段不幸的婚姻，守寡后带着九个孩子，生活贫困。在弱肉强食的社会里，

这样的变故让她陷入无人保护、风雨飘摇的艰难处境，小说对女性在职场中受到的不公平待遇充满怜悯。其中一个情节讲的是莫蒂默夫人进入铅笔制造业，另一个情节是有人建议她写一部插图版的植物学书，通过订阅的模式发行，还建议她推出两种版本卖给订阅者，其中一个版本是“小的缩影版，这样订阅者可以自己做选择”[37]。而莫里亚蒂自己就像小说的主角：把植物学知识充分利用起来，并将性别化的绘画技能和小说写作转化成自己的经济来源。

实用论：萨拉·霍尔

对靠笔杆子生活的女性来说，到19世纪20年代萨拉·霍尔发表植物学诗集时，植物学写作已是一种被认可的方式。贵格会教友萨拉·霍尔（Sarah Hoare，1767—1855）在发表《诗歌：植物学爱好的乐趣与益处》（*A Poem on the Pleasures and Advantages of Botanical Pursuits*，1826）和《贝壳学和植物学诗集》（*Poems on Conchology and Botany*，1831）时已经是一位年迈的教师。贵格会一向鼓励教友将探究自然当成有益的消遣和修身养性的活动，霍尔就是一个典型例子。萨拉·霍尔是霍尔、格尼和巴克莱这几个著名的贵格会家族组成的社交圈子里
一员，世纪之交，他们将银行业和商业活动与慈善和反奴隶制运 75
动结合在一起。霍尔没有结婚，给贵格会女孩当老师，在爱尔兰生活多年后，于1815年回到布里斯托尔，继续给当地的贵格会女孩当老师。[38]

霍尔最开始进入植物学文化写作市场是发表了《植物学爱好的乐趣》（*The Pleasure of Botanical Pursuits*）一诗，这首赞美诗附在普丽西拉·韦克菲尔德那本颇受欢迎和有影响力的教材——《植物学入门》（*An Introduction of Botany*，1818）第八版的末尾。诗的署名为萨拉的名字缩写“S. H.”，内容是称赞自己年轻时在植物学中得到的乐趣：“啊，植物学！炙热之光/ 带给我单纯的快乐/ 从嬉戏的童年起便如此。”这首诗赞美了从“大自然的盛宴”中得到的审美、医药和精神上的益处，也歌颂了林奈：“林奈，您的实践教导我们/ 壮丽的篇章，盛满如此丰富的科学知识/ 让我们对性系统清楚明了。”诗里用林奈术语和命名法描述了多种植物，例如马蹄莲和紫繁缕。霍尔的诗歌并没有和伊拉斯谟·达尔文或弗朗西斯·罗登一样普及林奈系统，虽然她像《植物之爱》和《植物学入门诗》那样将植物拟人化，但她并非把拟人化作为分类普及、道德教化或家庭观念传播的工具，而是强调植物的药用价值，如罂粟有“舒缓淋巴疼痛”之功效。在19世纪早期的几十年里，随着作家们对植物学知识在农业、医药、烹饪和其他居家用途的了解，植物知识的实用性日益成为植物学写作强调的主题。

在《诗歌：植物学爱好的乐趣与益处》中，霍尔聚焦于植物学的用途，强调植物的药用方法，并不像其他作家那样关注道德教育、分类学或象征意义。霍尔写道：

大自然的慷慨，不只为愉快眼睛，
也不只为田野披上盛装，令人眼花缭乱；
光鲜的外表下，用作良药的汁液在流淌。

因为造物主，装扮了壮美大地，

也让每种植物各司其职。[39]

霍尔的诗歌声称是“一位教友写给青少年的，致她的学生
们”，她将植物学知识的实用性与自己的个人动机联系起来。在 76
晚年时，她发现自己“不得不竭尽全力，尝试各种谋生方法，让自己摆脱贫困，不成为朋友的负担，因为自己已经年迈，孤独无助”（序言）。随后出版的《贝壳学和植物学诗集》也出于同样的动机，这本诗集重新刊载了她的植物学诗歌，加上新写的贝壳诗歌，贝壳同样按照林奈的方法编排。

霍尔对植物用途的关注也有明显的性别化色彩，和其他人一样，她肯定了女性探究植物的道德和宗教意义，除此之外，她还强调母亲和家庭职责。在《诗歌：植物学爱好的乐趣与益处》序言里，母职是重要的主题。霍尔昔日的学生们已经当了母亲，她提醒她们在家庭中要尽忠职守，告诉她们母亲对孩子性格的培养起着核心作用。

霍尔尊崇保守的福音派作家汉娜·摩尔的观点。摩尔的《批判现代女性教育系统》一书重印了多次，她反对沃斯通克拉夫特关于女性教育和社会地位的激进观点，坚持两性、性别和阶级差异是一个安全社会最基本的特征。霍尔引用了摩尔的女性教育定义，“灌输信念、修正品味、控制脾气、培养理性、抑制激情、引导情绪、惯于反省、训练克己，尤为重要的是所有行为、情感、情绪、品味和激情都要以热爱和敬畏上帝为前提”[40]。像摩尔一样，霍尔也想努力改造母亲们，她在这个话题上的言辞成了把双刃剑。有几次，她都提到了“成为称职母亲的幸福感

觉”，也宣称“从更广泛的意义讲，社会的美德主要靠母亲们的精明”。霍尔通过写作向读者反复灌输母性意识，“打造”母亲的同时也训练她们去改造自己的孩子。在这个意义上，她坚定地将植物学纳入亲子教育的知识体系，而且认定教授植物学是母亲的职责之一。

18世纪晚期和19世纪早期，重新定义女性母亲身份和家庭角色的文化运动与英国的政治格局一脉相承。萨拉·霍尔对母亲职责的建构反映了这个复杂的议题，对众多女作家来说，母性和家庭意识议题是她们在社会、智识和经济上的资源。母亲和教师 77
在教室里和出版物上都有一定的话语权，而女作家借这两种身份在教育传统中发声，其作品成为强有力的媒介，女性扮演的科学教育角色愈发重要，植物学文化也因此受益。

注　释

[1] Janet Todded., *A Dictionary of British and American Women Writers, 1660–1800* (Totowa, N.J.: Rowman and Allenheld, 1985), 导论。Judith Phillips Stanton, "Statistical Profile of Women Writing in English from 1660 to 1800", in *Eighteenth–Century Women and the Arts*, ed. Frederick M. Keener and Susan E. Lorsch (New York: Greenwood,1988).

[2] Janet Todd, *The Sign of Angellica: Women, Writing and Fiction, 1660–1800* (London: Virago, 1989), Jane Spencer, *The Rise of the Woman Novelist: From Aphra Behn to Jane Austen* (Oxford: Blackwell 1982).

[3] Nancy Armstrong, *Desire and Domestic Fiction: A Political History of the Novel* (New York: Oxford UP, 1987), and Jane Spencer, *The Rise of the Woman Novelist*; Mary Poovey, *The Proper Lady and the Woman Writer: Ideology as Style in the Works of Mary Wollstonecraft, Mary Shelley, and Jane Austen* (Chicago: U of Chicago P, 1984).

[4] 关于18世纪英国母亲身份的社会建构，见Mitzi Myers, "Impeccable Governesses, Rational Dames, and Moral Mothers: Mary Wollstonecraft and the Female Tradition in Georgian Children's Books", *Children's Literature* 14 (1986): 31–59; Ruth Perry, "Colonizing the Breast: Sexuality and Maternity in Eighteenth–Century England", *Journal of the History of Sexuality* 2 (1991): 204–234; Elizabeth Kowaleski–Wallace, *Their Fathers' Daughter: Hannah More, Maria Edgworth and Patriarchal Complicity* (New York: Oxford UP, 1991); Felicity Nussbaum, "'Savage' Mothers: Narratives of Maternity in the Mid–Eighteenth Century", *Eighteenth–Century Life* 16 (Feb. 1992): 163–184. 关于母性意识形态语境下浪漫主义男作家的诗歌文学，见Barbara Charlesworth Gelpi, *Selley's Goddes: Maternity, Language, Subjectivity* (New York: Oxford UP, 1992).

[5] "小说和传统主题写作所塑造的母亲角色，以美德之名控制和主导了乔治王朝时期青少年故事的写作市场"（Myers,"Impeccable Governesses", 34）。

[6] Frances Arabella Rowden, *A Poetical Introduction to the Study of Botany*, (3rd ed. London, 1818), vii–viii.

[7] 同上，ix, ix–x.

[8] 原文斜体。——译注

[9] 法国旧地名。——译注

[10] 聚药雄蕊纲花药合体生长，而合雄蕊纲是雄蕊从雌蕊中长出来。——译注

[11] Frances Arabella Rowden, *A Poetical Introduction to the Study of Botany*, 第130、218—219，214页。

[12] Darwin, "Loves of the Plants", 25–26. 达尔文将含羞草拟人化为女性，与之对比的是詹姆斯·佩里（James Perry）的诗歌《含羞草》（*Mimosa, or The Sensitive Plant*, London, 1779）将其性别化为男性和阳物。佩里的含羞草"情感丰富，精力旺盛；取悦风情万种的寡妇和妻子；通过它的关节"；"我们喜欢看它起起落落，显示出它内在的无穷力量"（9，5）。

[13] Rowden, *Poetical Introduction*, 248–251.

[14] 汉斯·普莱斯学校的共同所有人多米尼克·德·圣·康坦（Dominique de St. Quentin）是从路易十六到圣詹姆斯宫的前大使，写了一些书介绍法国教师法尔捷（Gaultier）神父按年龄分级的教学法，其中一本是《英国国王年代学诗集》（*A Poetical Chronology of the Kings of England*, 1792）。法尔捷开发了一套基于游戏、对话和一览表的教学法，圣·康坦可能就是建议罗登"采用法尔捷方法写几堂植物学入门课"的那位朋友（见*Poetical Introduction*宣传广告）。

[15] 亚历山大·蒲伯（Alexander Pope,1688—1744），英国诗人；约翰·德莱顿（John Dryden, 1631—1700）英国诗人、翻译家，他最有名的译作是古罗马诗人维吉尔的作品。——译注

[16] 指弥尔顿的诗集《酒神之假面舞会》（*The Masque Comus*, 1634）。

[17] 玛丽·米特福德，"重返我曾经上学的地方"，见*Poems*（London, 1810）和*Our Village*，收录于*The Works of Mary R. Mitford* (London, 1850): 111–116。年轻的弗朗西斯·肯布尔（Frances Kemble）是罗登在巴黎的学校里一位学生，写道："罗登小姐在汉斯·普莱斯学校偶尔会让学生参演戏剧，她的这种方式远近闻名；她在巴黎的时

候已经很清楚那时候严肃（或者说墨守成规）的宗教行话，但如果她的巴黎学生们想有类似的各种尝试，她即便不公开鼓励，也会眨眨眼表示支持。" Frances Kemble, *Record of a Girlhood* (London, 1878), 73, 109.

[18] 罗登的其他作品还包括《友谊的快乐》*The Pleasure of Friendship* (1810; 3d ed., 1818); 《献给异教神灵的基督教花环》*A Christian Wreath for the Pagan Deities, or an Introduction to Greek and Roman Mythology* (1820); 《古今最杰出作家传略》*A Biographical Sketch of the Most Distinguished Writers of Ancient and Modern Times* (1821).

[19] *Monthly Review* 70 (Jan. 1813): 98–99; *Critical Review*, ser. 4 (May 1812): 559. 《反雅各宾派评论》从她的书中节选了一部分，称赞她良苦用心，尤其是"她尽可能避免其导师（伊拉斯谟·达尔文）的不足之处"；然而，这位评论员希望"作者不要把达尔文博士当成榜样，他喜欢卖弄华丽的诗句，展示各种媚俗的无用辞藻，让人眼花缭乱却不知所云"（10 [Dec. 1801]: 356–357）。

[20] Murry, *British Garden*, 2nd ed., 序言。作者的名字出现在第二版的书名页，1808年和1809年的版本也署了名。见Henrey, *British Botanical and Horticultural Literature*, 2: 584; G. E. Fussell, "The Rt. Hon. Lady Charlotte Murray", *Gardeners' Chronicle* 128 (1950): 238–239.

[21] *Monthly Review* 31 (1800): 202. 类似地，*British Critic* (15 [1800]: 86–87)认为这本书是"非常方便的详细条目"，"包括对林奈方法浅显易懂的讲解"。

[22] Judith Pascoe, "Female Botanists and the Poetry of Charlotte Smith", in *Re-visioning Romanticism: British Women Writers, 1776–1837*, ed. Carol Shiner Wilson and Joel Haefner (Philadelphia: U of Pennsylvania P, 1994): "新的浪漫主义诗人会追求秩序，在面对一片水仙花田时，会先数花瓣再写诗。"（207）。也可参考Stuart Curran, "Romantic Poetry: The I Altered", in *Romanticism and Feminism*, ed. Anne K. Mellor (Bloomington: Indiana UP, 1988).

[23] Judith Phillips Stanton, "Charlotte Smith's 'Literary Business': Income, Patronage, and Indigence", in T*he Age of Johnson: A Scholarly Annual*, ed. Paul Korshin (New York: AMS, 1987): 383–384.

[24] Smith, *Rural Walks*, 2: 125–128.

[25] 这几类植物的英文单词都比较复杂，作者引用的费城版，最

后一种植物误拼成“cenothusas”。伦敦出版的版本为杜鹃花（*rhododendron*），漆树（*toxicodendron*），菊花（*chrysanthemum*）和蝴蝶的名字漆蛱蝶（*phycoides*）。——译注

[26] Smith, “The Goddess of Botany”, line 346–352, in *The Poems of Charlotte Smith*, ed. Stuart Curran (New York, Oxford UP, 1993), 231.

[27] 书信日期是1798年3月15日，见Smith, *Memoir and Correspondence*, 2: 75.

[28] 见史密斯写给Thomas Caddell、Jr. and William Davies的信，日期是1797年8月1日，写于牛津（Beinecke Library, Yale University）。这封信将会在Judith Phillips Stanton即将出版的夏洛特·史密斯书信集里发表出来。

[29] 史密斯在这首诗里歌颂大自然和人工的力量，自然孕育了稀有但没有香味的野生玫瑰，它们被人工引种后，被培育成受欢迎的品种。借用这个例子，作者实则赞美了野生植物的不完美，也认可了后天培育（教育）的重要性。——译注

[30] Charlotte Smith, *Conversations Introducing Poetry: Chiefly on Subjects of Natural History* (London, 1804), 1: 69, 71; 2: 6–7.

[31] 这几个词分别是花瓣（petal）、蜜腺（nectary）和花萼（calyx）几个英文单词拉丁化而来。——译注

[32] 《花神弗洛拉》后来收录在夏洛特·史密斯的遗作诗集《比奇角、寓言和其他诗歌》（*Beachy Head, Fables, and Other Poems*, 1807），“因为很多朋友认为［这些诗歌］不该放在［《给儿童和青少年写的对话集》（*Conversation for the Use of Children and Young Persons*）］，也不太可能被有能力欣赏它们的高贵、优雅和丰富想象力的读者所注意到”，引自一则广告，见*Poems of Charlotte Smith*, ed. Curran, 261。

[33] Smith, *Conversations Introducing Poetry*, 2: 174.

[34] Florence M. A. Hilbish, “*Charlotte Smith, Poet and Novelist (1749–1806)*,” (Ph.D. diss., University of Pennsylvania, 1941), 14–16.

[35] Charlotte Smith, *The Young Philosopher* (London, 1798), 2: 166.

[36] 关于Henrietta Moriarty，见James Britten, “Mrs. Moriarty’s ‘Viridarium’”, *Journal of Botany* 55(1917): 52–54.

[37] Henrietta Moriarty, *Brighton in an Uproar* (London, 1811), 2: 17–18, 82; 1: 149.

[38] 据一位教友的纪念文章，萨拉·霍尔“关爱各个阶层的青少年，是他们非常有趣的伙伴，她乐于鼓励这些年轻朋友们学习知识，培养他们的心智。”她的博爱“众所周知”，她活跃在动物福利事业，极其痛苦地写了关于公牛陷阱的个人备忘录，并在1832年带头成立了“人性化对待动物促进会”，见*Annual Monitor* (Society of Friends) (1856): 88–110.

[39] Sarah Hoare, *Poems on Conchology and Botany* (London, 1831): 85.

[40] Sarah Hoare, *A Poem on the Pleasures and Advantages of Botanical Pursuits* (London, 1826), viii–ix.

第四章　植物学对话：亲切写作里的文化政治

进取精神是这个开明时代的显著特征，这种精神在教育领域表现得尤为突出。如果让天才们专门写书去引导懵懂的心智，别出心裁传播新知识，他们不会觉得自己是在大材小用。

普丽西拉·韦克菲尔德，《心智培养》，1794—1797

来，把这株植物拿在手里，让我看看威瑟灵是怎么描述这个属的。

萨拉·菲顿，《植物学对话》，1817

从18世纪80年代到19世纪30年代，英国两代女作家为科普 81
写作打上了女性的印记，她们喜欢用“亲切的文体”（familiar format），即书信和对话的叙述形式，打造家庭或以家庭为基础的非正式场景，塑造充满母性的导师角色。女性以此方式普及科学，将大众感兴趣的各种主题融合在一起，营造了家庭和日常生活的氛围。她们将性别特色和亲切文体融入课本编写，做出了开创性的贡献，促进了科学的传播，丰富了中产阶级的业余爱好。

女性科学写作的历史亟待更多关注，而科普写作是其中的重要部分，也是更广泛意义上女性写作的一部分。[1]女性在早期的化学、博物学、贝壳学、昆虫学和矿物学等各类科学写作中，有关植物学入门的普及读物最多。[2]在17世纪，女性写的植物主题主要是针对医药市场的本草疗法，如肯特伯爵夫人伊丽莎白·格雷（Elizabeth Talbot Grey）的《精选手册》（*A Choice Manuall, or Rare and Select Secrets in Physick and Chyrurgery*, 2d ed., 1653）就是一本写给女性的医药处方和自助手册，尤为关注女性的疾病；汉娜·伍莱（Hannah Woolley）《女士指南》（*Gentlewoman's Companion*，1675）收录了不少家庭疗法，例如她学会了“软膏、药膏、药水、兴奋剂”等各种药物的用法，让自己成为称职的妻子和家庭教师。[3]到了18世纪晚期，性别意识形态认可了女性的作家和读者角色，促使一种新的写作类型形成，即由女性写的和写给女性的植物学书，因而这个时期女性写的大部分植物学书都是入门读物，并采用亲切的文体写成。

在18世纪的英国，书信和对话体在文学写作中有着特殊的重要性。在文学和文化史中，书信和对话体或多人讨论就像试金石，是小说、教学法和科普写作中实用的叙述模式，甚至在商业文化中，早期的广告业也会使用。[4]在科学文化中，现代早期的科学写作和科学传播使用了大量信件——例如伽利略和波义耳。[5]对那些远离科学文化中心的人，以及难以接触或无法接触公共科学机构、获得学习机会的群体来说，书信就成了绝佳的科学指导形式，居住在乡间的贵族学生或母亲、小孩可以 82
和大自然亲密接触，却没人训练他们如何去探究自然，这些书信便成了他们学习科学的途径。书信引导初学者进入科学的世界，成为被认可的方式。威廉·斯宾塞（William Spence）和威廉·柯比（William Kirby）的《昆虫学入门》（*Introduction to Entomology*，1800）期盼书信可以将他们最热爱的科学变得愉悦，充满吸引力。其中一位写道，这种形式“可以纳入各种有趣的题外话……我知道，用亲切的写法和引人入胜的文字，有效地传播枯燥的专业知识，可以让它（昆虫学）变得多么愉快和易于接受啊”。书信成为他们精心选择的写作方式，可以带领读者跨过门槛，走进昆虫学的“前厅”[6]。在植物学文化里，书信成为向女性和年轻学生传播植物学的重要方式：卢梭用书信教好友德莱赛尔夫人植物学，托马斯·马丁在翻译卢梭的书时继续采用书信的方式进一步拓宽了这些知识。

两人或多人对话——作为通俗易懂的写作模式并遗留下大量作品，如法国贝尔纳·德·丰特内勒（Bernard de Fontenelle）的《关于世界多样性的对话》（*Entretiens sur la pluralité des mondes*，1686）和意大利弗朗切斯科·阿尔加罗蒂（Francesco Algarotti）的《牛顿学说女性读本》（*Il newtonianismo per le dame*，1737）在当时都被翻译成了英文。这两本书都是渊博的哲学家与心存一丝好奇心的侯爵夫人之间的对话，向文雅的读者讲解望远镜、显微镜、笛卡尔“漩涡论”和牛顿科学。[7]而类似的多人对话是社交文化以及18世纪高雅文化礼仪中的一部分，相比其他活动形式如玩牌，改革者们更提倡和鼓励这种交流活动。因此，“蓝袜子”成员和教育家赫斯特·沙蓬（Hester Chapone）倡议将严肃的多人对话作为一种美德加以推广，认为这种对话形式影响了“我们的思考和行为习惯，以及我们思维的整个形式和色彩……这些可能就基本决定了我们的性格，长久看来，还会决定我们的身份”[8]。出于这个目的，训导手册传授文雅对话中的礼仪和行为规范，文学作品则展示好的示范和反面教材。[9]

到了18世纪晚期，创作教育类文学作品的女作家们将对话模式植入写作，以满足自己的目的。玛丽·沃斯通克拉夫特是一位进步的教育理论家，她认为教与学应该植根于日常的个人体验中，她的虚构作品《源自真实生活的原创故事》（*Original*

Stories from Real Life, 1788）便是用对话形式写成。普丽 83
西拉·韦克菲尔德在《心智培养》（*Mental Improvement*，1794—1797）中虚构了父母和孩子们之间关于博物学的多人对话，并穿插着蜜蜂、鲑鱼卵和道德教育的庞杂故事。玛丽亚·埃奇沃思（Maria Edgeworth）也认同沃斯通克拉夫特进步的教育法原则，她在《实用教育》（*Practical Education*）中解释说，她从幼儿教育中认识到，“在早教中，重要的科学原理应该用对话形式讲解”[10]。不少作家都赞同这个观点，在传播科学知识的时候采用对话模式写作。简·马塞特（Jane Marcet，1769—1858）的第一本科普书《化学对话》（*Conversations on Chemistry*, 1806）以老师“B夫人”和两个女学生的对话写成。她在序言中解释说，她觉得这种亲切的风格大有裨益，尤其是对“女性来说，她们所受的教育让她们难以应对抽象概念或科学语言”。她在之后的其他作品中也采用了这种方式写作，如《政治经济学对话录》（*Conversations on Political Economy*，1816）、《自然哲学对话录》（*Conversations on Natural Philosophy*，1819）和《植物生理学对话录》（*Conversations on Vegetable Physiology*，1829）等，她虚构的教育对话者队伍里包括B夫人、卡罗琳和艾米丽等角色，这些角色后来成为作家们写作时的榜样。

从18世纪90年代到19世纪20年代，“亲切的文体”成为大多数女性植物学写作的通用模式，实际上可以说是公认的范本。按米兹·迈尔斯的说法，此叙事模式下的作品体现了女性作为教导者的传统，母亲或母亲的代言者拥有导师的权威，象征着毅力和理性。[11]以这种方式写成的植物学作品，母亲给孩子们讲授植物学，也借植物学教他们更多的文化知识。用亲切文体写作的作家们提倡把植物学当成一门教育工具，也当成母亲在儿童早期教育的一部分职责。30年里再版了10次到15次的畅销书表明，植物学入门普及读物迎合了不同群体的目的和兴趣，如出版商、作者、图书购买者和读者等。

普丽西拉·韦克菲尔德

普丽西拉·韦克菲尔德的《植物学入门》（*An Introduction to Botany*，1796，见插图22）是第一本由女性写作、系统介绍植物学的作品。这本书以两位青春年少的姊妹通信为载体，目标读者是儿童和年龄模糊的“年轻人”——比婴幼儿大但还没进入
成年的群体。从虚构的通信背景可以得知，妹妹不在身边的日子 84
里，女主角费利西娅的母亲和家庭教师为了让她开心起来，就教她植物学。植物学是实用技能，也是娱乐消遣，可以帮费利西娅走出“低落的情绪”，在“早晚散步”时专注于花花草草。家庭教师不想她“只知道娱乐，虚度了时光”，便教她学植物学，她再将知识转授给妹妹。这些书信针对好学的业余人士，介绍了林奈植物学的基本知识，还有一些植物器官的示意图，如繁殖器
官、叶形和植物的根系等。 85

《植物学入门》深入浅出地讲解了林奈系统的纲、目和属。姐姐在学习了怎么观察花部器官后，向妹妹描述了林奈的24纲。她们的家庭教师是一位“热情细心的朋友”，给姐姐讲解图尔内福和林奈对植物分类的贡献，尤其是林奈的“新体

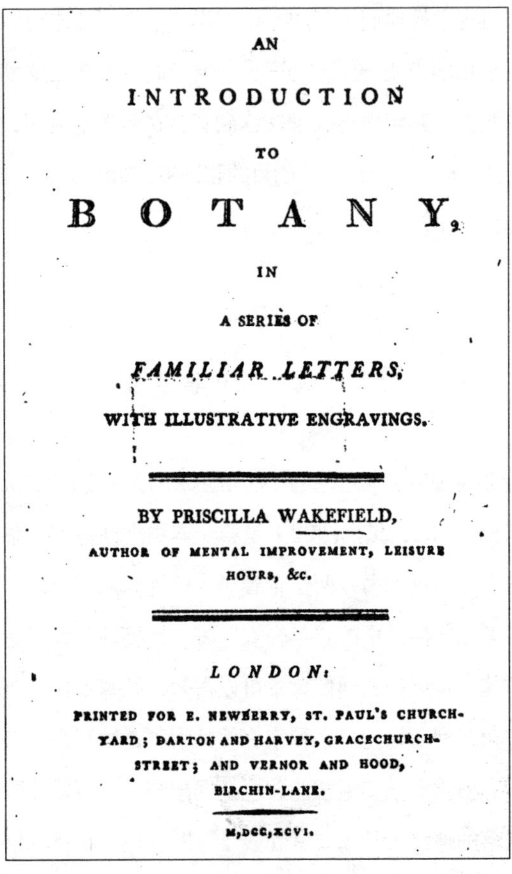
AN
INTRODUCTION
TO
BOTANY,
IN
A SERIES OF
FAMILIAR LETTERS,
WITH ILLUSTRATIVE ENGRAVINGS.

BY PRISCILLA WAKEFIELD,
AUTHOR OF MENTAL IMPROVEMENT, LEISURE HOURS, &c.

LONDON:
PRINTED FOR E. NEWBERRY, ST. PAUL'S CHURCH-YARD; DARTON AND HARVEY, GRACECHURCH-STREET; AND VERNOR AND HOOD, BIRCHIN-LANE.

M,DCC,XCVI.

插图22：普丽西拉·韦克菲尔德的《植物学入门》封面

系……将来的博物学家可能会对它有所改进，［但］似乎永远不大可能超越这个体系”。《植物学入门》参考了一些植物学手册，如詹姆斯·史密斯和詹姆斯·索尔比（James Sowerby）的《英国植物学》（*English Botany*，1790—1814），用英国本土植物如报春花和旋花类植物作为示范，展示林奈的分类系统。韦克菲尔德用林奈的术语描述榆树花的主要特征：“花萼五裂，萼片里面呈彩色；没有花冠，种皮形似椭圆形的浆果但没有果肉，里面只有一粒略扁的球形种子。”[12]在《植物学入门》出版的几年前，伊拉斯谟·达尔文在《植物之爱》这首诗中高度赞美了林奈的性分类系统，描述了植物王国里各种婚配方式和不正当性关系。达尔文兴致勃勃地谈论着身体，韦克菲尔德则与之相反，尽量回避或忽略植物的性这个主题。她使用威瑟灵删改过的用语去描述植物的繁殖器官，如用“花丝（chives）”和“花柱（pointals）”，而不是“雄蕊（stamens）”和“雌蕊（pistils）”。在描述兰花这个分类群——合体雄蕊纲（Gynandria）时，她主张忽略这个类比夫妻的色情化术语。

《植物学入门》是一本介绍林奈系统的书信集，同时也利用植物学讲授其他东西。本着启蒙教育的目的，韦克菲尔德在序言中逐条列举了植物学的益处：“学习 [植物学] 可以到户外呼吸新鲜空气，锻炼身体，既有益于健康，又可愉悦心情；它最简单易学，调查的对象可轻易获得，无须付出多少代价，无论谁都可以轻松入门。”[13]她虽然在讨论中插入了关于神圣设计的评论，如“即使在最细微的作品中也能瞥见上帝这位神圣艺术家的手指”，但对植物学教育的宗教辩护却不是那么严肃认真。[14]这本植物学并不是正规的学校教材，而是作为非正式教育的读物，她首要强调的是探究植物带来的普遍益处和教育意义。

韦克菲尔德尤为强调植物学对女孩子的益处。她写道，植 86
物学曾经只属于懂拉丁文的“学术圈”，“使得很多希望学习这门科学知识的人，尤其是女性，只能望洋兴叹”。相比之下，用英语写的植物学容易理解多了，“在完善的教育体系里，植物学现在已经被当成必要的学习内容”。她在这本书的序言中宣扬了植物学对女孩子的重要意义，“年轻的女士们经常把时间浪费在一些流行的娱乐活动上，那些东西即便没有危害也很无聊，［植物学］可作为替代，让她们充分发挥才智，是轻浮和无所事事的解毒剂”。《植物学入门》反对流行的娱乐方式，旨在推崇植物学并将它作为女孩子非传统爱好的探索。作者的策略在于将植物学视为社会认可的一种“技能”，并与自我修养哲学联系起来。同样，她认为植物绘图也有技能和个人修养这样类似的双重功能。在训导手册的传统写作中，植物学被当成是一门文雅的科学，让女孩子远离贵族习气，而18世纪很多教育改革者极力推崇中产阶级女孩开展理性活动，改掉这些毛病。

《植物学入门》邀请女孩们跨过门槛走进植物学的世界，将其当成提高自我修养的方式，但同时又不会与关于妇女、性、政治或宗教等主流意识形态相冲突。这本讲植物学的书并没有宏大的目标，既没体现出宏观的浪漫主义思潮，也没有怀着远大的分类学目标去批判性地探讨林奈方法。久坐家中的姐姐并没有去花园或附近的田野探下险，也没有超越当时的家庭意识形态，总之读起来几乎没什么内容有违当时的社会规约。尽管如此，韦克菲尔德还是非常明确地将植物学引入女性和青少年的生活轨迹，并将其推荐为培养女孩子良好习惯和健康行为的方法。与当时其他许多女作家不同的是，她并没有警告女性不可以博学，也没有把谦逊、顺从和孝顺这些品质置于一切之上。

普丽西拉·韦克菲尔德（1751—1832，见插图23）是一位务实的改革者，她的书在当时的性别意识形态下拓展了女性的活动，但也并没有激进地挑战权威。她把植物学当成“轻浮和无所事事的解毒剂”，体现了一位多才多艺的作家、自由主义者和贵格会教友在启蒙运动中的坚定，既为服务社会也为稿酬而写作。她从事写作时已经年过四旬，和当时不少人到中年才成为职业作家的女性一样，拿起笔杆子都是迫于生计。韦克菲尔德 87
担心丈夫缺乏经济头脑，还要操心儿子的诉讼费，她与伦敦重要的青少年出版商们建立起合作关系，其中包括伊丽莎白·纽柏瑞（Elizabeth Newbery）和贵格会出版商威廉·达顿（William Darton）。[15]韦克菲尔德决定写植物学入门书以及一系列同样很受欢迎的游记和博物学书，由于都是比较新颖的主题，这也让她有理由相信这些作品会受欢迎并有利可图。实际上她自己并非博物学家或者异域旅行者，写作只是她的营生之道。1794年至1816年间，她为年轻读者写了16本博物学和旅行的书，还有一本《反思目前女性的状况》（*Reflections on the Present Condition of the Female Sex*，1798）[16]。《植物学入门》是她作家生涯早期的一部作品，她专为“正在崛起的一代”写作，作品主题包括科普书、博物学杂录、道德故事和旅行图书等，《植物学入门》被再版了多次，后来被称为“韦克菲尔德的植物学”，直到1841年，这本书都还在出版社的选题名单上。后来，这本书又被翻译成了法语，还在美国出版了3次，第10版时 88
附加了植物的自然系统分类方法简介。

韦克菲尔德的植物学大受欢迎，这表明出版商、目标读者和作者三者的喜好是契合的。韦克菲尔德有明确的出版定位：价格适中、避免专业术语、简单亲切的文体；通过《植物学入门》，她将难懂的材料改编成适合“小孩或青少年”阅读的内容。在18世纪八九十年代，虽然有很多写给成人的植物学书问世，但正如她在序言里解释的那样：“迄今为止出版的书似乎都卖得很贵，晦涩和专业化，不宜作为小孩或青少年的启蒙读物；因此，我认为出版一本价格适中的书，尽可能避免专业术语、并采用轻松亲切的写法，应该会受欢迎。”1817年，宾利（Rev. W. Bingley）写了一本给业余爱好者的《植物学入门实用手册》（*Practical Introduction to Botany*），有评论就称赞道：“这本书是韦克菲尔德那本亲切的植物学入门书非常不错的补充读物。”[17]她的书成了一个样板，如另一部广受好评的儿童读物——萨拉·威尔逊（Sarah Atkin Wilson）的《植物学漫步》（*Botanical Rambles*，1822，见插图24），用对话写成，书中的“姐姐”经常会提到韦克菲尔德的植物学，将其作为植物学知识的参考来源。“姐姐”把韦克菲尔德的书带到会客厅，将它作为权威的植物学读物，赞同“尊敬的韦克菲尔德夫人”关于女孩学习植物学的原因，也赞扬了她们的母亲，她“希望我们能够学习这门迷人的科学，不仅是作为娱乐，也是为了快乐地远离一些无聊的消遣活动，那些活动经常会把许多年轻女士的时间都浪费掉了”[18]。

韦克菲尔德的《植物学入门》这本书，写于18世纪90年代中期，她在书信中给女孩们讲授科学，将其作为她们所受通识教育的一部分，她的植物学通信为女作家的书信写作方式增加了新的维度。[19]亲切的写作方式，加上熟悉的家庭氛围和角色设定，间接认可了女性对科学的好奇心。书中的女孩观察植物，对知识充满热情，在姊妹之间交流彼此的科学知识，也分享了彼此对知识的热爱。在《植物学入门》中，韦克菲尔德把书信的叙述手法作为自我提升的知识载体，展示了学习知识的快乐。这既体现了贵
格会在理解自然奇迹时的喜悦之情，也体现出女性追求知识的乐 89
趣，以及一位女作家在文学和科学写作中发掘新市场的欣喜。

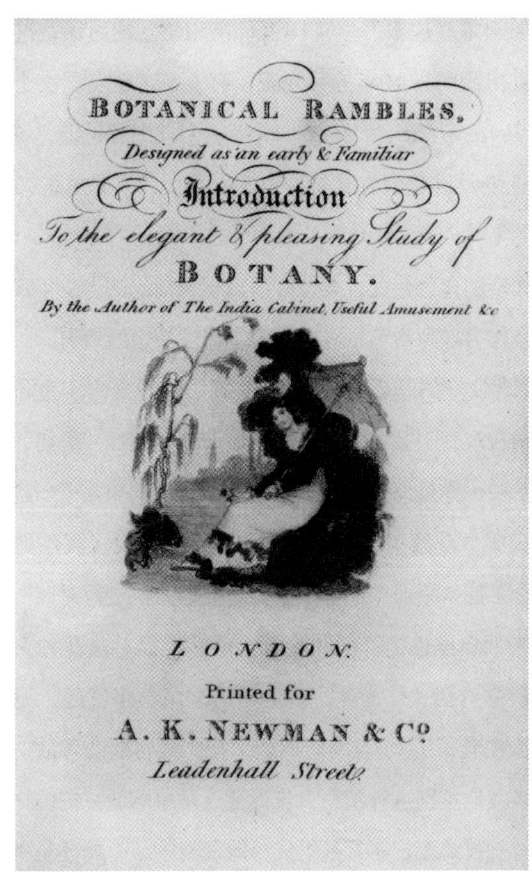

插图24：萨拉·威尔逊《植物学漫步》封面
多伦多公共图书馆奥斯本早期童书特藏室。

萨拉·菲顿

在林奈的植物鉴别方法将要被替代的时期，普及读物依然还在传播林奈植物学，萨拉·菲顿（Sarah Fitton，1795—1870）《植物学对话》（*Conversations on Botany*，1817）

就是其中一本。这本书里有18篇母亲和幼儿的对话，这本入门
教材一直出版到1840年的第九版。有人在《新英国女士杂志》 90
（*New British Lady's Magazine*）上对此书评论道，“体现了科学的进步，讲解的方式特别有趣”[20]。（见插图25）格雷格·迈尔斯（Greg Myers）指出，教学对话的传统和秘诀在于傻子和作家的角色分配，典型如渴望学习知识的青少年，或者某位成年人作为导师角色，以充足理由传播特定的知识。[21]

在菲顿这本书里，以小主角爱德华的好奇心作为开场，他看到母亲在观察一朵黄色的花，便惊讶地问道：“妈妈，你在做什么呢？……你是怎么观察花朵的呀？”母亲和儿子一起漫步在花园和田间，观察英国本土植物，并用威瑟灵《大不列颠本土植物大全》这本手册中的林奈分类和描述方法进行对照。对话模
式看起来像自发性的提问和交流，但掌控权总是在大人手里， 91
虚拟的科学对话“作为理想的教学法，由学生发起，但所有一切都掌控在老师手里”[22]。例如，在一篇罂粟的对话中，爱德华的母亲教他鉴别这种植物，告诉他这是单雌蕊目的植物，因为罂粟只有一枚雌蕊，不管是组成单雌蕊目的三个属还是罂粟属，都是基于花瓣的数目和种皮的形状进行分类的。在对话结束时，母亲还告诉爱德华，如何用林奈方法将他的罂粟鉴定为*Papaver rhoeas*，即普通的虞美人。

菲顿的入门书涉及了植物鉴别和用途等主题的对话，尤其是居家和烹饪方面的用途，如亚麻用来织布、造纸和提取亚麻油等。书中的母亲教导小孩子如何将植物知识应用到实际生活中，例如区别有用植物和有害植物，尤为强调植物知识对于医生和农民的重要性。这本书并未涉及植物神学或自然神学——没有暗示

植物王国的秩序来自上帝的设计，而是从一本旅游书中借用了一个“与植物学没有什么关系的”故事，“显示出知识和独创性在危难时刻的价值”。[23]她完全回避了植物的性这个话题，没有提到繁殖。这本书是写给小孩、年幼的学生和父母的，不管是书中的母亲还是男孩都没有提到这个话题。书中的母亲甚至都没有机会提及此话题不适合年幼的学生，相比其他一些女作家标榜自己故意忽略了“不合适的语言”，这本书却对此保持沉默。

《植物学对话》的目标读者包括小学生，也包括喜欢阅读的母亲，她们可以学习后再去教自己的孩子。这样的对话实际上是可以模仿的，先教育母亲，然后母亲再照此去教育孩子，这就赋予了母亲在知识上的权威。本书在方法上也值得效仿，提高了女性的科学素养。《植物学对话》的作者没有直接关注女性，她和出版社的目标读者是母亲和小男孩，他们都没有指导老师或在学校学习。孩子问母亲：“你怎么知道这么多关于植物的奇奇怪怪的事呀？”她回答说：“阅读各种植物学书和旅游的书。”[24] 92

萨拉·菲顿在妹妹伊丽莎白的协助下写了《植物学对话》一书，但却是匿名出版。菲顿姐妹生活在和睦的大家庭，她们的哥哥威廉是在爱丁堡学有所成的医生、科学家、科学期刊的地质学撰稿人，也是各种科学协会的成员，这个家庭通过威廉得以接触大都市的科学圈子。守寡的母亲和女儿们先后跟随威廉搬到爱丁堡和北安普顿，然后又到了伦敦，因为伦敦更利于威廉成家，他在伦敦也为自己树立了绅士科学家的形象。[25]威廉·菲顿模仿约瑟夫·班克斯爵士在苏豪广场的聚会，在周日晚上定期组织“几位科学家”举办座谈会，他的圈子包括林奈学会第一位书记员和图书馆员罗伯特·布朗（Robert Brown），布朗后来成为班克斯的“植物学遗产继承人”，掌管大英博物馆里的班克斯部门。布朗主张精英的高级科学（high science），反对植物学的大众化趋势。皇家植物园邱园和大英博物馆在争夺重要的植物藏品掌控权时，布朗明确支持植物学的职业化倾向，他“认为在公园里散步和学术的植物学活动大不一样”[26]。

萨拉·菲顿并没有从《植物学对话》进一步走向植物学科普的职业之路，这在职业化语境下毫不奇怪。她甚至此后几十年里再也没写出过第二本植物学书，但据估计这本书再版时应该是她自己在负责校对和改进。她后来给小孩子写了一些小故事和书，包括《关于和睦的对话》（*Conversations on Harmony*）[27]和《四季：植物结构概要》（*The Four Seasons: A Short account for the Structure of Plants*，1865），后者是一部演讲录，以“巴黎工人组织”为读者对象。爵床科的网纹草属（*Fittonia*）就是那时为了纪念菲顿姐妹而命名的。

和韦克菲尔德一样，菲顿选择了用亲切的写作模式去讲解林奈植物学。书中，家庭氛围下的母亲成为非正式的老师，小孩还没有到学拉丁文的年龄，但已经可以在没有母亲的帮助下去使用本书。朗文出版公司可能也在寻找一本给小读者们写的植物学入门书，为的是去跟《植物学入门》竞争。两者区别在于，菲顿采用对话而不是韦克菲尔德的书信形式，以小男孩而不是小女孩充当学生的角色，同时把传授知识的责任直接赋予母亲而不是家庭教师。就图书销售来讲，这些区别可能很重要，但两本书都采 93
用亲切文体的这个共通之处更能说明问题。她们都营造了家庭氛围，将植物学作为通识教育的一部分，强调植物知识学习中亲身体验的重要性。两位作者都把专业性的权威赋予了母亲或类似母亲的老师，亲切的氛围即意味着家庭化。学习者都有自己的个性，也有各自的学习氛围和场景，科学不仅可以服务于道德、精神和智力，也可以是快乐的源泉。

哈丽雅特·博福特

在19世纪开初的几十年里，植物学普及读物的重点开始转向植物的结构、功能和用途等知识。植物学家做了越来越多关于营养、树液循环和幼苗生长等实验，植物解剖学和生理学随之成为人们的兴趣点。针对不同读者群的植物生理学普及读物和文章大量出现，如1801—1806年《哲学汇刊》（*Philosophical Transaction*）上刊登了一系列树液升降实验的文章，均出自皇家学会会员和园艺学会主席托马斯·奈特（Thomas Andrew Knight）之手。再如詹姆斯·史密斯《植物生理学和分类学入门》这类书，向读者介绍植物解剖学和生理学的新发现，推动了普及读物走向了新的方向。在史密斯的带领下，哈丽雅特·博福特的《植物学对话》是其中一本面向“年轻读者”的植物生理学普及读物。45篇探讨植物器官和生长的对话，涉及了鳞茎、根系、树液、结实、开花方式，以及气候对植物生长的影响等，并讲解了大量具体的植物学知识，而不是一些概括性的理论介绍。作者对当时的科学读物非常熟悉，将自己的书与主要讲授林奈分类学的书籍区分开来，“那些书里的系统分类和专业术语让年轻人的脑子不堪重负，而真正指导科学知识的部分——植物生理学和植物生长——总是等到读者的学习热情都消失殆尽了才出现。

本书从一开始就从这部分讲起，而不是从基础开始”[28]。

《植物学对话》是一部严肃的作品，同时又是一部以孩子为中心的普及读物，循序渐进的教学法是其典型特征。哈丽雅特·博福特解释说，她之所以采用对话的形式是因为它比较符合小孩的喜好，她相信孩子们能够与里面的角色产生共鸣。书中 94
讲述了三位“非常快乐的小孩，他们快乐是因为他们听话又勤奋”，一位来访的未婚阿姨在每天早上散步时教他们植物知识，带着他们借助工具亲自动手探究植物的奥秘，如孩子们会在显微镜下解剖观察根表皮的木质部细胞。这本书没有插图，作者在序言里阐明了原因：“应该引导孩子去观察自然，而不是只看印刷图片。”书的主题是给年轻读者讲解植物生理学，而不是林奈的分类系统，植物的性在这里便不是重点了。作为指导老师的讲述者只在一处旁白提到了雌蕊和雄蕊，并解释说“如果妈妈允许”，可以给他们解释林奈分类方法的基础知识，但这个话题之后再也没有出现过。

到1819年时，像《植物学对话》这样以孩子为中心的科学写作虽然已经很普遍，但这本书在该时期的进步教育圈子里依然占据了较特殊的地位。哈丽雅特·博福特（Harriet Beaufort，1778—1865）与小说家、教育作家和女学者玛丽亚·埃奇沃思（Maria Edgeworth）有姻亲关系，她的姐姐弗朗西丝（Frances）是埃奇沃思父亲理查德·埃奇沃思（Richard Lovell Edgeworth）的第四任妻子。博福特家族是爱尔兰的胡格诺派教徒，与埃奇沃思家族一样对科学和教育都很感兴趣，哈丽雅特·博福特因此得以进入埃奇沃思家族的圈子，并经常拜访他们。[29]

哈丽雅特·博福特的植物学兴趣是在家中培养起来的，她的父亲丹尼尔·博福特神父（Daniel Beaufort）是一位牧师学者，也是爱尔兰皇家学会的创始人之一，参与了许多科学、技术和地形学的项目。他对植物、园艺、农业、天文学和地图绘制都感兴趣，博福特家族的孩子从小便受到科学和自由的家庭氛围熏陶。她的哥哥弗朗西斯·博福特（Francis Beaufort）在海军部担任水道测量师多年，负责英国海岸线绘制，其事业可谓辉煌，哈丽雅特·博福特自己则“嫁给了她的显微镜、植物学书和标本”[30]。1795年，父亲在一次伦敦旅行结束后送给了17岁女儿一本书，即威瑟灵的《大不列颠本土植物大全》。

《植物学对话》是匿名发表的，有时候被当成是玛丽亚·埃奇沃思的作品，她的妹妹路易莎·博福特（Louisa Beaufort）写了一本《昆虫学对话》（*Dialogues on Entomology*，1819），也是匿名的。姐妹俩都终身未婚，一直帮父母和其他家人管理家 95
务，包括哥哥弗朗西斯，也多次请她们帮忙。据说她们还写了一些其他的博物学童书，但都匿名或者用笔名。[31]在她们四十岁出头的时候，家里的经济条件不太稳定，这两本植物学和昆虫学的姊妹读本能够问世，多少与此有些关系。她们的父亲在1818年的时候不再做牧师，晚年时候债务越来越多，孩子们从富有的母亲亲戚那继承来的遗产也不得不让他拿去做抵押。两本书都是由玛丽亚·埃奇沃思的出版商罗兰·亨特（Rowland Hunter）出版的，埃奇沃思后来在博福特博士去世时还帮博福特夫人和女儿们申请了政府抚恤金。

哈丽雅特·博福特的植物学书体现了女作家科普写作的典型模式，这种模式一直持续到19世纪20年代，把科学指导置入孩子及其老师的日常生活中，不仅包括小女孩也包括女教师。她的启蒙方式让人回想起25年前韦克菲尔德的书，因为她在书中也写道“对植物学的了解越多，对你自身就越有益，也会惠及他人。让这项理性的爱好充实你的头脑，对每个人生阶段都是适宜的”。她也非常了解并提及了当时其他的科学普及读物，包括韦克菲尔德的《心智培养》和埃奇沃思的《植物生理学概述》（*Sketches of the Physiology of Vegetable Life*，1811）。她尤为欣赏简·马塞特那本“可爱的小书”《化学对话》（*Conversations on Chemistry*，1806），称赞“这位女士写了一本优雅的手册，把大量的知识浓缩到这么小的书里，也把深奥的科学原理改编成了人人都看得懂的内容”[32]。《植物学对话》受到的评论褒贬不一，《新月刊》（*New Monthly Magazine*）杂志称赞它为“非常有用的入门小书”，对话的使用让“这门内容比较枯燥的学科”变得生动有趣，但同时又批评它没有插图是一个“很大的缺陷”，“依我们拙见，在一本专业的入门读物里，这是必不可少的部分”。《每月评论》（*Monthly Review*）不友好地把博福特说成男性，把这本书和另一本《植物学对话》（*Conversations on Botany*）进行比较，批评作者过多地“关注细节，还喜欢玩弄专业术语”[33]。

玛丽·罗伯茨

玛丽·罗伯茨（Mary Roberts，1788—1864）在19世纪 96
20年代早期到50年代早期的写作生涯里经常会涉足植物学。在这期间，她出版了大量融自然、科学和宗教于一体的作品，主要面向年轻读者。罗伯茨多才多艺，出版了《贝壳学家指南》（*The Conchologist's Companion*，1824）、《海滨手册，或海岸博物学》（*The Seaside Companion, or Marine Natural History*，1835）、《美洲动植物概览》（*Sketches of the Animal and Vegetable Productions of America*，1839）、《森林之声》（*Voices from Woodlands*，1850）等作品。罗伯茨的植物学书与世俗的启蒙文化教育大相径庭，前者更多的是展示19世纪新宗教的狂热和福音派的虔诚，例如她的《早晚课之花》（*Flowers of the Matin and Even Song*，1845）就为阅读《公祷书》（*Book of Common Prayer*）时提供了"冥想的主题"。她把月见草描述为"像修女一样的花"，"到［太阳］落下后才开放……像慈善女神，总是悄悄地做善事"，末了又联想到造物主，"他……供养着夜晚流浪的蜉蝣……当太阳收起它的光芒时，他照料着世间最微小的生命"。[34]她用文学化的方式书写自然，满怀感恩并带着宗教色彩，而不是专注于植物分类方法。[35]

玛丽·罗伯茨的另一本植物学入门书《植物王国展现的奇迹》（*Wonders of the Vegetable Kingdom Displayed*，1822，见插图26）也渗透着新宗教的狂热。如同早几年博福特出版的《植物学对话》，这本书的主题有植物生理学，包括根系、植物营养、运动和种子散播等，但罗伯茨在写作中依然大肆渲染道德和宗教。从书名就可以想到作者会将植物知识服务于神学目的，如东方罂粟，"绚烂的罂粟［人］并非只开一日。献给上帝的虔诚种子，是对人的慈悲，它们在他的胸襟里成熟，注定会在永生的花园中更肥沃的土壤里发芽开花"[36]。

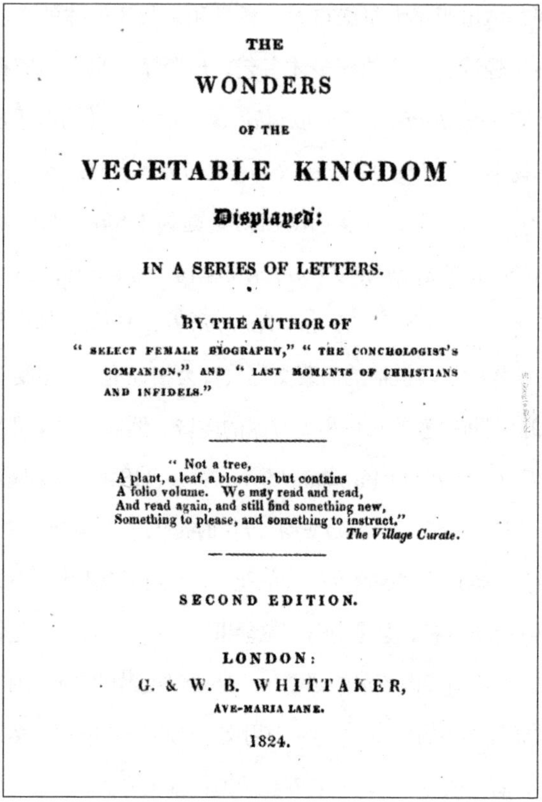

THE

WONDERS

OF THE

VEGETABLE KINGDOM

Displayed:

IN A SERIES OF LETTERS.

BY THE AUTHOR OF

"SELECT FEMALE BIOGRAPHY," "THE CONCHOLOGIST'S COMPANION," AND "LAST MOMENTS OF CHRISTIANS AND INFIDELS."

"Not a tree,
A plant, a leaf, a blossom, but contains
A folio volume. We may read and read,
And read again, and still find something new,
Something to please, and something to instruct."
The Village Curate.

SECOND EDITION.

LONDON:
G. & W. B. WHITTAKER,
AVE-MARIA LANE.
1824.

插图26：《植物王国展现的奇迹》封面
多伦多公共图书馆奥斯本早期童书特藏室。

《植物王国展现的奇迹》是用亲切的书信写成，但却与普丽西拉·韦克菲尔德、萨拉·菲顿和哈丽雅特·博福特等女作家的写作模式迥然不同。不同于这些更早期的植物学女作家，罗伯茨并没有营造家庭的氛围，也没有塑造熟悉亲切的角色和慈母般的教师。而且，她给虚拟的通信者取了Laelius、Orontes、 97
Timoclea和Calista等奇怪的名字，而不是Constance、Felicia

或Edward等常见的英文名字。罗伯茨（抑或是她的出版商）在19世纪20年代寻求新的叙事方式？他们有意从书名上就与18世纪90年代以来亲切而家庭化的写作模式区分开来，这种形式上的变化也可能代表着这十年社会动乱和分裂时期产生的另一套政治价值体系。最近，尼古拉·沃森（Nicola Watson）指出18世纪90年代虚拟的书信写作模式显示出多愁善感、激进主义和性主题，以及响应法国大革命产生的抵触情绪等叙事特点。更保守的作家则将书信“重新定位”，偏离个人主义，导向社会化的模
式，采用反革命的策略。[37]《植物王国展现的奇迹》对有机结 98
构的比喻体现了保守的社会政治目的，比如我们会读到：“整体上，社会可以比作一棵树，穷人在树根部，中产阶级在枝干，贵族……是花、叶和果实……每个阶层都各司其职。”[38]罗伯茨重塑了书信写作的叙事传统，展现了不同于韦克菲尔德《植物学入门》（仍在出版）中进步主义的情感。然而，比起韦克菲尔德的书，《植物王国展现的奇迹》并不那么受欢迎，这本书只再版了一次。有评论称赞道：“良好的判断力、得体的品味、虔诚的信仰”，但有位评论者却调侃说，希望用“姓名首字母或简单的英文名字”给通信者起名，“对这种诗意名字的喜好早就过时了，现在它很容易让人反感”。[39]

罗伯茨把植物学当作一种道德培养的方式，鼓励女性探究植物。“很遗憾！”她写道:“有闲暇学习这门有趣的学科的人，却很少在植物生理学实验中找到乐趣。尤其是喜欢园艺学的女士们，更应该开启知识探寻的新乐趣，了解她们最喜欢的那些植物花卉发生变化的原因。”[40]罗伯茨自己是因为家庭和宗教传统而走进植物学的，外祖父是17世纪贵格会本草学家

和植物学家托马斯·劳森（Thomas Lawson），父亲和哥哥为威廉·威瑟灵植物学的第三版提供了素材。她在格洛斯特郡长大，多年生活在乡间，受到家庭环境和贵格会热爱自然的传统影响，读过威瑟灵、居维叶、普林尼等人的著作，使她“对博物学强烈的热爱……在英国西部最美丽的风景中被培养起来”[41]。她匿名发表第一本书《女性传记选集》（*Select Female Biography*，1821），扉页里写着“致大不列颠的女士”，通过“已故的楷模，让［读者］受到鼓舞，学习她们的美德，以期获得更高的成就”。书中收集了17世纪以来有着虔诚信仰、恪守宗教教义、品行良好的女性典范，如诗人伊丽莎白·罗（Elizabeth Rowe）、著名诗人和博学的“蓝袜子”成员伊丽莎白·卡特（Elizabeth Carter）等。罗伯茨晚年因《玛丽姐姐的博物学故事》（*Sister Mary's Tales in Natural History*，1834）一书以“玛丽姐姐”为人所知。她后来改变了信仰，离开了贵格会，其原因可能是跟着许多教友转向国教福音派寻求新
的虔诚信念和礼拜仪式。罗伯茨没有结婚，她之所以写作，大部 99
分是为了供养自己和守寡的母亲。像贵格会和福音派运动中的其他女性那样，罗伯茨拿起笔杆子从事科学写作，既表达了她的宗教思想，也为家庭的经济贡献了力量。

简·马塞特

19世纪早期，各门科学涌现出大量普及图书，面向因受限于性别、阶级或教育水平等原因而对某个领域比较陌生的业余读

者们。

《化学对话》（*Conversations on Chemistry*，1806）属于写给小孩和女性的那一类普及读物，也是针对大众读者的入门教科书，它曾激发了少年迈克尔·法拉第（Michael Faraday）的科学兴趣，也是简·马塞特写的第一本科普读物。她是一位精力充沛、多产的科普作家，在跨越半个世纪的写作生涯里创作了众多的入门书。[42]尽管她的作品主要面向年轻学生，但同时也希望能有助于童年后的教育，把感兴趣的读者带进当时专业科学的圈子里以填补知识的缺口。在19世纪20年代末，马塞特又把她的科普写作扩展到植物学，出版了《植物生理学对话》（*Conversations on Vegetable Physiology*，1829）。这本书内容广泛，涉及了植物根系、茎和种子等各部分的结构，植物的功能如营养和蒸腾，以及应用性知识如移植、嫁接和病虫害等。比起写植物学的女作家前辈们，《植物生理学对话》更加广博和综合，在知识的范围和层次上都略胜一筹。作为化学入门书的作者，马塞特对当时的研究非常熟悉，如约瑟夫·普里斯特利（Joseph Priestly）的氧气实验，而这些研究与植物结构和功能的解释直接相关。

马塞特将大量的事实和叙事手法都融合在一起，使这本书变得浅显易懂。在《植物生理学对话》开篇，书中的角色B夫人就宣称，“我完全相信，没有什么自然科学本身是枯燥乏味的，除非它被人讲得枯燥乏味”。和其他女作家一样，马塞特向读者营造了一个故事背景，在这本书中先抛出女学生的困惑，她们可能会觉得植物学太难或太无趣。她在开篇引入年轻女孩艾米丽（Emily）这个角色，她漫游在瑞士漂亮的山峦中，懊恼自己对

植物学一无所知。她很希望懂点植物学，但却不敢尝试，并解释 100
道，“要搞懂植物分类真是苦差事，往往事倍功半”。而她的朋友卡罗琳（Caroline）对植物学这门“没有思想，只有规则和名字的科学”毫无兴趣，只是满足于“采一束芬芳四溢的花，植物学家们给这些漂亮的绿怪物起了特定的名字，而我才不要自寻烦恼去关心它们的科学名字呢”。她们的朋友和老师B夫人也承认自己早些时候“对植物学持有同样的偏见”，但后来“转变”了看法。她解释道，发生这种转变是因为她在日内瓦听了德堪多教授的植物学讲座，强调植物的结构而不是分类，还包括植物学知识在农业中的应用。这个转变故事为本书的后续内容埋下了伏笔，这位老师接下来就讲解了德堪多对植物世界的探究。

马塞特和之前的女作家一样，采用对话的形式去普及知识，对话者将科学拟人化。B夫人的任务是让两位年轻女孩喜欢植物学，作为一位谨慎细心的教导者，她用受众容易接受的方式去讲解和比较，而且会在察觉到学生学得差不多的时候停顿下来。像她的作家姐妹们一样，马塞特也采用亲切的写作模式，将一些科学之外的内容融入植物学。比如，B夫人在给学生讲解了根系和植物营养后，一个女孩就宣称植物结构和生理学比“枯燥的植物分类”有趣多了，因为这种学习可以“在启迪智慧的同时愉悦心情，更像是道德和宗教课，而不是植物学课”。[43]

简·马塞特是盎格鲁-瑞士人，在伦敦长大，养育了三个孩子，与玛丽·萨默维尔、玛丽亚·埃奇沃思和哈丽雅特·马蒂诺（Harriet Martineau）等人保持着长久的友谊。她的丈夫亚历山大·马塞特是盖伊医院（Guy’s Hospital）的医生和讲师，两人在一个往来密切、以文学和科学为主流的社交圈子里处于核心地位，这个圈子还包括玛丽和威廉·萨默维尔（William Somerville）夫妇，汉弗莱·戴维（Humphry Davy）和威廉·沃拉斯顿（William Hyde Wollaston）等人。他们住在伦敦的罗素广场（Russell Square），经常在晚上组织聚会，一同参加皇家学院的讲座，主持盎格鲁-瑞士社区聚会。玛丽亚·埃奇沃思从爱尔兰到伦敦时，描述了她与简·马塞特以及“著名的博学之人萨默维尔夫人”在一起的时光，“希望科学和文学协会每天都能拜访这两户人家”。[44]1822年，丈夫去世后的简·马塞特分居伦敦和日内瓦两地。埃奇沃思一位家族成员将日内瓦的 101
二三十年代称为“奥古斯都时期”，因为那个时期有大批知名人士聚集于此。复辟时期的日内瓦有不少自由的知识分子和学术圈子，马塞特经常参加他们的文化活动，包括业余科学研究和爱好。[45]她的书诞生于日内瓦文雅的科学氛围，她与著名的瑞士植物学家和自然分类系统的倡导者德堪多有社交往来和家庭联系。那时，德堪多在日内瓦学院里讲授专业的植物学和动物学课程，也给“业余爱好者”讲一些“非学术的”课。[46]马塞特参加了植物学和其他学科的一些讲座，写成《植物生理学对话》，那时候她已经60岁了。

简·马塞特把当时的植物学和科学知识写进普及的入门书，传播给青少年和女性。与她的朋友玛丽·萨默维尔不同，她通常都是匿名发表，也不认为自己是“科学家”，而是自我定位为普及作家和教育者。哈丽雅特·马蒂诺评价马塞特“总是反对自己被当成原创性作者，不管是科学发现者还是文学思想家，她仅仅是希望能发挥点价值”[47]。在《植物生理学对话》中，马塞特宣称她所有的植物生理学知识都来自德堪多的讲座，她的贡献只是重新组织这些材料，把它们变成目标读者容易理解的东西。成功的科学诠释者需要理解材料并重新改编，这些技能与科学研究不同，但两者并不该有高下之分，在科学文化中创造知识与传播知识同等重要。玛丽亚·埃奇沃思评价她道，“我从不知道还有哪位女性能像她这般……知识渊博而精确，还能讲解得如此清楚明白、惠及他人，带给他人很多乐趣时并没有一点卖弄学问或佯装谦虚的姿态。知之为知之，不知为不知，她不会因自己的知识而犹豫或畏惧，但她不确定时会停下来，坦诚告诉你她知道的东西不能更多了”[48]。马塞特的书可以激发我们去反思科学价值的等级观念，在那种观念里科学“普及”并不受待见。

在接下来的十多年里，《植物生理学对话》再版了几次，相比简·马塞特的其他自然科学作品，这本书并不那么成功。《博物学杂志》（*Magazine of Natural History*）努力培养读 102
者探究植物的兴趣，热情洋溢地称这本书是“一本可爱的书，作者是一位很有才华的女士，书的内容是关于最让人着迷的学科，女性可以从事这门学科的写作……我们希望这本书能够走进每个家庭，不管是住在乡下还是在田间或花园漫步看风景时，都用得上。我们也认为它可以在乡村学校里作为女孩们的教材或作为奖励的书”[49]。

我们已经看到，亲切的科普写作有一个主要的特点就是在家里学习，家庭氛围意味着亲切熟悉，这一写作模式也展示了理想化的家庭生活。科学学习与学校正规教育的关系反而不像与其他活动那样联系紧密，科学被当成是青少年日常生活和通识教育的一部分，也是理性的智力活动。在这种叙事手法中，作者设定了特定的时间和地点，老师和学生有各自的性格和故事，通过书信和对话讲解科学，建立人与人之间的互动，尤为突显母亲的角色。在这类科学写作中母亲（或母亲的替代角色）教孩子科学知识，她的科学兴趣与其他职责紧密联系，传授科学被看成是相夫教子的一部分。母亲作为老师，对孩子而言意味着权威和专业，也是女性的知识典范和成年读者的知识权威。

在这些亲切的科学写作中，母亲是个复杂的角色，她们既被社会影响，反过来也影响着社会。这些角色设定把女性“置于”家庭生活中，将她们与母亲职责紧紧捆绑在一起；但反过来也可以说，被设定的母亲角色为她们在父权制的各种束缚中提供了应对生活的策略，尽管这种父权制是启蒙时期新型的父权制。[50]但母亲或近似于母亲的角色也可以有另一种解释——为女性提供学习科学的自主权，母亲成为科学教育可见的塑造者，展示了个性并发出声音。女性也被赋予权威性，这种权威与家庭小说中显现出来的女性权威的崛起密不可分。[51]作为某种冷静而有自控力的理想角色，她代表着理性的母亲而不是生物学上的女人，超越生育角色，进入了理性世界。因此，这种亲切的叙事手法同时提供了教育、母职和女性的理想模式。

书中不同的教育方法彰显着不同的文化政治。从历史上 103
讲，亲切文体的兴起让女性在科学中扮演了老师、学生和教育作家等角色，在18世纪晚期到19世纪早期，女作家用这种方式为女性的智慧发声。这些常用的写作模式对靠写作赚钱的女作家来说很实用，也可以让新的教学法为其所用。这种对话模式展示了有趣的科学对话，还在对话艺术的训练手册中被继续使用。植物学科普书在文本内外都成了女性实实在在的资源。到19世纪早期，尤其是30年代，亲切的文体、诗歌短文、夹杂着故事以及主题散漫的大众写作等科普写作风格，都与女性相挂钩。在植物学文化里，用亲切的书信和对话写作的普及读物被贴上“女子气”和“不科学”的标签。19世纪英国女性和科学写作的广阔历史，遭遇了女性和“女子气”从科学和科学写作中被分离和受排斥的过程，女性在越来越男性化的科学文化中被推向边缘。一些写植物学的作家改变了她们的写作模式，写作变得多样化，但还有一些女性依然在边缘化的处境中发展了她们的写作事业。

注 释

[1] Gates, "Retelling the Story of Science"; Benjamin, "Elbow Room"; Gates and Shteir, *Science in the Vernacular.*

[2] R. B. Freeman在 *British Natural History Books, 1495—1900: A Handlist* (Hamden, Conn.: Archon, 1980) 一书对出版物做了定量分析，表明19世纪出版的博物学图书里，有22%是关于植物的（相比之下，鸟类是14%），植物学作品中女作者的比例占了8%，高于贝壳、昆虫或鸟类（占2%）读物中的女作者比例。

[3] 这类书成为"1640年后女性写作的固定主题"，见Patricia Crawford, "Women's Published Writings 1600—1700," in *Women in English Society, 1500—1800*, ed. Mary Prior (London: Methuen, 1985), 213. 也可参考Hobby, *Virtue of Necessity*, 第7章。

[4] 18世纪90年代，报纸上帕克伍德（Packwood）磨剃刀的皮带广告，就是用对话形式写成的，成为剃须商业化的一部分，参看Neil McKendrick, John Brewer, and J. H. Plumb, *The Birth of a Consumer Society: The Commercialization of Eighteenth-Century England* (London: Europa, 1982): 154-169.

[5] 伽利略通过写信的方式向大众读者传播他的思想，如《太阳黑子书信集》（*Letters on Sunpots*）和他在1615年写给克里斯汀娜女大公的书信。自17世纪晚期开始的50年里，列文虎克（Antonin van Leeuwenhoek）也是通过书信与科学家个人和皇家学会交流他在微生物方面的研究。波义耳选择用书信的形式发表了他的几个研究实验，尤其是想通过写信的方式推广他的方法，鼓励其通信者重复他的实验发现。史蒂文·夏平（Steven Shapin）和西蒙·谢弗（Simon Schaffer）认为波义耳是想通过写信给侄子和朋友们为他的实验和实验程序寻找更多的见证者，见*Leviathan and the Air-Pump*, 59.

[6] 1806年1月25日写给威廉·柯比的信，见John Freeman, *Life of the Rev. William Kirby, M. A. Rector of Barham* (London: Longman, 1852): 286-290.

[7] 阿芙拉·贝恩（Aphra Behn）翻译了丰特内勒的对话集，英文版书

名为《几个新的生命世界的理论或系统》(*The Theory or System of Several New Inhabited Worlds*, 1688年),伊丽莎白·卡特(Elizabeth Carter)翻译了阿尔加罗蒂的对话集,英文版书名为《写给女士的艾萨克·牛顿爵士的哲学》(*Sir Isaac Newton's Philosophy Explained for the Use of the Ladies*, 1739),见Fontenelle, *Conversations on the Plurality of Worlds*. Trans. H. A. Hargreaves, Introduction by Nina R. Gelbart (Berkeley and Los Angeles: U of California P, 1990)。关于文艺复兴时期文学、哲学、科学和教育法中的对话写作,参考Cox, Viginia. *The Renaissance Dialogue: Literary Dialogue in Its Social and Political Contexts, Castiglione to Galileo* (Cambridge: Cambridge UP, 1992)。

[8] Hester Chapone, "On Conversation", in *Miscellanies in Prose and Verse* (London, 1775): 40.

[9] Burke, Peter. *The Art of Conversation* (Ithaca: Cornell UP, 1993), esp. 108–117.

[10] Maria Edgeworth, *Practical Education*1(London, 1798), 1: vi. 她也写道:"如果合理使用的话,孩子们在对话中学起来会轻松愉快,乐于探索……经验丰富的老师可以在对话中解释所有的知识,而不需要劳神费力去弄一个四开本的大部头让学生明白。"(附录)

[11] Mitzi Myers, "Impeccable Governesses, Rational Dames, and Moral Mothers: Mary Wollstonecraft and the Female Tradition in Georgian Children's Books", *Children's Literature* 14 (1986): 31–59.

[12] Priscilla Wakefield, *An Introduction to Botany, in a Series of Familiar Letters* (London: Newbery, 1796), 27, 69.

[13] Ibid, 序言。

[14] 玛丽娜·本杰明(Marina Benjamin)认为韦克菲尔德可能是将自然神学当作"一种规避审查的策略":女作家们为了应对公众的压力,觉得应该区别她们的自由与共和党的自由,提倡将保守的自然神学当作一种权宜之计。(Elbow Room, 39)

[15] 纽伯瑞在22年里出版了300多本"给儿童和青少年"的书,见S. Roscoe, *John Newbery and His Successors, 1740—1814: A Bibliography* (Wormley: Five Owls, 1973).关于达顿和哈维的出版公司,见Linda David, *Children's Books Published by W. Darton and His Sons* (Bloomington: Lilly Library, Indiana U, 1992).

[16] 韦克菲尔德的作品还包括《家庭娱乐》（*Domestic Recreations, or Dialogues Illustrative of Natural and Scientific Subjects*, 1805年）和《少年旅行家》（*The Juvenile Travelers*, 1801年）。

[17] *Gentleman's Magazine* 87, 2(1817): 54.

[18] Sarah Atkins Wilson, *Botanical Rambles* (London, 1822), 32.

[19] 女作家们不仅仅把虚构的书信用在传统的书信小说中，关于这方面的讨论见Mary A. Favret, *Romantic Correspondence: Women, Politics and the Fiction of Letters* (Cambridge: Cambridge UP, 1993).

[20] *New British Lady's Magazine*, Aug. 1817, 127.

[21] Greg Myers, "Fictions for Facts: The Form and Authority of the Scientific Dialogue", *History of Science* 30, 3 (1992): 221–247.

[22] Ibid, 233. 在这类写作形式中，虚拟的对话可以作为争论、会议、苏格拉底式的对话、戏剧，也可以写成一长段独白，让内容读起来也像亲切的对话。例如，在萨拉·特里默（Sarah Trimmer）《自然探究简易入门》（*Easy Introduction to the Study of Nature*, 1780）中，讲述者和孩子在散步时滔滔不绝，孩子都没有机会提问。参考Myers, "Science for Women and Children"; Marion Amies, "Amusing and Instructive Conversations: The Literary Genre and Its Relevance to Home Education." *History of Education* 14, 2 (1985): 87–99.

[23] Sarah Fitton, *Conversations on Botany*, 2d ed. (London: Longman, 1818), 121.

[24] Ibid, 44.

[25] 威廉·菲顿（1780—1861）是皇家学会、林奈学会、天文学会和皇家地理学会的会员，在1827—1846年间，他担任过地理学会的副主席和主席一职。"Obituary Notice of Dr. Fitton", *in Quarterly Journal of the Geographical Society of London* 18 (1862): xxx–xxxiv.

[26] D. J. Mabberly, *Jupiter Botanicus: Robert Brown of the British Museum* (London: British Museum [Natural History], 1985), 243, 343.

[27] 其中有一个故事叫《我怎么成了家庭教师》（*How I Became a Governess,* 1861），讲述了一位出身良好的女孩，17岁时离开学校，在社会上独自一人去应聘家庭教师的工作。这份工作需要懂法语，她就去了法国，一边教英语，一边学法语。故事描述了学校老师的生活，特意通过糟糕的住宿条件展示了一种亲身体验的感觉。

[28] Harriet Beaufort, *Dialogue on Botany* (London: Hunter, 1819), v.

[29] 从玛丽亚·埃奇沃思的书信中可以偶尔窥见哈丽雅特·博福特的故事。她曾写道，数学家玛丽·萨默维尔（Mary Somerville）的魅力和学识“让我想起哈丽雅特·博福特的时候多过我见过的任何人”，见1822年1月16日写给埃奇沃思夫人的信，载于*Maria Edgeworth: Letters from England, 1813–1844*, ed. Christina Colvin (Oxford: Clarendon, 1971).

[30] C. C. Ellison, *The Hopeful Traveller: The Life and Times of David Augustus Beaufort LL. D, 1739–1821*. (Kilkenny: Boethius, 1987), 78; Alfred Friendly, *Beaufort of the Admiralty: The Life of Francis Beaufort, 1774–1857* (London: Hutchinson, 1977).

[31] M. E. Mitchell, “The Authorship of Dialogues on Botany”, *Irish Naturalists' Journal* 19, 11 (1979): 407.

[32] Beaufort, *Dialogues on Botany*, 125, 158.

[33] *New Monthly Magazine* 69 (1819): 330; *Monthly Reviews* 92 (1820): 439–442.

[34] Mary Roberts, *Flowers of the Matin and Even Song, or Thoughts for Those Who Rise Early* (London: Grant and Griffiths, 1845): 99–100.

[35] 对玛丽·罗伯特的形象还原，尤其是关注她的《贝壳学家指南》，参考Stephen Jay Gould, “The Invisible Woman”, *Natural History* 102 (June 1993):14–23.

[36] Mary Roberts, *Wonders of the Vegetable Kingdom Displayed* (London: Whittaker, 1822): 72.

[37] Nicola J. Watson, *Revolution and the Form of the British Novel, 1790–1825: Intercepted Letter, Interrupted Seductions* (Oxford: Clarendon, 1994).

[38] Roberts, *Wonders of the Vegetable Kingdom*, 49–50.

[39] *Eclectic Review* (1823), n. s. 18 (1823): 561.

[40] Roberts, *Wonders of the Vegetable Kingdom*, 38–39.

[41] Mary Roberts, *Annals of My Village* (London, 1831), iv.

[42] 《化学对话》50年里在英国出版了16次，在美国也再版多次，见M. Susan Lindee, “The American Career of Jane Marcet's Conversations on Chemistry, 1806–1853”, *Isis* 82 (1991): 8–23.

[43] Jane Marcet, *Conversations on Vegetable Physiology* (London: Longman, 1829), 1: 27.

[44] Elizabeth Chambers Patterson, *Mary Somerville and the Cultivation of Science, 1815–1840* (Boston: Nijhoff, 1983): 10–11; Edgeworth, *Letters from England, 1813–1844*. 1822年1月16日信件。

[45] 转引自*Maria Edgeworth in France and Switzerland: Selections from the Edgeworth Family Letters*. Ed. Christina Colvin (New York: Oxford UP, 1979), xxiii. 关于日内瓦复辟以及女性和科学面临的机遇，见Clarissa Campbell Orr, "Albertine Necker de Saussure, the Mature Woman Author, and the Scientific Education of Women." in *Women's Writing: The Elizabethan to Victorian Period*, 2 (1995).

[46] 在1816年到1828年，日内瓦人听德堪多的植物学公共讲座是需要付费的，所得收入有一部分拿去建自然博物馆。他写道，他的讲座"通常是面向城里上层社会……植物学在当时比较流行"，Alphonse de Candolle, ed., *Mémoires et souvenirs de Augustin–Pyramus de Candolle* (Geneva, 1862), 287, 330.

[47] Elizabeth Chambers Patterson, *Mary Somerville and the Cultivation of Science, 1815–1840* (Boston: Nijhoff, 1983): 146; Harriet Martineau, *Biographical Sketches* (New York: Hurst, 1868): 72.

[48] Edgeworth, *Letters from England, (1813–1844)*, 1822年1月5日信件。

[49] *Magazine of Natural History* 50 (1830): 147; 2, 11 (1829): 454.

[50] 这种观点主要来自Kowaleski–Wallace, *Their Fathers' Daughters*.

[51] Armstrong, *Desire and Domestic Fiction*.

第五章　三位女性的植物学写作『事业』

植物学界一位德高望重的绅士邀请我对种子的基本知识做一些介绍，以期能够简单清楚地展示植物胚胎的发育过程：冲破种皮后再破土而出，直至长成一株完美的植物；他也希望我可以纠正由各种叫法引起的错误和混乱，以及种子极其细微的自然结构导致的错误概念……很荣幸受到这样的邀请，我斗胆接受了这个任务。

阿格尼丝·伊比森，《种子的结构和生长》，1810

这些百合植物有六个花瓣，离瓣花；柱头三角形，蒴果三室。《不列颠植物志》里这个纲这个目的19属植物都非常优雅，其中有几种特别漂亮……谁不知道在积雪下盛开的小珍珠呢？它就好像和云彩一起坠落凡间，谁能不惊叹雪滴花的美丽？

伊丽莎白·肯特，《林奈植物分类系统入门》，1830

在整个林奈时代的英国，花神的女儿们都是植物学文化的重要参与者，她们扮演着采集者、艺术家、学生和作家等角色。虽然没有哪位女性通过她发表的研究成果极大地影响了植物学知识的发展，但仍有几位女性将写作当成“事业”，她们的书和文章都围绕植物和植物学知识展开。对这些女性来说，植物学不仅是她们的知识和经济来源，也是她们写作的核心主题。玛丽亚·杰克逊在1797—1816年间出版了多部著作，徘徊在英国中部地方上的启蒙运动圈子边缘，这个圈子注重科学文化，伊拉斯谟·达尔文也活跃在这个圈子。她将植物学兴趣转化成植物学图书出版，部分原因在于经济所迫。同时期的阿格尼丝·伊比森，居住在德文郡腹地，自称是一位“隐士”，她的动力则来自植物学家对科学的热爱，并发表了多篇植物生理学研究论文，渴望得到真正的社会认可。伊丽莎白·肯特在19世纪二三十年代伦敦的浪漫主义圈子很活跃，她选择了以文学化的方式将自己对植物的热爱利用起来，把浪漫主义的文学写作变成赚钱工具和文化 107

活动。

性别意识影响了这三位女作家如何定位自己的作品以及作品如何被接受。玛丽亚·杰克逊受益于启蒙运动的氛围，在这种氛围下女性在智识活动中享有一些自由选择，但她不得不在“有学问的女士”和“得体的淑女”之间寻求平衡。阿格尼丝·伊比森对植物学的期待远不止娱乐，她选择进入学术精英圈子，渴望被看作更严谨的植物学家，然而她并没有得到该有的认可。浪漫主义文化为伊丽莎白·肯特打开了一片新领地，将植物与诗歌艺术联系起来，同时又能兼顾她的知识追求。

这三位女性的植物学写作事业不同于其他女作家的普及写作模式，她们的故事也展示了性别议题和女性的作家生涯。三位女性身处科学文化与性别意识形态错综复杂的关系中，她们的事业体现了植物学成为女性强有力的写作资源的同时，其写作模式又被文学传统、性别意识形态和各种社会规约影响和塑造。

玛丽亚·杰克逊和启蒙植物学

玛丽亚·伊丽莎白·杰克逊（1755—1829）是一位地方上 108
的贵族女性，她写了三本关于林奈植物学和植物生理学的书，还有一本关于园艺学和花园设计的书。她的作品反映了18世纪晚期那几十年里植物学文化的变迁：先是追随林奈的植物学，然后又转向了植物生理学和植物知识的园艺应用。虽然她不及普丽西拉·韦克菲尔德、萨拉·菲顿和简·马塞特等女作家受欢迎，但她比第一代女性科普作家更精通自己的研究领域。哈丽雅特·博福特在《植物学对话》序言里称她为“勤奋的女士”，在评价她的其他书时也有不少类似的赞美之辞。

玛丽亚·杰克逊的第一本书《霍尔滕西娅与四个孩子的植物学对话》（*Botanical Dialogues, between Hortensia and Her Four Children*，1797，以下简称《植物学对话》，见插图27）介绍了林奈植物学的基础知识，“以供学校使用”。这本书写得浅显易懂，主要讲解了林奈命名法和分类学知识。在书的第一部分，作者讨论了植物的繁殖器官，不同的开花模式，以及林奈对植物的两个等级划分：纲和目。植物学的这种“语法”反过来帮助学生“读懂”林奈系统里的第三个等级——植物的属，这样他们就可以准确识别植物了。书的第二部分包括了一些具体的属，如番红花属和鸢尾属，还有蕨类、苔藓和草本植物。杰克逊专注于植物的繁殖器官，在写作中并没有对其加以掩饰或者删减。“林奈系统被称为植物学性系统，”她写道，“因为它是建立在实际观察的基础上，可以证明植物也有性别之分，就像动物一样。雄蕊就是男性，雌蕊就是女性。”[1]

作者自始至终都极力反对过度简化林奈的思想和语言，她批判植物学普及读物“各种拐弯抹角改编［林奈植物学］，让其变成适合女士们学的科学”，强调使用林奈植物学术语和植物拉丁学名的意义所在，反对使用英语俗名。杰克逊坚持认为，“科学术语”是一个植物学家的必备基础，她在《植物学对话》里推荐学生读直译的林奈植物学英文版，比如1783年伊拉斯谟·达尔文和利奇菲尔德植物学协会翻译的《植物系统》（*System of* 109
Vegetables）。同样，她也直截了当地指出亲自探究植物的重要性，借助放大镜和显微镜亲眼观察。“我们的大部分植物学

书，”她写道，“都是这本抄那本，如果一位著名的植物学家在他的研究中犯了错误，这个错误就会被一直传下去。”她比较欣赏“亲自观察”后写成的那些植物学书。[2]

《植物学对话》用亲切的家庭对话模式写成，在精通植物 110
学的母亲兼老师霍尔滕西娅精心安排下，孩子们跟着家庭教师完成一天的正式课程后，把探究植物当成一项娱乐爱好。他们的植物学课程是非正式的，设置在特定的家庭场景中。

“我准备了这间小屋子，”霍尔滕西娅跟孩子们解释道，“它与花园相通，方便我们学习。你们随时都可以来这里，找到各种书和显微镜，以及你们需要的任何物品。”

霍尔滕西娅在亲切的对话里扮演着最热心的女教师角色，引导孩子们学习了大量的植物学知识，同时也从植物学延伸到其他教育。霍尔滕西娅坚信植物学可以帮助儿女们培养良好的道德习惯，确保他们不会“染上……懒惰散漫的坏习惯”。她的讲授方式体现了植物学活动的启蒙特色，寓教于乐，对学生来说有趣、有用又快乐：“每一次学到新知识都可以让我们更快乐”，《植物学对话》不断强调植物学附带的道德和精神益处。

霍尔滕西娅引导孩子们学习专业的林奈植物学，同时把相关的主题引入他们的通识教育。因此，他们交流的话题很广，从亚麻籽到造纸、从玉米到谷物女神克瑞斯（Ceres）、从燕麦片到稻草以及乐器的发明等。其中一个小孩评价霍尔滕西娅的方法说：你知道吗，妈妈，你经常在我们学习的时候，在一个旧主题上引入新的主题，总是鼓励我们可以稍微偏离正题；你说那样可以让我们学会思考。[3]

杰克逊书中虚构的家庭体现了植物学的性别化，以及带有阶级特色的实用性。书中的大儿子长大后会成为绅士科学家，因此母亲建议他培养“实用而优雅的研究兴趣”，这样就可以在家里的实验室做一些哲学实验。小儿子“必须把他的勤奋用在某一门职业中”，如果他要当医生的话，会发现植物学非常有用。霍尔滕西娅的女儿们则是把植物学当成“娱乐的科学”而受益，她们从中学会思考。同时，霍尔滕西娅也会教育女儿们“动手能力”比科学更重要，因为“最核心的一点是，在日常琐碎而细微的生活职责中成长为有用之人”[4]。

布鲁克·布思比爵士（Sir Brooke boothby）和伊拉斯谟·达尔文的评论书信一并发表在《植物学对话》上，文中称赞玛丽亚·杰克逊“用浅显亲切的方式把一门难懂的科学讲解得如此精确，对你的目标读者来说，可以很容易理解”。事实上，《植物学对话》的写作方式虽然是为了让父母和小孩更容易理解植物学教育，但全书冗长拖沓，还很严肃，缺少情感。杰克逊可能更像是植物学家，而不是教育家，她似乎不太擅长运用亲切的写作模式。与普丽西拉·韦克菲尔德的《植物学入门》形成鲜明对比的是，《植物学对话》虽然受到一些好评，但从来没有再版过，而前者在出版后的几十年里再版了多次。一方面，霍尔滕西娅的植物学讲座可能延伸得太远，对于很多年轻学生来说难以理解；另一方面，对于相对专业的读者来说，对话模式又显得不合时宜。达尔文和布思比则认为这本书更适合成年人，“对于想走进这门有趣又复杂的科学的人来说，这本书提供了完整的基础知识指导，可以让他们的生活得到更多的提升”[5]。

后来，杰克逊重新打造了她的第一本书，让其适合“所有年龄段的读者”。正如她解释的那样，“《植物学对话》受到的好评……促使（我）反思，如果删掉特意为教育小朋友而写的内容，改变一下形式，让它适用于成年人，这本书可能更有用”[6]。《植物学讲义》（*Botanical Lectures*，1804）也像《植物学对话》那样讲解了林奈植物学，但它强调恰当使用植物学命名法的重要性，也强调要从正确的渠道学习植物学。杰克逊写这本书是为了介绍利奇菲尔德植物学协会（如伊拉斯谟·达尔文）翻译的林奈《植物系统》，“唯一能让学生成为林奈似的植物学家或全能型植物学家的英文版”。杰克逊也参与了当时如何将拉丁植物学术语“英语化”的争论，对比了利奇菲尔德植物学协会的精确翻译与其他未严格采用林奈术语的其他说法。

杰克逊在写《植物学讲义》时突破了以儿童为目标读者的写作模式，指向了普通的成年读者，用散文形式取代《植物学对话》中的家庭对话，不再有一个讲述者和其他人物角色。她不再采用写给年轻读者的亲切语气，而是像客观、标准的科学教材，采用了第三人称的口吻，以期这种改变使得这本书也可供学生之外的读者使用。从这本书可以看出作者对二手文献来源非常熟
悉，她参考了最新发表的植物学论文，如关于蘑菇和草本植物的 112
文章，书中还探讨了关于苔藓植物分类问题的争论。《植物学讲义》里这种自信的语气以及对材料的自如把控，我们也可以在玛丽·萨默维尔的作品里看到，但后者那些更专业的科学写作到30年代才出版。然而，和杰克逊的第一本书一样，这本书的形式与目标读者契合度并不高。《植物学讲义》对青少年和大部分普通读者来说太难，同时又因作者被指明是“一位女士”，就意味着这本书又难以被视为专业著作。《植物学讲义》并没引起什么反响，几乎没有期刊对它评论过。

杰克逊在写第三本书《植物生理学概览》（*Sketches of the Physiology of Vegetable Life*，1811）时，加入了新一代植物学家（主要是欧洲大陆的，较少是英国的）阵营，关注点也从分类学转向植物结构和功能的主题。《植物学对话》的一位评论者曾认为作者“知识广博，对博物学的其他分支也很精通”，恳请她继续写“与本书密切相关的一些主题，如植物的生理学和经济学”。[7]从《植物生理学概览》可以看出，作者广泛阅读生理学领域的相关文献，对英国和欧洲大陆的植物生理学家们做的相关实验也很了解，她在开篇如此说道：

> 近些年来，社会各阶层和各年龄段的人对植物学都很感兴趣，尤其是年轻的女士们，这让我希望尝试着引导更多喜欢探索的人走进这门有趣而理性的学科。在自然界这个井然有序的植物王国里，我想让读者比年轻学生更深入地探索其中的专业知识，观察［植物的］习性和特征。

作者探讨了动植物之间运动和睡眠的类比，展示了植物有“感知能力”的证据，其最终目的是为了证明动植物王国之间的密切联系。她举了不少例子，反对机械理解植物的运动，而是归因于它们的意志力。例如，她写啤酒花和忍冬的时候时评论道，“所有的植物都在尽最大的努力逃离黑暗和阴影，以获取快乐的阳光；它们弯腰、转动，甚至将它们的茎缠绕起来，直到以最好的姿态迎接带来生机的光芒”[8]。她以反对机械论的相关论调，描述了花朵通过各种方式“保护”和“养育”幼小种子。 113

杰克逊声明她的植物生理学是写给特定读者的，即“年轻的生理学家，因为他们一心想深入探索这门有趣的科学”。她将这本书定位为已有的几本植物生理学基础读物的补充，参考了伊拉斯谟·达尔文《植物学》（*Phytologia*，1800）和詹姆斯·史密斯的《植物生理学和分类学入门》。《植物生理学概览》虽然篇幅很长，但更像是一篇文章，而不是一本自成体系的教材，旨在“激发兴趣而非解答疑惑”。毫无疑问，杰克逊在写作时带着明显的个人色彩，这体现在她描述了自己的一些观察和实验上。例如，她记录了自己做实验探索光照和热量对番红花开花的影响，回顾了20多年前的一个实验，其目的是为研究植物蜜腺分泌物对繁殖器官的影响。书中配有一系列插图展示她的发现，如椰子的萌发和几种球茎花卉的繁殖过程。杰克逊还在这本书中探讨了树木为什么会在秋天落叶，与普遍观念相反，她不认为落叶意味着生病，这仅仅是一种“自然过程”。她相信动植物有相似之处，觉得树叶“是嫩芽的父母。在它们的怀抱中，嫩芽开始萌发，吸取汁液，当这些后代发育完全，它们便会枯萎”[9]。在当时的女性植物学写作中，《植物生理学概览》这样的作品并不多见，它没有讲解者和家庭化的人物设定，也不讨论植物学之外的广泛话题，而是用第一人称讲述了作者自己做过的一些实验，并娴熟地融入最新的植物生理学理论。

玛丽亚·杰克逊怎么会知道这么多植物学知识？她的书为读者提供了指导性的示范，可以在复原实验中发现问题以及各种可能性。这些书都是匿名发表的，前两本是由“一位女士”写的，其他书则署名“这位女作家”，序言也只能识别出姓名的首字母“M. E. J.”。她没有书信、日记或手稿存世，关于她的历史记载也很少。即便如此，我们还是可以通过一些信息，重绘她的科学写作事业，回到历史语境中探讨她的作品。[10]

杰克逊家族是苏格兰中部的贵族，与较低的贵族阶层有联姻关系，她的父亲和哥哥都是牧师，在德比郡和柴郡赚钱养家。她和当小说家的姐姐弗朗西斯都未婚，跟鳏居的父亲住在一起，直到1808年父亲去世，在那期间杰克逊写了两本林奈植物学的书。之后姐妹俩搬到了德比郡一个小村庄（村名叫Somersal Herbert，1801年的人口只有88人），住在一座漂亮的都铎式庄园中。她们的一个哥哥继承了这座都铎式的庄园，另一个哥哥当了教堂牧师。姐妹俩应该有一定的社会地位，并承担了一些牧师的职责。她们与地方上的文学和科学文化圈子有联系，例如1818年的时候，玛丽亚·埃奇沃思描写了在利奇菲尔德市的家庭旅行时遇见她们的情形，这位小说家和教育作家写道：“自从我们到这里后还没见过什么访客，只拜访过杰克逊姐妹。梵妮是罗达那本书的作者——玛丽亚·杰克逊是《植物学对话》的作者，她还写了一本小书，为如何设计漂亮花园提供建议。”她还补充道：“初次见面，我就特别喜欢这位设计漂亮花园的女士，不过我还需要观察得久一点再谨慎地作出评判。”[11]

正如我们看到的，这个时期的女性把植物学当成她们所受通识教育的一部分，而植物绘画则被当成一项启蒙文化的才艺。家庭会影响女性的兴趣培养和选择，不少活跃在植物学中的女性因家庭社交圈子而将它从爱好发展为一项更持久的学习。杰克逊在晚年时回忆道，自己对植物的“热情来自家庭影响”，那是她年少时“最有意思的娱乐方式”。[12]杰克逊的父亲是牧师，她在父亲管辖的乡村教区里度过了童年时光，其父亲可能出于道德和宗教原因鼓励过她学习植物学。但更可能的情况则是，伊拉斯谟·达尔文才是在植物学上对她影响更大的人，她通过表哥布鲁克·布思比爵士结识了达尔文。诗人和植物学家布思比，是达尔文的利奇菲尔德植物学协会的成员，他也活跃在当地文学圈，这个圈子不仅有达尔文，还有安娜·苏华德和托马斯·戴（Thomas Day）等人。德比郡艺术家约瑟夫·赖特（Joseph Wright of Derby）在1781年为布思比画了一幅肖像，画中的布思比若有所思，斜躺在树林里，手里拿着一本让-雅克·卢梭的手稿。因为这样的家庭关系以及共同的植物学和博物学爱好，杰克逊得以进入达尔文的社交圈和植物学圈子。达尔文时常会提到她，从中我们可以了解玛丽亚·杰克逊“这位女士在许多其他优雅的知识中引入大量植物学”。杰克逊在1788年送了一幅维纳 115
斯捕蝇草（*Dionaea muscipula*，见插图28）的画给达尔文，又在1794年向他报告了她观察到一只聪明的鸟儿。[13]在18世纪90年代早期，他们很可能探讨过如何讲授和普及林奈植物学。估计年长的达尔文给她推荐过阅读书目，并就林奈术语的翻译问题详细解释了自己的坚定立场。

1795年，玛丽亚·杰克逊把《植物学对话》手稿交给布思比和伊拉斯谟·达尔文过目，恳请他们给自己的作品写评论。那时候女性植物学作家在出版界初露头角，他们的联合推荐无疑帮她获得了出版商约瑟夫·约翰逊（Joseph Johnson）的认可，约翰逊将两人的推荐信放在了这本书最开头，希望能借助达尔文的威望向读者推介此书。达尔文后来在《寄宿学校的女孩教育实施计划》一书中推荐了《植物学对话》，这本教学法册子是为一所进步的女子寄宿学校写的，该校将植物学纳入学校课程。他认为《植物学对话》比早期的几部作品更胜一筹：

> ［初学者］可以从［詹姆斯·］李的植物学入门读物和利奇菲尔德植物学协会翻译的林奈作品学习植物学的基本知识；当然还可以参考《柯蒂斯植物学杂志》……不过有一部新出炉的入门教材《植物学对话》非常适合初学者，专门为学校教学写的，作者是非常精通植物学的M. E. 杰克逊女士。[14]

当然，达尔文之所以推荐这本书，其实也是在重申自己对林奈植物学的传播立场。

就像目前为止讨论的不少女作家一样，玛丽亚·杰克逊也是年过40岁才开始出版植物学作品，从而走上写作这条路。她之所以写《植物学对话》可能出于纯粹的植物学爱好，或者是相信植物学会让心智和道德受益，也可能是受托于伊拉斯谟·达尔文的女儿帕克（Parker）姐妹，为她们的学校写一本教材。同时，有证据表明她写作是迫于经济困难。1796年，杰克逊的父亲健康状况恶化，他“在那个最伟大的时刻”立了遗嘱，分配了家庭财产，玛丽亚和弗朗西斯·杰克逊姐妹“如果觉得用得上，她们可以带走在塔珀利（Tarporley）房子里用过的那些家具，包括那里的亚麻、盘子和瓷器等，去布置她们以后定居的房间”。[15]他给每个女儿留下1500英镑的遗产，那个数目对于 116
两位未婚女儿来说，也就仅够维持基本的生活。按当时5%的利率，她们每年可以有75英镑的收入，仅仅比一位牧师助理的薪金高一点，但比熟练技工的收入还低。面对如此情形，受过教育的单身姑娘们只得想办法赚钱，补贴有限的遗产继承。正如我们所了解的那样，科普写作是那时候女性的一种赚钱方式，杰克逊也加入这个行列，为小孩、女性和大众读者普及科学。

进步出版商约瑟夫·约翰逊的作者库包括伊拉斯谟·达尔文和玛丽·沃斯通克拉夫特等知名人士，玛丽亚·杰克逊也是其中一员。对女作家写给儿童的植物学入门书来说，1796—1797年这两年是一个最佳出版时机，作者和出版商对这点都做出了准确判断。1796年出版商伊丽莎白·纽柏瑞（Elizabeth Newbery）发行了韦克菲尔德的《植物学入门》，估计约瑟夫·约翰逊觉察到这个出版苗头。《植物学对话》受到的热评表明，再出版一本这样的入门书的确是抓住了好时机。《每月评论》（*Monthly Review*）相当重视达尔文和布思比的推荐，称赞这本书的语言“清晰而优雅”，并补充道，“如果只是干巴巴地讲解林奈系统会很枯燥，但作者通过各种生动有趣的例子和细致的观察描写，化解了这个问题”。这位评论者继续说道：“的确，它不能像卢梭及其译者马丁那样写得愉快而俏皮：但这多半是它更具有科学性而导致的必然结果。”[16]玛丽亚·埃奇沃思及其父亲在他们的教育学汇编《实用教育》中讨论过儿童图书，他们也对玛丽亚·杰克逊的书美言了几句：“作者将此页寄给我们修改，我们想借此机会说，很期待‘某位女士写的《植物学对话》’，真希望能早点拿到这本书；我们认为这本书包含了大量非常有价值的内容。”[17]

在启蒙运动晚期的科学文化旗帜下，杰克逊写了第一本植物学书，那时刚好处于社会对女性教育和地位争论不休的十年之间。《植物学对话》中有一个情节，讲的是霍尔滕西娅建议儿子可以通过观察蕨类植物去发现一些植物学现象；男孩很惊讶，问她为什么只告诉他这样做，而不告诉他的姐妹们。她回答说，女性在任何领域都可以和男性一样见多识广，但正如她所言：

> 她们要避免在公共场合炫耀知识。社会曾一致谴责女性炫耀灵巧的双手，也更会谴责她们炫耀聪明的头脑，她们很少能以文学家的身份得到认可。现在的社会观念有了一些改善，尤其是在女性教育的问题上。若干年前，一位女士会因为准确无误的拼写而感到羞愧；但令人高兴的是，现在不同了，随着时间的改变，这会被当成理所当然的事，我们的理解力也提高了，对万事万物的眼界跟着扩大；随之改变的是，我们将更加胜任家庭职责，那是我们最不可忽视的东西，如果在这方面表现出色，那才是最值得骄傲的地方。而今，女性的知识如果超过一定程度甚至优于她的伴侣，如同在其他方面比其伴侣优异，会容易让她沉醉于徒劳的自我炫耀中，得不到她所期望的赞美。她会因此变得荒谬可笑，把原本被大家认为的荣耀变成羞耻，并且这种羞耻只会让她自己难堪。更有领悟力的人就不会被嘲笑，因为她们只会把在教育上的优势用到生活的方方面面。[18]

这段评论让人想起了夏洛特·史密斯《乡间漫步》中的坦西（Tansy）[19]夫人。她是一位精通植物学的女性，喜欢自负地炫耀知识，“用她的知识折磨所有人”，还喜欢一个人在她的植物园里“无所事事地闲逛”，受人诟病。霍尔滕西娅认可动手动脑能力和男女职责上的性别二分：女性属于家庭。通过霍尔滕西娅这个角色，杰克逊批判了流于表面的女性教育，以及女性在公共场合显摆自己的学识。她支持女性的自由教育，但告诫读者要警惕由此带来的虚荣心。她认为，从长远来讲，随着越来越多的女性接受教育，优秀女性个人面临的这种危险将会减少。

《植物学对话》中霍尔滕西娅的评论可能也是杰克逊自己的观点，或者是为了避免自己的学识遭到批判而采取的先发制人策略。杰克逊的书写于政治整顿时期，她呼吁谦逊的品质和适合女性的行为规范，这在当时的行为指导手册里非常普遍。即便是伊拉斯谟·达尔文这样思想进步的教育者也认为“女性应该具备温柔、矜持的品质，而不是张扬大胆的个性”[20]。霍尔滕西娅被塑造为一位知识渊博、尽职勤奋的植物学家和教师，是表现得体的淑女而非女学究。 118

杰克逊的《植物学对话》和达尔文的《寄宿学校的女孩教育实施计划》都是在玛丽·沃斯通克拉夫特去世那年发表的，正值反雅各宾思潮的兴起。在此思潮下，理查德·波尔威尔于第二年借《无性的女人》一诗批判了沃斯通克拉夫特和学习植物学的女性。玛丽亚·杰克逊似乎尽力在调和自己的科学写作与女性气质的意识形态——至少她在措辞上表现出一种妥协，她的书并没有对此提出异议，也没有明显的政治色彩。唯一有改革主义倾向的是在女性教育这个问题上，但即便是这个问题她也选择了从长计议的策略。比起心胸开阔和激进的伊拉斯谟·达尔文和贵格会改革家普丽西拉·韦克菲尔德的植物学创作，杰克逊在书中隐藏了自己的政治倾向。

在写《植物生理学概览》时，杰克逊换了一种叙事风格，不再青睐霍尔滕西娅这样学识渊博的道德导师和母亲角色。这本书也不再那么推崇林奈植物学，没有营造安心的教学氛围或设定权威的母亲角色来充当植物学家。作者在行文中表现得很谦逊，特别是在讲述自己做的“几个不完整实验”及其贡献时，她加了不少限定词。她反复重申，希望自己的观察结果“可以作为进一步实验的基础，为一些机灵的学生学习植物学提供参考”。杰克逊何以采取这样的写作方式？健康和家庭职责的个人顾虑可能影响了她的选择，但只有从普遍性的性别观念出发，才能让解释更有说服力。《植物生理学概览》一位评论者留意到，作者明显很精通这个领域，“她讲解知识的方式朴实又轻松”，并评论“她精巧的推理能力和内敛的风格表现得淋漓尽致”。[21]在杰克逊后来的作品，以及同时代不少女作家的作品中都有所体现。后来，杰克逊的写作风格发生了改变，显示出她与文学传统的分离，但《植物生理学概览》所展现的谦卑表明，这位女作家不可能也不会完全投身更深入的科学写作。

对于那个时代书写植物学的女性来说，有多种原因使她们用“内敛的风格”掩饰其“精巧的推理能力”。在法国大革命后的90年代，女性和女作家们的社会文化圈子被缩小，女作家不宜在公共场合抛头露面。正如玛丽·普维（Mary Poovey）在 119
研究中指出，关于得体的悖论在与玛丽亚·杰克逊同时代的女作家们中日益显著，“得体的淑女”和女子本性的观念让女作家们在自我表达时显示出迂回、调和以及自我隐藏等特点。[22]

玛丽亚·杰克逊的书反映了一位女作家为自身及其女性读者寻求自由活动空间的努力。她尝试用亲切的文体写了一本书后，便不再采用基于家庭氛围的叙事方式，虽写了《植物学讲义》介绍林奈植物学，但她不仅不再删减性别相关的内容，而且保留了大部分合适的科学术语。之后，在《植物生理学概览》

中，她采用第一人称讲述了自己的植物学实验和观察。这本书是她最个人化的作品，记录了她亲自做过的植物生理学实验和观察。估计是晚些年的时候，姐妹俩在父亲去世后靠自己生活，她发现可以更自由地发表意见了。

玛丽亚·杰克逊的最后一本书《园艺师手册：打造漂亮花园的技巧》（*A Florist's Manual: Hints for the Construction of a Gay Flower-Garden*，1816）是一本关于花园设计的小书，写给“园艺师姐妹们”。这本书关注的是小花园，而不是风景园林中大景观和草坪设计，指导读者如何在整个春夏季节，用各种花卉、球茎植物和青草打造“一系列的彩色隔断”。景观设计的美学原理在于将“大量花卉混杂”，打造一个“镶嵌式的花园”，形成不同的色块，而不是追求“稀有种和变种”。在园林史上，那个时期追求时髦的新手在花园里种满了稀有植物，几乎不关注色彩的搭配。杰克逊与之相反，更追求色彩的多样性，而不是稀有植物，推荐了多种植普通花卉而不是外来植物。这本书指导新手如何打造隔断和布局花坛，例如“怎么设计镶嵌着草皮的几个条形隔断”[23]。书中介绍了几种方案和一个草本植物名单，让读者可以设计自己的花园，制订种植计划，让花园里一直有花开放。这本书也讨论了昆虫防治方法和球茎植物栽培（如朱顶红）。

《园艺师手册》的作者是经验丰富而敏锐的园艺师，主要强调的是美学和园艺，而非植物学，但和那些更早的植物学出版物一样，杰克逊希望以此提升女性的精神世界。在书的末尾，她呼吁读者将智慧用在“探究植物世界”里，成为“哲学的植物
学家”（philosophical botanists），同时也推荐了自己的《植 120

物生理学概览》。她很清楚，即便只是知其然（简单思考花园的布置），也能让人心满意足，但她更希望“可以引导园艺师姐妹们发挥她们的才智，或者解除她们的倦怠”，去追问花园里的“所以然”，例如怎么让球茎生长良好。估计杰克逊在写作时，心里就有假想的读者或者出版商。最后，她的这本书由出版商亨利·科尔伯恩（Henry Colburn）发行，这个出版商的读者市场主要是上层社会，但也出版时尚小说和流行的旅行文学。[24]可能是因为科尔伯恩声势浩大的广告宣传，像“噗噗作响的引擎”，《园艺师手册》广受好评，重印了几次。有趣的是，19世纪50年代，著名的维多利亚中期园艺学作家简·劳登却批评这本书对新手来说过于博大精深，华而不实。[25]

玛丽亚·杰克逊是牧师的女儿，终身未婚，一直住在家里，肩负着各种家庭和社会职责。在《植物学对话》中她借霍尔滕西娅的角色探讨了女性教育问题，其实也反映了她自己的观点。这有助于解释为何杰克逊选择（间接选择，或不选择）把科学写作视为事业，尤其是她为何一直给青少年和女性写普及读物，尽管她很精通植物学，而且有过一次雄心勃勃的尝试，即《植物学讲义》。家庭关系网络让这位花神的女儿有机会接触地方上启蒙文化圈子里响当当的人物，加上她勤勉好学，思想独立，学识广博却很谦逊，是当时科普作家的典型代表。我们只能猜想她对于女性在公共场合可以展现或应用什么样的知识自有一把标尺，科学写作时也没忘记这把标尺。杰克逊和她塑造的角色霍尔滕西娅在为女孩、妇女和大众读者提供科学教育时，都尽力把握分寸，避免触犯地方上受过良好教育和家庭规训的淑女的礼仪规范。她们身处18世纪晚期知识女性和大家闺秀的张力中，前者努力为女性创造更大的智识空间，后者则自谦内敛，让自己在言谈和写作中都尽量遵从关于女性特质的普遍意识。

“以热爱植物学之名”：阿格尼丝·伊比森

在启蒙运动晚期，植物学文化的女性化契合了当时的性别
意识形态，她们采集植物、干燥标本、绘制植物插图，以青少年 121
和女性为目标读者，撰写植物学普及读物或教材。然而，有些女性学习植物学不只是作为娱乐消遣和高雅爱好，也不只是出于审美和教育等目的，那她们为何走进植物学？阿格尼丝·伊比森（1757—1823）坦言，自己“出于对植物学的热爱”才探究植物，并从事写作。在林奈植物学依然占主导地位的时期，植物学沿袭着描述和分类的博物学传统，而伊比森更热衷严谨的植物生理学研究。她将观察与实验结合起来，解剖植物（“切菜”）多年，非常依赖显微镜观察，她坚信自己可以做出巨大的贡献。她也的确在植物生理学上有不少发现，并在各类科学杂志上总共发表50余篇文章；其中一些还被翻译，并先后在瑞士、法国和意大利的科学期刊上发表。[26]1810年，《柯蒂斯植物学杂志》主编以她的名字命名了海岸蜜树茶（*Ibbetsonia genistoides*，“花瓣有斑点的蜜树茶”，已更名为*Cyclopia genistoides*，见插图29），并称赞：“阿格尼丝·伊比森夫人发表过几篇非常有独创性和启发性的植物生理学论文。”[27]

从伊比森的事业可以看出那个时期性别化的植物学所经历的兴衰变化。伊比森的想法与当时一些植物生理学观点并不一

致，她以不卑不亢的态度与知名的植物学家们争论，反驳他们的发现。她发表过的文章和插图，以及其他未发表的材料，都显示出她是一位严谨而专注的植物学家，与19世纪早期女性普遍的植物学参与模式不同。[28]她全身心投入植物学，严谨的方法和献身科学的精神让她跳出常规模式，却又与这个领域里的男性权威们格格不入。

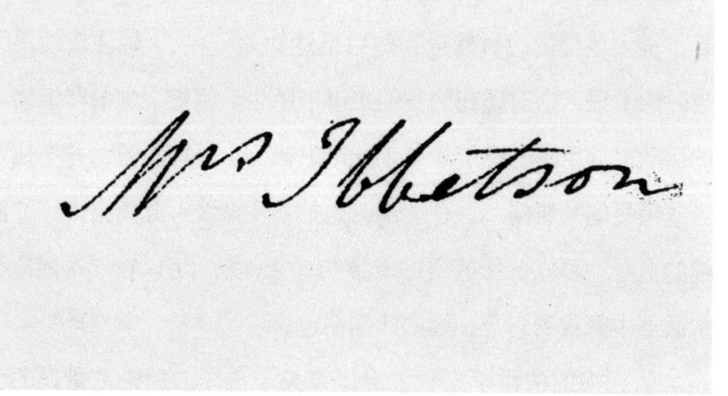

插图30：阿格尼丝·伊比森的签名
伦敦林奈学会（藏）。

在19世纪早期，英法德等国有不少研究者在争论“植物生理学”的诸多话题，如种子的形成、植物营养、根系结构等，他们希望能解释植物生长的各种过程，伊比森也是其中一员。“动物主义者”认为植物和动物类似，“实验主义者”则作为机械论者反对这种相似性。[29]伊拉斯谟·达尔文是一位动物主义者，他在《植物学》中支持动植物相似性，认为从植物到动物存在一个生命的进化等级。而伊比森是实验主义者，她反对植物有知觉和意志力的观点，支持植物功能的机械论解释。如她所言，植物

“是由光照和湿度支配的机器，其运动依赖于这些因素”[30]。 122、
她反对普遍认为的植物体内树液循环的观点，也反对植物通过叶片“流汗”散发水分和蒸汽的观点。

伊比森对种子的结构和生长尤为感兴趣，认为自己发现了种子的一个新器官——“营养容器”。她反复重申“种子的胚胎只是由根发育而来”，还报告了自己的实验结果：种子从“某种粗糙粉粒”开始发育，然后变成“很小的球，钻进根部中间狭小的通道里”，“它们通常会在此停留一下，再继续往前越过中心，进入茎部的边材管道，然后抵达幼芽”。[31]她通篇使用了当时的术语，这对现在的我们来讲很陌生。例如，她解释植物中的运动时，用了“螺旋线”（spiral wire），即血管，并把血管当成植物的“肌肉”。在解剖时她把“生命线”分离出来，“浸渍的血管”可以解释植物每个器官的生命力，可以在“木髓部和木质部中间找到它”，她如此描述道。

依后来的植物学家看，伊比森关于流汗的理论是错误的。现代植物生理学证明，叶子上的水分是植物外部和内部条件一起产生了蒸腾现象。种子形成于植物根部的理论也是错误的，她认为“植物的整个过程”都是从胚根开始，然后传递到茎部。但有些理论是对的，如植物体内的树液循环，以及叶子是植物之肺等论断。从现在的植物学理解，植物组织里的“螺旋线”可能指的是早期形成的维管（包括水分运输）壁发生明显的螺旋形增厚的现象。然而，如果回到那个时代去理解伊比森与公众植物学家群体的关系，最终的正确性从来都不是问题的关键所在。在19世纪早期的植物学文化里，大量植物学家都参与了植物营养和植物运动等问题的争论，激烈地争夺研究的优先权，甚至人身攻击

也时有发生，相互之间诽谤、回避、抨击等行为在所难免。伊比森像同时代的其他植物学家一样，提出理论、设计实验、发表成果，她希望自己的原创性研究能够得到认真对待。但伊比森已经 124
上了年纪，又远离大都市，她有着自身的困难，面临社会环境带来的种种障碍。她强烈地渴望自己的主张能够为人所知，从她身上可以看到一种自学成才的科学家工作模式：没有正式的导师，和同行联系的机会也有限。

阿格尼丝·伊比森（婚前姓汤姆森）很可能是受到盛行的大众社交科学氛围感染，把植物学当成爱好而进入这个领域。她出身于伦敦一个商人家庭，与化学家、教师和《哲学年报》的创始人托马斯·汤姆森（Thomas Thomson）可能有一些关系。她在一所女子精修学校上过学，据一位同时代的人讲，她早年的生活“奢华、轻浮而挥霍，与科学或文学学识毫不沾边”。她的丈夫是一位律师，常年患病，1790年去世，人到中年她才开始有了“更严肃的追求”[32]。伊比森没有孩子，18世纪90年代后期开始靠优厚的养老金生活，住在德文郡埃克塞特附近的乡下。从写于1808年12月的一些日记中可以大致了解，她过着宁静而勤奋的生活。她与一位姐妹同住，读爱德华·吉本（Edward Gibbon）的历史学，做过慈善，“为穷人谋福利，帮他们解决冬天的煤炭问题”。同时她还在照顾一个男孩，估计是一位年少的侄子，在晚上会读书给他听。“早上的日常活动”包括学矿物学、做流电实验、学植物学。植物学是她最喜欢的一项活动，多年来她经常“一天24小时有13小时”都花在了植物学上。[33]

伊比森从林奈植物学入手，刚开始关注的是草本植物。她早期的作品包括200幅带文字描述的植物绘画，这些画主要是根据史密斯和索尔比的《英国植物学》绘制。从上面的笔记可知，为了研究这些植物，她亲自种了一些草本植物，在散步时也采集了一些，还收到一些他人送的干燥标本。从她的评论可见其独立思考能力，因为她毫不犹豫地批评了约翰·杰勒德、本杰明·斯蒂林弗利特（Benjamin Stillingfleet）和威瑟灵等植物学家的知识漏洞和鉴定错误。伊比森研究草本植物的工作笔记显示，虽然她对林奈的植物学描述和分类有些兴趣，但相比之下，对解剖和显微镜观察植物的兴致更浓。她写道，自己解剖了细弱剪股颖（*Agrostis sylvatica*，已更名为 *A. capillaris*）在"结实期不同阶段"近100份标本，"但从来没发现一枚雌蕊"。她也提到自己以同样的方式在显微镜下解剖观察了200份标本，只是为了确认某个植物特性。

在新世纪初，伊比森从林奈分类学转向了植物生理学。她
在五十多岁时开始把研究结果写成论文向杂志投稿，描述她的植 125
物学实验，并用插图展示她的显微镜观察。尼科尔森的《自然哲学、化学和艺术期刊》发表了她31篇论文，而且经常是作为封面文章，详细描述了她做的叶芽、树木根茎、嫁接、种子结构和淡水植物等实验。（见插图31）她也继续在尼科尔森杂志的后继者《哲学杂志》上发表研究成果，进一步阐释她对植物内部结构、营养和种子形成等方面的观点。她在该期刊上共发表22篇
论文，描述了水生植物叶子表皮和通气管道的解剖结构，也探讨 126
了大气和植物中液体和化合物的化学问题。

与很多女性优雅的植物学爱好大不一样的是，伊比森的植物学追求精确严谨而非优雅，更在研究中广泛使用显微镜和解剖方法。在视觉信息受追捧的18世纪文化中，显微镜是流行的科

A

JOURNAL

OF

NATURAL PHILOSOPHY, CHEMISTRY,

AND

THE ARTS.

SEPTEMBER, 1810.

ARTICLE I.

On the Structure and Growth of Seeds. In a Letter from Mrs. AGNES IBBETSON.

To Mr. NICHOLSON.

SIR,

HAVING been requested by a gentleman, highly esteemed in the botanical world for the knowledge he has displayed in that science, to review the formation of seeds in general; to give a clear and concise picture of the growth of the embryo plant, from the first of its appearance in the seed vessel, to its shooting a perfect plant from the earth; to endeavour to prove the mistakes the variety of appellations have caused, as well as the misconceptions its extreme minuteness naturally occasions; and to show also in what order the several parts appear, as physiologists have differed much in this respect: honoured by such a request, I shall venture to begin my task, trusting in the great magnifying powers of the various excellent instruments we now possess, and apologizing for venturing to contradict authors so much superior to me in science, as in this matter the eyes

The author's inducement to write on the subject.

VOL. XXVII. No. 121—SEPT. 1810.　　B

插图31：1810年伊比森在尼科尔森的《自然哲学、化学和艺术期刊》上发表的文章

学元素之一。女性也将显微镜和望远镜观察作为娱乐方式，她们参加讲座和演示，从各种零售商那购买设备，阅读显微镜说明书，在早晨散步时候随身带着“手持放大镜”细致地观察植物。[34]伊比森并不把显微镜当作娱乐工具，而是强烈推荐将其用作科学研究工具，她在文章中分享了自己使用单目、日光和油灯等各类显微镜[35]的经验，在不少严谨的植物学研究中肯定了

日光显微镜的可靠性，但她首推的还是单目显微镜。[36]

解剖植物对伊比森来说不仅仅是娱乐，她注重方法，按植物生长阶段定期解剖，并以此为基础进行严谨的植物学研究。在其中一个实验中，她解剖了80多份木材样本。她也自己设计实验工具，“我差不多像外科医生一样用了各种不同的工具”[37]，她如此写道。在植物生理学里，她对植物发育比较感兴趣，做研究时她将观察和实验工作结合起来。她写道：“我可以毫不夸张地说，我相信没人能像我这样孜孜不倦，如此耐心地解剖和观察了这么多的植物。在将近四年的时间里，我每三天就采集一次同一种植物的新鲜样本，然后观察其内部结构，尽力去弄明白从它萌发到成熟再到死亡整个过程中的每个细节。”[38]

伊比森是一位实验主义者，喜欢用机械论解释植物功能，但她将自然比作一位女性，而她的研究是为了解释自然“自身”。她形容自己“仅仅是转录她［自然］传递的信息而已”，她开始解剖植物时将目标设定为“让自然在我的脑海中书写她美丽的故事，把她那各种鲜明的特征和样子留在记忆里”。伊比森对提出宏大理论持谨慎的态度，“提出一个漂亮的理论去抓住人们的想象很容易”，她写道，“难的是去理解植物发育过程中里里外外的每个细节；解剖和观察它复杂多变的状态和变化；彻底 127
弄清它每个阶段如何发育，这些转变在植物内部通常又会产生什么效果；通过解剖和栽培观察它的习性和力量——在我们最终依靠事实形成理论以及知晓植物的真实面目之前，这些都是必不可少的，而且都必须靠观察研究才能获取”。然而，她承认道，尽管自己的初衷并非“为了形成一套理论体系”，但成千上万的解剖实验和植物结构绘图最终为她“创建”了一套体系。她写道，大自然的作品如此“完美”“漂亮而简约”，而且“我经常绝望地扔掉手里的笔，为自己的愚蠢感到羞愧，因为对人类来说，［大自然的］杰作理解起来都难，更何况要将它呈现出来。当然，比起理解造物主全部作品里那些更大的杰作，我们在凝视这些细小的作品时，上帝确实赋予了我们更多的理解力”。[39]伊比森的研究方式让人想起了诺贝尔奖得主芭芭拉·麦克林托克（Barbara McClintock），她也是一位专注的观察者，“对生物有一种情感”，努力让自然将自身呈现在她面前。[40]

伊比森经常会批评其他植物学家，她的策略是详述自己的研究方法，据理力争，确保她的批评具有说服力。她认为，哲学的植物学家根据他们的研究发现提出理论并公布于世，但并没有充分利用他们的眼睛去观察。例如，植物学家裕苏编造了一个“可爱的谎言”，根据植物无子叶、有一片子叶和两片子叶将它们划分成不同的纲，以此对植物王国排序。她认可了裕苏的自然分类方法设想，但遗憾的是，他的计划虽然“简洁又漂亮”，却是错的。她的证据是，没有哪一种植物没有子叶，而且植物的子叶数量变化很大，通常不止裕苏认为的两片。“当然也不能怪裕苏，他完全是取证于那个时代拙劣的放大镜和［有限的］知识储备；虽然他也可能是被自己的美丽设想给蒙蔽了。他已经尽力去观察，和其他人看到的都一样，但观察得并不够深入。”[41]她也批评过当时最著名的绅士植物学家之一托马斯·奈特在研究中犯的类似错误，原因是他认为树皮中也有输送树液的管道，她批评奈特是靠化学实验而非解剖得出的结论。[42]

在那个时代，女作家们在植物学写作时都会采取一定的策略，如呈现出性别化的叙述方式，伊比森却选择把科学研究报告作为媒介，写信把论文投到尼克尔森的期刊和《哲学杂志》。尼 128
克尔森的期刊创办于1797年，同时接受业余爱好者和专业人士的来稿，既有原创文章（包括通信者来信），也有从其他期刊转载的文章。例如，第23卷包括奈特、汉弗莱·戴维（Humphry Davy）、埃奇沃思（R. L. Edgeworth）和亚瑟·杨（Arthur Young）等人的文章。在形式上，伊比森的信件与男性通信者写给一般科学杂志的信件并无差别，但与喜欢用亲切的书信体书写植物学的女性相比，自然大不一样。对普丽西拉·韦克菲尔德和玛丽亚·杰克逊来说，书信是一种科普写作传统，在书信中普及科学，不用那么正式，也能拉近关系。形成对比的是，伊比森把通信当成与主流植物学共同体的交流方式。当然，书信并不仅仅是一种写作类型的选择，它本身就是一种交流方式，通过书信可以在隐蔽的乡间和家里与大都市的期刊和志趣相投的圈子保持联系。不过，伊比森倒是在尼克尔森的期刊及后来的《哲学杂志》和《哲学年报》上发表文章的唯一一位女性。

性别意识很可能影响了伊比森如何向这些有影响力的科学媒体呈现自己的工作，以及思考自己的工作如何被接受。她很清楚自己在植物学文化中所处的孤立地位，也曾承认自己在植物生理学方面的论断“用词大胆，尤其是对一位女性来说”[43]。她最开始向尼克尔森的期刊投稿时，书信的签名写的“A. 伊比森”，期刊把作者当成了“A. 伊比森先生”和“亚历山大·伊比森”，她将错就错，直到第三次投稿时才在结语处澄清了一下：“我的信产生了误导，让你们错误地将信投递给了伊比森先生，这些信其实是阿格尼丝·伊比森夫人写的，很荣幸成为贵刊的通信作者。”[44]之后她才开始用“伊比森夫人”之名写信。在18世纪早期，男性用女性假名给《女士日志》（*Ladies' Diary*）年报投稿，普及数学知识。到了19世纪早期，女性参与科学的氛围反而降温，投身科学的女性在刚开始发表论文时倾向于掩饰自己的性别，认为这是较为明智的选择。

因为出自“伊比森夫人”之手，她的研究就会显得没那么权威吗？当时有人评论说“这位有创见的女士……观察和实验很有趣”，得出的结论是“她借助了先进的放大镜，加上她充满激情的想象力，似乎将她带入了幻想的世界”。[45]伊比森通常会 129
给文章配上复杂的插图，都是借助放大镜和解剖实验画的。其中一些插图漂亮的细节反而导致她受到不公平的评价，一位当代的科学插图因史学家就将她的作品与同类型显微镜下画的插图进行对比，批评她过于注重美学性［而不是科学性］。[46]然而，这些插图受到的批评和她对工作的自我评价两者有显著的差异。例如，她写道：“我想我不用担心将自己押在这些呈现给公众的插图上：如果能证明任一幅图是错的，我都愿意舍弃它，毕竟每一幅画都画了20多次。”[47]一些人批评她“沉浸在想象中”，其他人则批评她没有将研究发现一般化，于是她将研究结果整合，形成理论体系，但依然受到批评。她感叹道：“我的解剖实验受到了认可，但我的理论体系却没有。”[48]在伊比森的时代，人们对显微镜的精确性、不同类型的仪器、不同放大比例的意义等问题争议很大，显微镜的支持者们通常是被批评的对象。除此之外，从她的研究被接受情况看，她的行为对当时的女性来说多少有些反叛，如从事严谨的植物学实验并全身心投入其中，追求精确性而不是优雅的娱乐，并提出概括性和综合性的科学理论等。

1814年，作为医生和植物学家的约翰·博斯托克（John Bostock）鼓励伊比森把她的研究整合，并写信给新封爵士的詹姆斯·史密斯：“有一位勤奋的植物生理学研究者，您应该听说过她的名字”，我建议她将“植物经济学方面的实验和发现汇编成连贯的论著”。博斯托克在他的介绍信中将伊比森描述为“很有意思的人，充满激情和能量，坚持不懈全身心投入研究”[49]。在早几年，史密斯写了《植物生理学和分类学入门》，普及植物解剖学和生理学方面的新发现，他在博斯托克写信引荐后，开始和伊比森通信。她希望史密斯能够推荐她的论文，支持她在皇家学会《哲学汇刊》这样的期刊上发表自己的研究成果。然而，拼凑两年多时间里一些未发表的材料去追溯事件始末，就会发现这不过是一段糟糕的经历。

1814年5月，伊比森把她的“植物学”寄给了史密斯，在47页长信中解释了自己的“植物学哲学”，还寄了对开纸大小的植物结构绘图和十页笔记，那些绘图都是她在植物解剖和显微镜观察的基础上画的。她解释说博斯托克劝自己“把显微镜研究中的 130
所有发现提炼成精简的想法”，期望史密斯“可以考虑我提出的方案，看它是否能够在科学中使用，我多么渴望在科学上有所作为”。伊比森跟史密斯分享了她对花芽形成、植物中通气管道、叶片功能等方面的想法，并重新审视了自己以往的研究发现。她坚定地捍卫显微镜在这类研究中的价值，回应绘图所受到的批评，提到列文虎克和其他著名人士也使用了高倍放大的显微镜。“一个没有经验的人在尝试日光显微镜和双筒显微镜时，会容易被光影欺骗，但如果熟练了这些仪器的操作，问题就迎刃而解了。他不会从单一视角妄下判断，而会从多次精确的观察实验中得出结论……经验和学习才是熟练观察的基础，人（操作者）才需要必不可少的实践练习，而不是仪器需要改善。”[50]

8月，伊比森还没收到史密斯的回复，就再次写信给他，让他“推迟”他的评论，“别着急回复她”，可以过一两周等她把“另一篇以期能全面评论植物世界的论文”寄去后再说。在1814年12月12日的信里，她问他是否收到自己六周前寄的“第二批让人头疼的论文”（在史密斯藏品中这封信封面上有“ans'd”的标记，日期是12月21日）。史密斯最终只给了一些负面回应，他真实的回信并没留存下来，但从伊比森“植物学”手稿上几处页边评论看，史密斯似乎对此兴趣不大，而且文章看了一半就停住了。1816年5月，伊比森在给史密斯的信中表达了自己的“烦恼”：

> 恳请您能相信，我无论如何也不该再麻烦您，在您上一封仁慈的回信后，我觉得不该再纠缠此事。我绝不是想逼迫您［浪费时间］在您不认同的话题上，我只是希望能被公平地聆听。在一位绅士面前，我把所有真正的标本（是植株而不是绘图）都摆了出来，但他认为这些证据依然不足以说明问题，我只能再次麻烦您……就出版而言，如果这本书没有您鼎力推荐，我认为里斯（Rees）不会愿意花钱出版它，我自己也没到花钱买虚荣的年龄——我的养老金只够自己生活，但我的家人还算富裕，如果他们知道这本书被看好的
> 话，可能愿意出资。不过这一切已经结束了——我可以轻而 131
> 易举地把16年的绘图和解剖结果付之一炬，将它们遗忘，因为我没有办法让《哲学汇刊》接受它们，那原本才是它们最

好的归宿。我唯一抱歉的是，不该来麻烦您。

接下来，她告诉史密斯如何通过埃克塞特（Exeter）的一位书商将那些绘画归还给自己。之后，她自己联系过书商，但都被拒绝了，理由是“咨询过重要的植物学家……他们觉得并不需要这些新发现”[51]。

阿格尼丝·伊比森把“植物学”手稿寄给史密斯时，在长篇的讨论前先聊了下自己的经历，将自己描述为远离植物园、图书馆和植物学家的“隐士”，“孤立无援……只是明白总存在一些绝对的事实，可以用实验去证明，……这让我有勇气把所有这些呈现给一位绅士，我非常珍视他的宝贵意见”。她估计会有反对声，有预见地做了一些辩护，“我得说明的是，我并非轻率地得出论断：周围有很多朋友见过我大部分实验，他们愿意作证”。她小心翼翼地把自己与其他植物学家（如史密斯）的研究联系起来，为自己的工作辩护。她认为史密斯应该会比较宽容，接纳与自己不同的观点。然而，他可能觉得受到了挑战，并不认同伊比森使用显微镜，也不认同她的发现或绘图，要不就是把她当成一位老妇或植物学领域的闯入者了，不予理会——总之就是对她的研究没有任何回应。

史密斯对待伊比森的手稿与植物学家约翰·林德利对待法国植物学家奥贝尔·迪·图阿尔（Aubert du Thouars）的态度差异，能说明一些问题。英国人并不了解图阿尔，他就植物生理学提出了一个“奇特”的法式理论，1824年林德利在评论时对图阿尔充满敬意。图阿尔其中一条理论说的是植物并不分泌液体，林德利在《哲学杂志》探讨了此理论，解释说不必在意作者的观点是否“建立在真实或错误的推理上……至少它们是来自一位德高望重的植物学家和哲学家的观点，也从未被哪位杰出的作者反驳过，其独特性和创造性必然值得关注”[52]。而伊比森早在12年前就在尼克尔森的期刊上讨论过这位法国植物学家的研究，注意到了他与自己的发现有相似之处。[53]她在《哲学杂
志》的最后几篇文章之一指出，她的论断在当年被嘲笑，而在最 132
近一期林奈学会会刊上才被认可。她感叹道：“理论提出者的名字多么容易让人产生偏见啊！”[54]

伊比森意识到自己被史密斯拒绝了，但她依然继续给《哲学杂志》写信，也在其他综合性的科学杂志上发表文章。和同时代的其他植物生理学家一样，她对应用性的农业研究也很感兴趣，做了土壤、堆肥、发酵等实验并发表了相关论文。一篇题为《论植物对土壤的适应性，而非土壤对植物的适应性》的文章发表在英国巴斯和西部协会的纪要上，该协会奖励农业和种植方面的研究新进展。她在那篇文章中指出，根据她的植物解剖和对植物营养吸收的研究，如果农民了解他们的土壤和底层土质，因地制宜，便会获得更高的产量，她也讨论了如何通过施肥改善土质。她解释说自己的应用性知识来自大农场的经验，她在那里种了6年的土豆；她还在一个朋友那里做了土质改善的实验，“把他的土地当成生病的动物，给它大量营养丰富的食物，顺其自然让适合这种土壤的植物自己长出来，而不是违背自然”[55]。伊比森还在《哲学年报》发表了进一步的成果，这个杂志是综合性的科学期刊，对化学尤为关注，也刊登了不少关于植物的文章，尤其是营养、呼吸和形变中的化合物。她对植物的分解腐败很感兴趣，尤其是如何通过杂草腐烂有效生产“植物肥料”，从而改

善土壤肥力。[56]她的文章描述了一些土壤科学实验，比如她把杂草和植物深埋，每隔几个月就挖开看看。定期这样做几次后，她证实了“挖掉杂草然后埋起来做肥料很愚蠢”。因此她反对农民和园艺工人把杂草和植物埋起来，而是建议将其燃烧后的灰烬埋进土里。她也尝试过用石灰把沼泽荒地“在短时间里就变成完美的农业用地”[57]。从她的文章可以看出，她对植物生理学知识的实际应用很感兴趣，并将农业与植物化学结合起来。

伊比森在1823年去世时，留下了一部已经完成但还未出版的《植物学论著》，这是根据她多年研究成果汇编而成的。这份 133
手稿有200页，都以书信的形式写成，重申了她的核心理念——植物的机械本质和植物功能，其中包括植物不“分泌液体”的观点。这些手稿的主题有“种子的结构和生长”“植物茎的内部”和“植物内螺旋线的形成”等，读起来既能感觉到作者的自信，也能体察到她的谨慎。她确信自己的发现是正确的，因此反复申明她从精确的实验方法得出这样的结论。她还解释说，自己的自信来自多年里反反复复的实验：

> 我有持续不断观察植物的习惯，借用高倍显微镜，从每天一大早到晚上很晚的时候都在观察它们。这让我几乎可以确信植物出汗的说法是错误的：欧洲最优秀的植物学家们却还在这么认为。几乎可以确定那绝对是自然的骗术，或者没有确凿的证据能够证明相反的事实之前，不必费力去反驳这个错误。我想我现在已经获得了这些证据，我会在接下来的几封信中阐明它们，那才是值得尊重的事实。[58]

伊比森在这部论文集中重申了她的植物学兴趣，里面有一封“致公众的信”使该文集显得格外忧伤。这封信可能是在19世纪20年代初写的，估计她是想拿来作为这部文集的序言。如下所言，这封信就像一面镜子，反映了女性在植物学中的地位，确切地说是女性在那个时期科学文化中的地位。

> 一位女性向公众呈现一部科学著作无疑是骇人听闻的，但近16年来艰苦研究的结果给了我足够的勇气去做这件事。用我自己的知识从各个方面去改变一门科学显然是一个大胆的举措，也显得有些反叛，我确实感觉到自己的行为太冒失了。然而，我可以斗胆声明自己过去从未思考或臆想过这个理论，所有的论断都是在解剖植物中得到的。我花了一整年时间坚持不懈地跟踪植物外部和内部的变化，不辞辛劳去观察它们，只是为了发现隐藏在植物内部的自然奥秘。我从中找到了乐趣，我记不住大量常见的植物学知识，而是力所能及选择了 134
> 一项更适合我的研究，我确信自己可以不辞辛劳地坚持下去。
>
> 我冒昧地认为，其实我已经成功了，甚至超出预期，因为在最开始时我并不觉得自己胆敢声称发现了一点点真相，也没想过植物是以这样的方式生长。但这无疑是个比较新的领域，研究起来也比想象中容易很多。并没有隐藏的秘密，也不是超自然的奇迹：所有这一切（正如我将展示的）不过是双眼在单目显微镜观察到的：这细微的结构只需要化合物和太阳光就可以观察到。
>
> 我已经年迈，现在把这个孩子公之于众。这部论著的残缺片段收到了友善而积极的反馈，让我有勇气把它全部完

> 成，但我不想为了这部作品委曲求全，给自己找借口，或者说些自我贬损的话。对科学的热爱激励着我把它写出来，如果这些发现对科学毫无意义，我也不会指望它在公布于世后还能留下来。我并非淡泊名利之人，公众的认可将会为我在垂暮之年和离开人世时带来荣耀。但我只是希望得到应有的公众认可，当然我肯定会把它完好地留给公众，如果我值得被认可，我将欣然接受。

在整整20年勤奋的植物学研究的最后光景，伊比森写了这篇序言。此时她已经与当时著名的植物学家们有所接触，但她收到的反馈很糟糕，这让她愤愤不平。她与当时植物学界权威格格不入，那些植物学家并不认同她。假如她把自己的研究呈现给学术圈时能更加谨慎一些，也许会得到更好的回应。但作为一位年迈的女性，她却初来乍到，出现在严谨的植物学研究圈子，没有能帮她说得上话的导师，没有庇护者，没有人支持，也没有出谋划策的伙伴，在公共的植物学文化圈子里，她不过是局外人。[59]如果能加入某个科学学会也会让她受益匪浅，但作为女性她根本不能加入林奈学会，更不能加入皇家学会。她唯一能联系上的机构是一个以农业为主的组织，即英国巴斯和西部协会。
她在1814年成为那个协会的名誉会员和通信会员，她那篇“出 135
自一名热爱科学的女性名誉通信者之手”的论文在协会的年会上被宣读过。

阿格尼丝·伊比森是一位实验主义者，但缺少有力的支持且没有活跃的科学同行氛围，这对她的处境很不利。与19世纪最初女性参与植物学的普遍情况不同的是，虽然她的文章也让她在公共视野里享有一点声誉，但孤立和委屈才是她事业的主旋律。她并没有被植物学研究共同体所接纳，而那才是她渴望的东西。她的故事反映了女性如何参与科学文化并做出贡献，同时也反映了在科学领域里，女性研究者与男性权威们格格不入，他们含糊其辞，但其性别偏见却无所遁形。

浪漫植物志：伊丽莎白·肯特

19世纪二三十年代，受浪漫主义写作潮流以及“反林奈式（anti-Linnaean）”的植物学转向影响，书本、散文和诗歌中的植物描述语言变得丰富多彩起来。伊丽莎白·肯特在《家庭植物志》（*Flora Domestica*，1823，见插图32）和《森林掠影》（*Sylvan Sketches*，1825）两本书中兼顾了植物的系统性和文学性描述，将自然与叙事、科学与艺术、园艺与自然的浪漫描写融合，彰显了19世纪早期植物文化的转向。与弗朗西斯·罗登《植物学入门诗》利用植物和林奈植物学进行道德、礼仪教育不同的是，肯特的书在描述花卉和树木时既没讲授分类学也没有说教，更没有赋予植物宗教寓意。她以浪漫主义的方式重塑了植物学，在系统讲解植物学知识时融入园艺学以及对植物的热爱。她更关注植物本身，而不是把它们当成沉思或想象的载体，因此她主要对植物的特性以及作为植物学标本的花卉树木感兴趣，而没有将植物作为文学主题。肯特的作品和夏洛特·史密斯的一样，是植根于英国浪漫主义文化时期更广阔的女性写作图景中的一部分，比起浪漫主义男诗人充满想象和超自然的一贯作风，她们更

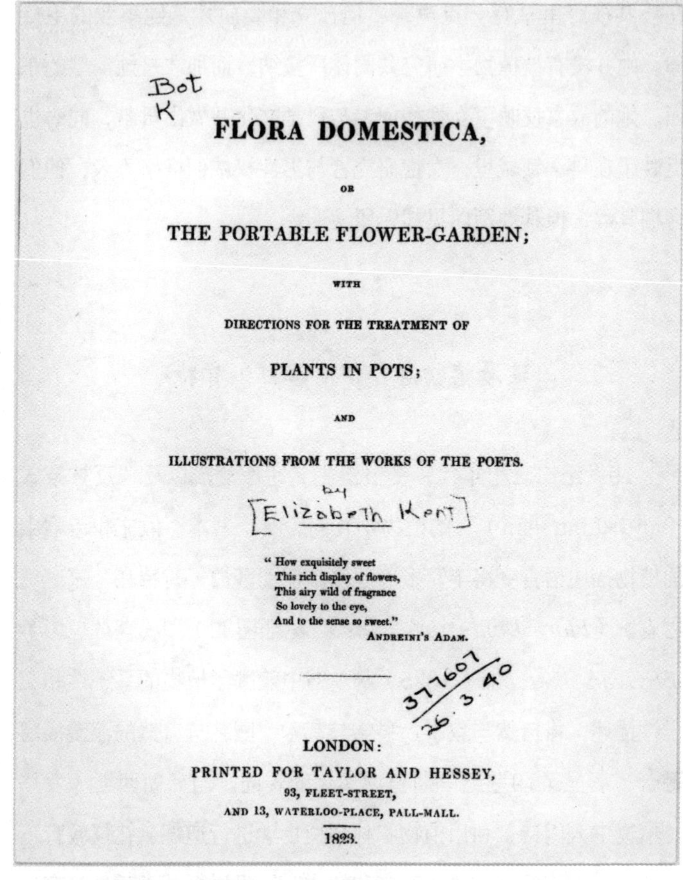

FLORA DOMESTICA,

OR

THE PORTABLE FLOWER-GARDEN;

WITH

DIRECTIONS FOR THE TREATMENT OF

PLANTS IN POTS;

AND

ILLUSTRATIONS FROM THE WORKS OF THE POETS.

by
[Elizabeth Kent]

" How exquisitely sweet
This rich display of flowers,
This airy wild of fragrance
So lovely to the eye,
And to the sense so sweet."
ANDREINI'S ADAM.

LONDON:
PRINTED FOR TAYLOR AND HESSEY,
93, FLEET-STREET,
AND 13, WATERLOO-PLACE, PALL-MALL.

1823.

插图32：伊丽莎白·肯特的《家庭植物志》封面

注重对植物特征的细致观察。[60]

伊丽莎白·肯特在19世纪二三十年代以职业写作为生，是浪漫主义社交圈里的一员。她的继父是出版商罗兰·亨特（Rowland Hunter），继承了进步主义书商约瑟夫·约翰逊 136
（Joseph Johnson）的公司，出版了哈丽雅特·博福特《植物学对话》和玛丽亚·埃奇沃思的书。肯特的姐姐玛丽安（Marianne）和浪漫主义散文家、批评家和报纸主编利·亨特（Leigh Hunt）结婚，未婚的肯特因此得以活跃在亨特的社交和家庭圈子。在郁郁葱葱的伦敦汉普特斯荒野公园（Hampstead Heath），济慈、雪莱以及其他有亲属关系的浪漫主义文人经常相聚于此。玛丽·雪莱的书信透露了一些“贝茜”·肯特和亨特侄子侄女们拜访雪莱家的情形。[61]肯特和姐夫有共同的文学爱好，亨特一家同雪莱和拜伦居住在意大利期间，肯特是姐夫主要的通信对象。[62]肯特编辑或创作了大量植物学文章和书籍，但大部分都是匿名的。她的写作兴趣植根于 137
家庭，在出版了第一本书《给年轻读者的新故事》（*New Tales for Young Readers*，1818）后，她发现“对花草树木的热爱很快就使我专注于它们”。后来因为生活所迫，她不得不向皇家文学基金会申请援助，这个基金会是为作家设立的慈善组织，肯特在申请时提供了不少她的个人资料和工作的物质条件等信息。通过这些材料我们可以勾勒出一位女作家的写作生涯，从中可以看到她如何努力将自己对植物和花卉的热爱转化成经济来源。[63]

伊丽莎白·肯特最有名的一本书《家庭植物志》生动而浅显地介绍了200余种花卉、灌木和小乔木，都是可以在花盆、室内花架或室外阳台栽种的植物。盆栽园艺在18世纪时便流行于英国城市居民当中，他们在窗台或屋顶护墙上栽种植物。居住在汉普斯特郊区的诗人济慈，就是19世纪早期热衷于这种园艺的典型例子。[64]肯特的书以此为主题，她在书里回忆了自己忧伤的经历，连天竺葵这样普通的植物“都经常因为照料不周而夭折”。因此，她决定，“出于对这些植物幼苗的怜悯，为了好好照料它们……提供和交流种植经验，这对于在花盆里培育和保存一个迷你花园来说必不可少”[65]。书中的植物条目按字母顺序罗列，从百子莲（*agapanthus*）到百日菊（*zinnia*），也包括了栽种和繁殖建议，尤其是如何恰到好处地给植物浇水。除了园艺技巧，《家庭植物志》还包括被作者称作“植物列传”的内容——奇闻异事、相关的诗词以及民间传说和神话典故。如银莲花条目，描述了国内外不同的品种，还讲了一段轶事，说的是一个吝啬的巴黎花商从东印度公司买了一株银莲花，把它藏了十年；还讲了一个传说，说的是好猜忌的花神弗洛拉把美丽的仙女阿莲莫莲（*Anemone*，即银莲花的英文名）变成了一朵花。

肯特在写这本书时特意选用了文学化和园艺学的写作风格，先培养读者更大众化的植物学兴趣，以此激发他们对科学的热爱。多年后，她回顾自己早期的作品，觉得自己“急于向读者普及［花卉和树木的知识］，因为我觉得很多人在入门时就被科学术语吓得退缩了”。她和其他众多女作家一样，对自己的定 138
位就是去引导读者走进植物学，尤其是年轻读者，“在开始的时候我试着让他们去悉心照料身边常见的植物，以此培养他们对植物的兴趣，并希望逐渐激发年轻读者们的勇气，努力克服一开始让他们望而生畏的科学术语”[66]。因此，她在书中并没有讲授太多的植物学知识，也刻意避免用系统化的方法去探究自然，而是强调植物的美丽和带来的愉悦，主要展示开花植物而不是蕨类或观叶类植物。她也在《家庭植物志》中穿插了很多诗歌，因为“热爱自然的人通常也会欣赏各种形式的美”。古典诗歌和当代诗歌都有引用，从古罗马的维吉尔（Virgil）、英国的乔叟

（Chaucer）、意大利的彼特拉克（Petrarch）到华兹华斯、夏洛特·史密斯、济慈、雪莱、约翰·克莱尔（John Clare）以及帮助她构思本书的李·亨特等诗人的作品，汇集了大量浪漫主义诗歌。

肯特在她的另一本书《森林掠影》里，也将植物和浪漫主义诗歌放在一起。她在书中描述了80种普通的耐寒乔灌木，如山毛榉、树莓、枫树、山楂树、漆树，并讨论了与这些树相关的历史和文学话题。这本书也是写给大众的，特意回避植物学专业术语，就好像在"随意地介绍某些树木和灌丛"。从植物特征入手再延伸到其他主题，是作者的写作特色。同《家庭植物志》一样，这本书从植物写起，再谈到相关的文化。例如悬铃木的条目，她先描述了外形、大小、叶子等特征，再介绍了它在16世纪被引入英国的历史。在榆树的条目，她先介绍了几种不同的榆属植物（如普通榆树、美洲榆树、白榆［*Ulmus pumila*］等），以及它们的用途，然后重点描述了英国最有名的几株榆树，如弗朗西斯·培根爵士于1600年种在伦敦格雷旅馆小路上的那棵，该树在18世纪20年代倒地时胸径长达12英尺。她还花了不少篇幅，讨论了19世纪20年代伦敦公园的榆树遭到甲虫危害之事。《森林掠影》提到了不少树木在世界上其他地方的用途，引用了探险家和旅行作家的作品，如瑞典博物学家卡尔·通贝里（Carl Peter Thunberg，1743—1828）、苏格兰博物学家约翰·福斯特（Johann Reinhold Forster，1729—1798），德国博物学家洪堡、苏格兰旅行家帕特里克·博尔希（Patrick Brydone，1736—1818）、英国博物学家克拉克·阿禅尔（Clarke Abel，1780—1826）等人，书中还对树木用途进行了跨文化探讨。

然而，和《家庭植物志》一样，这本书更注重激发情感、 139
愉悦双眼以及增强感知力，而不是狭隘地宣扬植物的用途。肯特在书中特意让自己不局限于植物的用途列举，她解释说，因为“植物的世界不仅仅只有实用和美丽，它们对人的影响超乎想象——花草树木里有些东西可以激发我们最仁慈的怜悯之心，也能抚慰最深切的悲伤”。她的描写栩栩如生，充满诗情画意，容易激发读者的情感。例如她写到一种燕麦草（*Arrhenatherum avenaceum*），六英尺高，叶子长有两英尺、宽一英寸多，圆锥花序轻柔地垂向一侧，“如此优美，但它们的那种绿色，会让人觉得是银燕麦。其实不是绿色，也不是白色、金色、紫色，更像是这几种颜色的混合色，就像来自银和金，以及紫水晶和绿宝石”[67]。肯特也会引用著名诗人如奥维德、斯宾塞和当代浪漫主义诗人们的诗句去歌颂树之美和灵韵，威廉·考珀（William Cowper）、柯勒律治、雪莱、济慈、罗伯特·骚塞（Robert Southey）、利·亨特等诗人，以及散文作家安·拉德克利夫（Ann Radcliffe）都在她的书中出现过。

这些浪漫主义文人知道他们在肯特的书中出现过，拜伦、柯勒律治、玛丽·雪莱、约翰·克莱尔都表示对她的书很感兴趣。柯勒律治感谢他的出版商发行了《家庭植物志》这本书，“在过去十年里，我感叹了不下20次，希望能有这样一本书出版，作为威瑟灵那本书的一个补充。很高兴这本书出版了……如果能写点什么宣传这本书，我会义不容辞，因为这本书所描述的花卉在一年四季给我带来了无限的快乐”[68]。约翰·克莱尔似乎从出版商那里收到了这本书，宣称自己“非常开心得到《家庭植物志》”，并向匿名的作者（他以为是一位男士）表达了感谢：“非常感谢，我很愉快地细读了您这本书，也感谢它可供社会上更多的人使用，让每个人发挥上帝赐予他们的才智，从植物学中找到乐趣。”[69]玛丽·雪莱写道：“贝茜的新书……和另一本（即《家庭植物志》）对喜欢植物花卉的人——上帝最喜欢的人——来说是赏心悦目的福利——欣赏它们无与伦比的美丽，享受生命及生长带来的宁静和快乐——只有无尽的快乐，无须付出代价或遭受痛苦。”[70]浪漫主义圈子外的评论也满是溢美之辞。一位评论者把《家庭植物志》称作“方便实用，又让人快乐的手册”，“淑女绅士们即使不能拥有一个花园，也可以在闲暇时打理花台，轻松享受园艺的乐趣”，但接着他却批评该书缺少 140
土壤方面的知识，还附上了适用于银莲花的堆肥配方。[71]

1828年，伊丽莎白·肯特开始为约翰·劳登（John Claudius Loudon）的《博物学杂志》（*Magazine of Natural History*）写书评和文章，最著名的是林奈植物学的系列文章。其中9篇署名“肯特女士”的科普文章向读者介绍了林奈植物分类学，教他们如何识别植物。这些文章的首要目的，是以狭隘的功利性角度向大众传达植物学的普遍价值，契合了杂志的办刊宗旨。为达到此目的，肯特列举了家里用到的一些食用和药用植物，例如接骨木有致幻的气味，可以制茶、酒，嫩芽可以腌制；铃兰的根可作药用；等。她不加评论地引用了约翰·杰勒德《草药志》（*Herball*，1597）上推荐的方法——铃兰新鲜的根可以治疗“各种挫伤，黑色或蓝色斑块，和fals病症［原文如此］，或者妇女的偏执，如果偶然撞见丈夫情急之下紧握拳头时，她们会产生这种症状”[72]。但为了挑战和扩展植物学实用性的狭隘观念，她并没有停留在博物学带来的实际回报和利润上，而是从更广泛的意义探讨它的价值，包括美学和诗性的价值。“在更广泛的意义上，”她写道，“能提供优雅而纯粹消遣的任何植物，都是有用的。”

伊丽莎白·肯特带着浪漫主义的感性，狂热地吹捧植物器官在显微镜下展示出来的色彩和形态之美，同时她拒绝抛弃林奈及其植物学方法。她解释了为林奈辩护的一个原因，自己曾经以为“学习植物学会让我们忘记欣赏植物之美”，但现在不这么认为了。她继续说，命名只是植物学的一个分支，学习植物分类就像学一门外语的语法，可以实现其他更大的目标。因此，她在这本书里将植物学语法变成诗情画意的描述。正如她所言，“系统分类的精致之处在于，它如同外语语法，为深奥难懂的诗歌艺术开启了一扇新的大门，隐藏在万物深处和第一因的神秘从未改变，促使我们去探索更多的未知世界”。在林奈植物学越来越受到批判的那十年末期，从肯特的那些文章可以看到林奈系统和裕苏的自然分类方法并行不悖，分别适用于不同目的。她建议裕苏的自然方法可以用来钻研植物之间的联系和亲缘性，而林奈的人工系统则用来了解植物个体，“对于具体植物的精确知识，林奈 141
的方法无与伦比”[73]。

伊丽莎白·肯特在《博物学杂志》上发表的文章建议把植物学作为女孩教育的一门学科。当然，它只是作为通识教育的一部分，而不是为了培养学术眼界或专业知识。她认为女孩子可以学好植物学，然而她也承认林奈分类学对女孩来说存在一些障碍，植物的性描写是一方面，更重要的是拉丁文造成的困难。有趣的是，在她尝试教女孩子植物学时，林奈对植物的性描写并没带来多大问题；她提到了雄蕊雌蕊，但并没将其描述为“丈夫”和“妻子”。林奈植物学的拉丁术语则是另外一回事了，“确实，在很长的时间里，拉丁文如同科学之门的一把锁，女性只能徘徊在紧锁的大门之外；随着时代的进步，对女性教育的谬见已经在很大程度上得到改善，但大部分女士还是不会那门语言，依然望而却步，让她们高估了学习植物学的困难”。因此，肯特支持将林奈植物学翻译成英文，学起来会更容易，“女性在很大程度上要感谢当今的一些博物学家，他们孜孜不倦，竭尽所能将这门科学的术语英语化，大大简化了他们的专业知识”[74]。

19世纪20年代晚期，伊丽莎白·肯特尝试着将发表在《博物学杂志》的文章写得浅显易懂。然而在妇女史和植物学文化的背景下，她对女孩和科学的关系显得有些冷淡，似乎很犹豫，生怕自己咄咄逼人。她并没有像启蒙作家们那样，将植物学当成消除女性轻浮性格的解药，但她在比较博物学的不同领域中哪个更合适女孩时，想法却充满性别化色彩。她解释说，女孩可以阅读图书或看花卉图册上的插图来了解植物，相比之下动物学就不那么合适了：一个女孩“可以轻松地带着书本，去查证植物的属或种，但不大可能用纤纤玉手捧着一只小刺猬、大黄蜂或者蝙蝠回家，更不可能为了学解剖学就去解剖一只猴子或熊”[75]。

肯特的普及文章很大程度上是在预防女孩子们变得太学术，这是她在一系列文章中竭力想表达的观念。可能会有人好奇，害怕变成学究是不是也阻碍了她自身的写作生涯。她在19
世纪20年代晚期写作，比不得18世纪90年代，前辈们写给女孩 142
子和妇女的博物学书总是再版多次。普丽西拉·韦克菲尔德的博物学杂录《心智培养》到1828年时已经重印了13次，深受小女孩和母亲们的欢迎，她们因此进入博物学的启蒙学习。关于女孩教育和活动的观念在30多年里处于剧烈变化中，肯特在1828年的系列文章中也开始讨论这个话题，她指出“女孩们的博物学探究不被鼓励，甚至遭到禁止”。她写道，在她们年幼的时候，老师将天真和无知混为一谈，让她们远离书本，因为书本上的内容“要么令人反感，要么会激发女孩们喋喋不休地刨根问底，在老师们看来满足女孩子的这种好奇性有害无益”。待她们长大一点，年轻女士们在面对科学术语和拉丁语的时候又畏首畏尾，她认为这在一定程度上是因为她们“担心自己被冠上学究的可怕名号”[76]。肯特希望通过写作将植物学推荐为一项文化活动，建议女孩和妇女学习，但她自身的植物学写作却很可能受到20年代性别观念的束缚。

在直系家属和社会圈子的意识形态影响下，肯特很可能因为担心被贴上“学究”的标签而不敢多言。一些男性浪漫主义作家特别反感文学女性，或者说反感一般意义上的知识女性。济慈在1817年一封信里写道：“这个世界，尤其是我们英国，在过去30年里已经被一群恶魔嘲弄和烦扰，我对此深恶痛绝——那群女人，把文学的残羹冷炙当成点心或者午餐吃下去，让自己爬上语言的巴别塔，自以为是诗歌世界里的莎孚（Sappho，古希腊女诗人）——或者几何学里的欧几里得——一无是处却自命不凡。在这些人中只有蒙塔古（Montague）卓越不凡……我渴望女性能有真正的谦逊品质。”[77]而不反对女学究的人，往往又对女性和女性的作品怀有明确的性别化观念。

肯特的姐夫利·亨特在其周报《调查者》（*Examiner*）上评论《家庭植物志》时，将这本书形容为“一束优雅的诗歌之花”，以此来定位女性的植物学写作。他评论说由女性来指导如何照顾植物再合适不过，感叹道：“无须为任何好东西吹嘘太多，她们已经做了很多，而且做得非常漂亮而精致。”[78]亨特和其他一些浪漫主义作家认为自然探索也适合男性，植物和花园激发了他们的情感和文学灵感，虽然这些曾经被当成女性常用的 143
方式。为了把植物和园艺带入男性的视野中，他特意展示了有多少绅士热爱植物和园艺。[79]利·亨特在肯特写第一本书就帮助过她，建议她在《家庭植物志》中引用诗歌，而且从意大利给她传来了不少编辑建议。但在写《森林掠影》时，亨特远没有之前那么热心，可能是因为这本书都快写完了他还不知道。我们可以从他的评论里看到一丝抱怨，“你从来没有在来信中透露一点消息，原来你已经在全力以赴写树木的书，现在看来你都差不多写好了”。估计是肯特有写作经验后，在写作上更加充满自信，不需要在写第二本书还求助于他。[80]

在19世纪二三十年代，伊丽莎白·肯特在伦敦的出版和文学核心圈子里算是一位活跃的作者。《家庭植物志》和《森林掠影》都是她比较成功的作品，分别重印了几版。这两本书都是由泰勒和赫西（Tylor and Hessey）公司出版，这家公司也是济慈和柯勒律治的出版商。利·亨特在1824年提议她写写关于野花和女性服饰的书，告诉她每本书可以带来50英镑的收入。[81]在《森林掠影》出版后，肯特受邀写一本关于英国鸟类的书，诗人约翰·克莱尔也应邀参与进来。他非常喜欢《家庭植物志》，告诉他的出版商“愿意和年轻的女士一起写写鸟类博物学”，甚至还说他已经忙于“观察春天里鸟儿的习性和迁徙，这样可以为肯特小姐提供一些书里不常见的信息”。[82]塞缪尔·柯勒律治也建议他的出版商委任肯特写一本野花的书。[83]不过所有这些计划在20年代末的经济萧条中全部偃旗息鼓，书商和银行的生意都很难做，她继父的生意最终也受到了牵连。肯特因此扩展了自己的职业空间，除了写作还讲授植物学。1828年，她在《泰晤士报》上刊登了一则广告，想指导女孩子学习植物学。《园艺师杂志》（*Gardener's Magazine*）注意到这则广告，回应说："显而易见，这门让人快乐的科学似乎特别适合女士们，但迄今为止被她们完全忽视了，在一定程度上可能是因为她们很难得到帮助。肯特小姐受到鼓舞，希望能够把自己从这门纯洁有趣的学问中得到的快乐和益处传递给更多的人。"[84]她教了几年林奈植物学，直到她觉得自然系统已经完全取代了早期的分类方法才停下来。她把自己打造成一位植物学老师一点也不奇怪，不管是 144
植物的普遍特征还是每种植物的个体特征，她都很感兴趣。

《森林掠影》出版后，伊丽莎白·肯特继续寻找机会，以期靠写作赚钱。她写的第三本植物学书是关于野花的，还给主题庞杂的《年轻女士的书》（*The Young Lady's Book*，1829）写了一章"种花人"，并出版了一本儿童故事集《给孩子们的新故事》（*New Tales for Children*，1831）。她在写作和书刊编辑中充分展示了她的植物学知识，在编辑约翰·加尔平（John Galpine）《英国植物学概论》（*Synoptical Compendium of British Botany*，1834）和克里斯托夫·欧文（Christopher Irving）《植物学问答》（*Botanical Catechism*，1835）的新版本时，她按植物学的最新进展进行了校勘和更新。她在加尔平那本书的序言中比较了林奈和裕苏的分类方法，认为两者互为补充，而非死对头。"林奈系统是植物学的语法，"她写道，"而裕苏系统是植物学的文学。”她原本很乐意为《博物学杂志》继续写一些文章和书评，但自从编辑不再向撰稿人付费后，她就再也没给该杂志供稿了。

在30年代晚期，经历接二连三的打击后，伊丽莎白·肯特的发表机会几近枯竭。她给一户好心的人家当了家庭教师，最后得到了一小笔遗产，她用这笔钱办了一所不大的社区学校。到1849年时，她身体变差、视力受损，加上生意失败，只得依靠朋友们，“[他们]智慧多过财富”，“仍然希望能通过自己的努力养活自己”。但正如她形容的，此时自己“在文学圈子就是一个局外人，不再有人提供机会，主要靠自己去求人”[85]。朋友帮她送给一个出版商的书稿被拒，这本书描述了“一次在南方海岸主要湿地的旅行”，也包括植物习性等知识。1860年12月末，她和一位侄子及其大家庭居住在伦敦的科文特花园，没有钱买衣服，也没钱付洗衣费和医药费。肯特晚年的凄惨境遇与维多利亚早中期不少住在伦敦的未婚女作家很像，她们只能靠皇家文学基金会的慈善援助，每次申请可以从基金会得到平均二三十英镑的资助。[86]

伊丽莎白·肯特在投给《博物学杂志》的一篇科普文章里曾抱怨植物学文化里的女性地位，尤其是她们在植物园中遭受的不公平待遇。那时候，不满足于本土植物的植物学家们开始关注
外来植物，伦敦郊区的私家植物园里可以找到大量引种的异域 145
植物。然而，这些“引进的花园”主人对想学植物学的女性几乎毫无帮助，大部分男性访客已经对植物学有一些了解，而女性访客只是欣赏植物之美而不是对植物学感兴趣。她解释道，大部分“女士……只是去参观漂亮的植物展览，根本分不清不同植物的差异，也不知道怎么照顾它们，可能咖啡树或者其他一两种

有科普解说的植物除外”。但是总有些女性渴望多学一些知识，能有机会去深入探究，她们怎么办？她继续说道，女性访客总是在花园里被带着走马观花，陪同人员通常是“无知的年轻人，被提问时他们根本答不上话来，他们对植物的名字、国家、习性等相关知识简直一无所知”。因为有过亲身经历，她毫不掩饰自己的恼怒，“有几次，问陪同的年轻人好几个问题，他一个都答不上来，好不容易回答了，也是错的。我不得不完全打消了去学习的念头，虽然这才是我去参观的初衷，参观回来后发现自己没增加一丁点儿知识。还有一次，一位博学又有经验的植物学家陪我们，但队伍里比我们年长的绅士们，霸占了植物学家的所有时间和注意力。于是那些最希望从他那里获取知识的人反而什么都没学到，在参观过程中只能靠自己的眼睛”[87]。

伊丽莎白·肯特的性别政治观点表明，19世纪20年代植物学女作家们关注到了“女士”和男性的植物文化差异，前者看重植物之美，后者则是绅士们的植物科学。在20年代晚期，女性在植物园的遭遇不过是冰山一角，问题远比她认为的严重，她所提出的补救办法只能隔靴搔痒，并不能实质性解决这些问题。肯特所探讨的话题中，更能引起共鸣的是在不断增长的专家文化中女性的教育和地位问题。在浪漫主义文化里，科学女性遭受非议，在科学文化中女性也被排除在研究型植物园之外。在接下来的几十年里，关于女性和植物学的文化定位发生了改变，植物学女性的地位面临更大的挑战。植物学越来越男性化，女性严肃的植物学对话被边缘化为“休闲娱乐”，女性植物学活动在这门新兴的科学中受到了重重阻碍。

注 释

［1］ Maria Jacson, *Botanical Dialogues, between Hortensia and Her Four Children* (London: J. Johnson, 1797): 3–4.

［2］ Ibid, 229–230, 72.

［3］ Ibid, 153–154.

［4］ Ibid, 53–55.

［5］ 伊拉斯谟·达尔文1795年8月24日一封评论性的书信与这本书一同发表，说道：如你所期望的，布鲁克·布思比爵士和我这些天都在愉快地阅读和思考你的《植物学对话》；非常佩服你可以用浅显亲切的方式把一门难懂的科学解释得如此精确，对你的目标读者来说，可以很容易就理解晦涩难懂的知识。同时，对于希望进一步深入学习的人来讲，这本书又提供了完整而系统的指导，他们可以进入快乐又复杂的学习中。因此，我们认为不仅是男女青少年，也包括成年人，都会从你的辛苦劳动中获益，我们非常希望这本书能尽快被呈现给公众（King–Hele, *Letters of Erasmus Darwin*, 287–288）。

［6］ Maria Jacson, *Botanical Dialogues* (London: J. Johnson, 1803): iii.

［7］ *Analytical Review* 28 (1798): 398.

［8］ Maria Jacson, *Sketches of the Physiology of Vegetable Life* (London: Colburn, 1811): 27.

［9］ Ibid, 126.

［10］ 在《园艺师纪事》（*Gardeners' Chronicle*）杂志的“19世纪的女植物学家”系列文章中，有一篇福赛斯（G. E. Fussell）写的“玛丽亚·伊丽莎白·杰克逊夫人”（130［1951］: 63–64）。也可参考Henrey, *British Botanical and Horticultural Literature*, 2: 581–584, 不过亨里（Henrey）错把杰克逊当成她的哥哥罗杰·杰克逊（Roger Jacson）的妻子了。德斯蒙德·金–海莱（Desmond King–Hele）提供了更多的参考资料，见*Letters of Erasmus Darwin*, 287–288, nn. 1–3。国家联合目录（The National Union Catalogue）错误地将杰克逊当成《插图版植物志》（*Pictorial Flora*, 1840）的作者，事实上这本书是玛丽·安妮·杰克逊（Mary Anne Jackson，fl. 1830–1840）

写的。兰开夏郡档案室有一本她的姐姐弗朗西斯·杰克逊在1829—1837年写的日记（DX 267–278），讲到了家庭和朋友的一些细节。也可参考Joan Percy, "Maria Elizabeth Jacson and her *Florist's Manual*", *Garden History* 20 (1992): 45–56.

［11］1818年11月24日从位于利奇菲尔德附近的比克利小屋（Byrkley Lodge）写的信，见Maria Edgeworth: "Letters from England", 141. 弗朗西斯·杰克逊出版的两部小说为《罗达》（*Rhoda*, ca. 1813）和《明辨万物》（*Things by Their Right Names*, 1812）。

［12］Maria Elizabeth Jacson, *A Florist's Manual: Hints, for the Construction of a Gay Flower-Garden* (London: Colburn, 1816), 3.

［13］达尔文《植物园》第二部分，《植物之爱》"关于沉默的补充注释"（Addition to the Note on Silence）的"附录"，第181页。达尔文在《生物学》（*Zoonomia; or the Laws of Organic Life*）中写道："M. E. 杰克逊小姐和我很熟，她在秋天时观察到愉快的一幕，一只聪明的小鸟为了达到自己的目的，似乎很有一套。它在罂粟茎秆上跳来跳去，不停地摇晃着脑袋用嘴啄着，直到大量种子散落，然后再跳到地上吃种子，吃完再重复同样的动作。1794年9月1日。"（2d ed, 1796, 1: 161）

［14］Erasmus Darwin, *A Plan for the Conduct of Female Education in Boarding Schools* (1797; rpt. New York: Johnson, 1968): 41.

［15］杰克逊的父亲分别在1796年2月和1799年4月立了遗嘱，1815年的一个遗嘱附录为姐妹俩共同继承的财产每年增加了一小部分。（柴郡档案室［Chashire Record Office, Chester］, DDX 9/19）

［16］*Monthly Review*, enl. Ser., 24 (1797): 449–450.《批判性评论》(*Critical Review*) 称赞了作者在植物上的勤奋，尤为称赞了她在讲解林奈植物学时"表达亲切、描述清晰"。同时，这位评论者认为，作者的读者定位是青少年学生，因此"对这门学科很了解的人不会同样喜欢它，也并非（也不打算成为）一部深奥的科学读物" (zd ser., ［1798］: 446–449)。

［17］Edgeworth, *Practical Education*, 1: 366.

［18］Jacson, *Botanical Dialogues*, 238–239.

［19］Tansy的意思是艾菊。——译注

［20］Darwin, *Plan for the Conduct of Female Education*, 10.

［21］*Monthly Review*, enl. ser., 65 (May–August 1811): 108.

[22] Poovey, *Proper Lady and the Woman Writer*.

[23] Jacson, *Florist's Manual*, 12. 参考Percy, "Maria Elizabeth Jacson".

[24] John Sutherland, "Henry Colburn, Publisher." *Publishing History* 19 (1986): 59–84.

[25] 简·劳登的评论转引自Bea Howe, *Lady with Green Fingers: The Life of Jane Loudon* (London: Country Life, 1961): 47–48.

[26] 伊比森的文章于1809—1913年发表在威廉·尼克尔森（William Nicholson）《自然哲学、化学和艺术期刊》（*Journal of Natural Philosophy, Chemistry, and the Arts*）23—26卷各期；也发表在1814—1822年《哲学杂志》（*Philosophical Magazine*）43—60卷各期以及1818—1819年《哲学年报》（*Annals of Philosophy*）11—14卷各期等。她的文章摘录译文曾发表在巴黎的《应用植物学期刊》（*Journal de Botanique Appliquée*）、米兰的《科学通讯纪事》（*Annali di Scienza e Lettere*）以及《不列颠图书馆》（*Bibliothèque Britannique*）。在拿破仑战争期间，英国和欧洲大陆的联系减少，《不列颠图书馆》在日内瓦按月发行，介绍英国科学进展。

[27] *Curtis's Botanical Magazine* 31 (1810), p. 1259；关于伊比森也可以参考 *Gentleman's Magazine* 93, 1 (1823): 474 和*Dictionary of National Biography*, 1921.

[28] 在伦敦自然博物馆的植物学图书馆里有五卷伊比森的手稿和画稿：三卷对开本的水彩草本绘画，并附有注释；一本植物学和其他主题的笔记，里面有一些植物铅笔画和植物结构的工作插图，以及一些个人日记；还有一卷以信件写成的"植物学讲义"（MSS IBB）。伦敦林奈学会也有一卷"植物学"手稿和写给詹姆斯·史密斯爵士的信件（MSS 120a, 120b, 490）。伦敦自然博物馆馆藏还有一个木材标本采集列表，但似乎已经找不到这些木材标本。

[29] 弗朗索瓦·德拉波特（François Delaporte）在《自然的第二王国》（*Nature's Second Kingdom*）（Cambridge: MIT P, 1982）中探讨了"动物性"和"植物学"的争论，亚瑟·戈德哈默（Arthur Goldhammer）翻译。

[30] Nicholson's *Journal* 24 (1809): 114.

[31] *Philosophical Magazine* 45 (1815): 184.

[32] 转引自Rev. William Webb, *Memorials of Exmouth* (1872), 53–54. 在苏格兰的汤姆森家族有几位成员活跃在植物学圈子，托马斯·汤姆森

也是其中一位。伊比森的丈夫詹姆斯·伊比森是圣奥尔本斯城副主教的大儿子，写了一些法律史的文章。在此，我对林肯律师学院盖伊·霍尔本（Guy Holborn）的帮助表示感谢，他帮忙查找了关于詹姆斯·伊比森的资料。

[33] 伦敦自然博物馆植物学图书馆，MSS IBB。根据日记里面的信息可以推测，大概是在1803—1808年某个12月里的两周写的日记。

[34] Barbara Stanford, *Body Criticism: Imaging the Unseen in Enlightenment Art and Medicine* (Cambridge: MIT P, 1991); Meyer, *Scientific Lady in England*; Phillips, *Scientific Lady*, 148–150.

[35] 灯照显微镜（Lucernal Microscope），早期显微镜的一种，被观察对象用一种油灯照亮，投射到仪器联结的玻璃片上或者独立的平板上。感谢蒋澈博士帮忙核实了此信息。——译注

[36] 关于18世纪显微镜的历史，参考Brian J. Ford, *Single Lens: The Story of the Simple Microscope* (New York: Harper and Row, 1985)，第七章；Bracegirdle, Brian. *A History of Microtechnique* (Ithaca: Cornell UP, 1978)，第二章；S. Bradbury, "The Quality of the Image Produced by the Compound Microscope: 1700—1840," in *Historical Aspects of Microscopy*, ed. S. Bradbury and G. L'E. Turner, (Cambridge: Heffner, 1967).

[37] Agnes Ibbetson, "On the Interior Buds of All Plants," *Nicholson's Journal* 33 (1812): 10.

[38] *Philosophical Magazine* 48 (1816): 97.

[39] Nicholson's *Journal* 35 (1813): 88; 33 (1812): 243; 33 (1812): 10, 177.

[40] 参考Evelyn Fox Keller, *A Feeling for the Organism: The Life and Work of Barbara McClintock* (New York: W. H. Freeman, 1983)。伊比森的植物学研究方式与当今发育生物学家维多利亚·弗（Victoria Elizabeth Foe）博士很像，弗也是长期在显微镜下观察胚胎发育，用精细的绘画展示她的发现，见*New York Times*, Aug. 10, 1993, B5.

[41] Nicholson's *Journal* 28 (1811): 98–103.

[42] 她写道，"如果这是靠争论或常识就可以确定的事，我绝不会试图反驳奈特先生这位绅士的理解力和能力；然而，在我的大量解剖实验（我自己画了几百个树皮绘图，此外还有20个被切割成小片）之后，我对这部分再熟悉不过，很确信树皮里没有输送树液的管道，只有从隔开的气腔通向叶子的营养输送管道。Nicholson's *Journal* 35

(1813): 94.

[43] *Philosophical Magazine* 48 (1816): 283.

[44] Nicholson's *Journal* 23 (1809): 300.

[45] *Monthly Magazine* 31 (1811): 601.

[46] 与*Images of Science: A History of Scientific Illustration* (London: British Library, 1992)作者Brian J. Ford的私下交流。

[47] "Botanical Treatise", Botany Library, Natural History Museum, London (MSS IBB).

[48] *Philosophical Magazine* 48 (1816): 97.

[49] 1814年5月5日信件，见林奈学会MS 120a, 120b, 490。

[50] "Phytology", 45–46, 林奈学会MS120。

[51] *Philosophical Magazine* 56 (1820): 4.

[52] *Philosophical Magazine* 64 (1824): 81.

[53] 她写道："关于树液循环的设想，他和我的观点一致，都倾向于认为并不存在树液。" Nicholson's *Journal* 31 (1812): 162.

[54] *Philosophical Magazine* 59 (1822): 244.

[55] Agnes Ibbetson, "On the Adapting of Plants to the Soil, and Not the Soil to the Plants," *Letters and Papers on Agriculture, Planting, etc. Selected from the Correspondence of the Bath and West of England Society* 14 (1816): 136–159. 伊比森是1814年巴斯和英国西部规则、秩序和奖励协会（*Rules, Orders, and Premiums of the Bath and West of England Society for the Year 1814*）的名誉会员和通信会员，是名单上唯一的女性。

[56] 她的几篇论文"植物的死亡"，"杂草填埋的有害影响"和"动植物对施用石灰的反应"发表在《哲学年报》上（*Annals of Philosophy*, 2 [1818]: 252–262; 12 [1818]: 87–91; 14 [1819]: 125–129）。

[57] *Annals of Philosophy*, 14 (1819): 125.

[58] Botany Library, Natural History Museum, London. MSS IBB, letter 7.

[59] 1814年，植物学家约翰·博斯托克（John Bostock）见到她，并写信给史密斯推荐她时，博斯托克自己都还没当选为林奈学会会员。伊比森提及的另外一位著名的科学家是威廉·赫歇尔（William Herschel），在1816年拜访了她，见过她的一些研究，但对于两人的关系没有更多的资料。

[60] Anne K. Mellor, *Romanticism and Gender* (New York: Routledge, 1993);

Stuart Curran, "Romantic Poetry", in Mellor, *Romanticism and Feminism*, 189–190.

[61] *The Letters of Mary Wollstonecraft Shelley*, ed. Betty T. Bennett (Baltimore: John Hopkins UP, 1980); *The Letters of Percy Bysshe Shelley*, ed. Frederick L. Jones (Oxford: Clarendon, 1964), esp. vol. 2.

[62] Molly Tatchell, *Leigh Hunt and His Family in Hammersmith* (London: Hammersmith Local History Group, 1969). 利·亨特给"肯特小姐"写了这首十四行诗：

你瞧，贝茜，你的同名者抓不住掌权的手，
树冠下，饱满而明亮，
尽管斯宾塞没有点灯，
小天使们慢慢展开翅膀，
她是仙境的仲裁者，
想象头顶的太阳，造出眼前的景象，
温暖的世界，白色雏菊开满浅滩，
而你是乡间的女王，插着精致的双翅，
此刻，尊贵的森林
会为你的一叶扁舟装上什么？
是浆果串起来的手链，鸟儿的羽毛，还是樱桃做的流苏，
抑或是草莓和牛奶，还是新鲜的苹果汁？
不不，你笑着说，——是远比这些珍贵的两样东西：
诗和忠诚的朋友；——他们就在这里。

Leigh Hunt, *Foliage, or Poems Original and Translated* (London, 1818) 利·亨特在19世纪20年代早中期从意大利写给"贝茜"·肯特的很多信里记录了一起复杂的财产扣押事，导致姐妹俩在一段时间里关系紧张，也关涉到"诽谤"和名声的问题。见*The Correspondence of Leigh Hunt*, 2 vols. (London: Smith and Elder, 1862)。

[63] 皇家文学基金会档案，1383号卷宗，肯特的申请日期分别是1855年5月25日、1858年5月2日和1860年12月1日。皇家文学基金会创立于1788年，其受益者包括夏洛特·伦诺克斯（Charlotte Lennox）、塞缪尔·柯勒律治（Samuel Coleridge）和利·亨特等人，见Nigel Cross, *The Royal Literary Fund, 1790–1918: An Introduction to the Fund's History and Archives, with an Index of Applicants* (London: World Microfilm, 1984).

[64] Dan Cruickshank and Neil Burton, *Life in the Georgian City* (London: Viking,1990), 194–195; Bewell, "Keat's 'Realm of Flora'",76–77.

[65] Elizabeth Kent, *Flora Domestica, or the Portable Flower–Garden* (London, 1823), xiii.

[66] 皇家文学基金会档案，383号卷宗，doc. 20.

[67] Elizabeth Kent, *Sylvan Sketches, or A Companion to the Park and Shrubbery* (London: Taylor and Hessey, 1825)，序言，p. 60.

[68] 1823年8月16日的一封信，见 *The Collected Letters of Samuel Taylor Coleridge*, ed. E. L. Griggs. (Oxford: Clarendon, 1971), 5: 1344–1345.

[69] 书信日期为1823年7月31日和8月，见*The Letters of John Clare*, ed. Mark Storey (Oxford: Clarendon, 1985). 克莱尔也给他的出版商写了一封长达8页的信谈论《家庭植物志》，对肯特书中的个别植物和花卉作了"笔记和评价"。他写道，"我从没有遇到一本关于植物的书让我感到如此快乐"，见*The Natural History Prose Writings of John Clare*, ed. Margaret Grainger. (Oxford: Clarendon, 1983): 10–25.

[70] 1825年4月8日的一封信，见*Letters of Mary Wollstonecraft Shelley*, 1: 47.

[71] *Monthly Review* 104 (1824): 155–156.

[72] *Magazine of Natural History*, 3(1830): 57.

[73] Ibid., 1(1828): 229.

[74] Ibid., 1: 129.

[75] Ibid., 1: 128.

[76] Ibid., 1: 126.

[77] 这封信是1817年9月21日写给约翰·雷诺兹（John Hamilton Reynolds），见*The Letters of John Keats*, ed. Maurice Buxton Forman (London: Oxford UP, 1952): 44–45。托马斯·摩尔（Thomas Moore）在一部喜剧《蓝袜子》（*M. P., or the Bluestocking*, 1811）里讽刺了对科学感兴趣的女性，见Myers, *Bluestocking Circle*, 结语，"'蓝袜子'这个词和'蓝袜子'的遗产"。

[78] *Examiner*, no. 881, Dec. 19, 1824, 303–304.

[79] Alan Richardson, "Romanticism and the Colonization of the Feminine", in Mellor, *Romanticism and Feminism*.

[80] 关于亨特对肯特写作上的帮助，见Molly Tatchell, "Elizabeth Kent and *Flora Domestica*", *Keats–Shelley Memorial Bulletin* 27 (1976): 15–18; Hunt, *Correspondence*, 1: 204–206, 216–218.

［81］1824年9月7日，见Hunt, *Correspondence*, 1: 234.

［82］1825年5月5日和1826年4月11日，见*Letters of John Clare*.

［83］“我非常感激读到柯勒律治写给出版社的信，认可了我的第一本书《家庭植物志》，并推荐我继续写一本类似的书，主题是关于野花的。其实那时我已经为第三本书《野花》收集了很长时间的资料，他们还不知道我已经开始了。”（RLF, 1383, doc. 20）

［84］*Gardener's Magazine* 3 (1828): 104.

［85］皇家文学基金会档案，1383号卷宗，信件日期是1855年5月24日。

［86］S. D. Mumm, “Writing for Their Lives: Women Applicants to the Royal Literary Fund, 1840–1880”, *Publishing History* 27 (1990): 27–47.

［87］*Magazine of Natural History* 1 (1828): 133–134.

第六章　科学植物学的去女性化（1830—1860）

弗洛拉的万花筒转个不停，里面的光影图像千变万化。花儿是宇宙间的道德家；它不只有训导、布道或歌谣……还有信仰和责任，爱和希望，和平和快乐，它们挂着露珠的脸庞洋溢着微笑；它们静静地凋零，诉说着死亡；它们爬过低洼的绿色坟墓，窃窃私语，谈论永生。它们象征着盛宴和丧葬，言语和沉默，遗憾和希望，以及悲伤和爱。

《钱伯斯大众文学期刊》，1859

我一贯采用德堪多常用的术语，把羽片（pinnae）作为首要的分类标准，而小叶片（foliola）作为次级的分类标准……我把羽片着生的整个茎称之为总叶柄（petiolus communis），把小叶片着生的茎称之为小叶柄（petiolus partialis）。

乔治·边沁，《含羞草笔记，包括植物简介》，1842

1827年，林奈的一部传记出版，预测了接下来30年植物学 149
文化的发展方向。这部传记名为《林奈传略》（*A Sketch of the Life of Linneaus*），以父子间的书信形式讲述了林奈的英勇故事，描述了这位颇具影响力的瑞典植物学家和他在拉普兰的探险传奇。一位植物学“男孩自己的故事”旨在修正植物学的性别标签，表明它不只是一项“女性”活动。这位15岁的少年走出校园，去接受专门的医学训练，需要了解植物知识，但他觉得植物学“不太适合……较强壮的男性”，他“更倾向于认为这是女性的活动，与高贵的男子气概不相称”。书中的父亲便努力改变他这种刻板印象，父亲解释说，植物学并非专属女性的活动，之所以形成这种性别差异的观念，是因为他从小就只见过母亲和姐姐在学习植物学。这位父亲也曾对植物学很感兴趣，但“由于职业的关系……让［他］很难有时间花在这上面”。然而，植物学是男孩未来医学训练的一部分，他必须学习植物学，父亲希望他“花开时节，只要在家的话”就跟着姐姐学习。[1]

萨拉·韦林（Sarah Waring）的这部林奈传记作为一种文化叙事，认可了年轻女性的科学参与，同其他以亲切文体写的普及读物一样，赞扬了女性在植物学、家庭以及与家庭相关事务上的技能。书中男孩的姐姐住在家里，热爱植物学，“孜孜不倦的父母，尤其是和蔼可亲、充满智慧的母亲，努力培养她的心智，让她对自然之美有着敏锐的观察力”。她虽然非常精通植物学，但在她所处的生活环境中，她的知识受到了性别标准的影响。在植物学领域里，女性在家里指导男孩学习基础知识，然后会将他交给男性导师们，在学有所成后走向公共领域并担负起成年男性的职责。这样的故事体现了男性典型的成长轨迹，成年意味着离开家和姐姐，这就是性别差异和分化的成长模式，姐姐教育弟弟，而弟弟长大后接受职业教育并走向公共领域。在这本书中，父亲、弟弟和姐姐各自代表了植物学文化中的性别化特征，这也是维多利亚时代早期的产物。而作者自己，则体现出那个时代复
杂的性别意识形态，在写作时通过男性发声，把权威赋予父亲这 150
个角色，同时又赋予了女儿在非正式科学教育中的职责。

在19世纪30年代到60年代，性别成为植物学文化张力的重要方面，学院派植物学家、作家和早期的职业植物学家致力于将植物探究重塑为“科学的植物学”。植物学是学术研究还是大众爱好？应该怎么学它？它的语言是什么？谁是理想的学生？出于不同的兴趣，林奈学会成员、田野俱乐部会员、科普作家、农业和园艺植物学家、植物学期刊的出版商、力学研究所的学者、女性植物采集者等，不同人群对这些问题的回答各不相同。

19世纪早期，英国正在形成一种新的科学社交网络。在伦敦和地方上，专业兴趣团体涌现出来，在自然知识领域形成了各

种新的学科界限。科学绅士们对早期科学组织（如皇家学会）中的那些通才们失去了耐心，却非常欢迎学科化团体的出现。杰弗里·坎托（Geoffrey Cantor）指出，在伦敦，“到30年代时，一个人可以参加协会的讲座、晚宴或其他会议，在科学活动旺季把每个工作日晚上都填得满满当当”[2]。期刊也会刊登各种科学协会的报道，1849年《雅典娜学刊》（*Athenaeum*）杂志刊登了天文学、化学、昆虫学、地理学、地质学、园艺学、林奈、显微镜、统计和动物学等各学会的会议信息。大都市里的绅士、政治激进分子和“科学活动家”热衷于参加皇家学院、伦敦力学研究所、国家实用科学馆、皇家理工学院等机构的讲座和科学演示，以及传播科学的其他公共演示活动。伦敦的科学局势处于活跃又变化无常的状态，“论战一触即发”，兴趣截然不同的群体聚焦在一起，看似专业的科学争论却充满了政治气息。[3]科普讲座的听众不分年龄、阶级、宗教和政治取向。迈克尔·法拉第在皇家学院为伦敦的社会精英和知识分子们开设周五晚间课堂，并在那里举办了一个青少年系列讲座。伦敦皇家科学与艺术展览中心（The Royal Panopticon of Science and Art in London）在《文学公报》（*Literary Gazette*）刊登了一则课程开班广告，“实用化学培训班，招收医学学生、业余的绅士爱好者，或者希望在化学任一分支深入探索的绅士们。为女士们单独开班，早间还有一个少年班”[4]。 151

科学从业者、“科学绅士”、爱好者、作家、公共演讲者以各种方式展现了科学文化中越来越严重的分歧。在19世纪早期，科学文化同其他文化一样，大众和专家、科普与学术、大都市学术协会绅士们的“高级”（high）科学与传播实用科学知识从业者的“低级”（low）科学之间的分化越来越严重。正如史蒂文·夏平（Steven Shapin）曾指出，到了30年代，科学文化中与文雅礼仪和休闲娱乐联系在一起的活动不再受待见，社会转而“支持严肃、实用、非娱乐性的［科学］文化”。实用主义文化的代言人“声称科学角色的职业化是政治需要，国家要扶持科学——不是因为它能培养文雅阶层或者与高雅文化兼容，而是给公民社会带来物质上的实用意义”[5]。

植物学的职业化趋势与维多利亚时期浪漫主义自然观的语境联系在一起，植物花卉是维多利亚时期博物学珍奇柜里最受欢迎的藏品。维多利亚时期的博物学家们远足探险、采集植物，在显微镜下研究标本，阅读书刊和图册，参加当地的博物学家聚会，活跃在英国科学促进会的年会中。那个时期对植物花卉的兴趣能满足社会、道德、宗教、文学和经济上的多种目的。植物学爱好与勤奋、敬畏感、心灵奇迹等维多利亚时期的价值观相契合，也能满足福音派意识形态的需求，这种新的宗教虔诚在19世纪文化中塑造着个人、社会、经济和政治实践。福音派强调罪恶、报应、轮回、慈悲等神学观念，他们热衷于实践“有活力的宗教”，那是一种清教徒般的虔诚。他们推崇启蒙时代更理性的精神，不同于功利的乐观主义和进步时代的精神。[6]与自然相关的活动是“理性的娱乐活动”，既得到了宗教上的认可，也满足了家庭和文化上的需求。如彼特·贝利（Peter Bailey）所言，这些娱乐活动具有道德教化或个人提升意义，给19世纪中叶的维多利亚时代中产阶级提供了“合适的理由，让他们得到解放，无须为娱乐感到歉疚，同时还能让他们在遵守道德准则的同时修身养性”[7]。

在正经历工业化的英国，植物爱好者们沉迷于园艺学、花卉艺术和植物学。接待室、早餐室和画室里摆放着压花相册，与之摆在一起的还有装满异域标本的珍奇柜，里面的植物栩栩如
生。蜡花、针织花卉、剪纸花卉、贝壳花卉、织物花卉设计、瓷 152
砖设计和自然主义风格的墙纸等丰富了当时的视觉文化。花园设计一改18世纪备受青睐的森林风光，采用花卉作为花坛隔断，以及地毯似的密植和时钟花床等。从大都市到地方上，到处都是花卉展览和园艺协会，还有各种年度比赛。雷・德斯蒙德（Ray Desmond）指出，“在1805年，只有一个园艺协会，到了1842年已经增加到200多个”[8]。在北部工业生产区，小酒馆里的工人植物学协会聚会延续着曾经的手工业传统，这种传统可以追溯到18世纪中叶兰开夏郡的工人。[9]田野俱乐部聚集在偏远的地区、大点的乡镇和城市，吸引了大量的男男女女，一起参加一日游采集活动，在晚餐时讨论当天的发现，曼彻斯特田野博物学协会组织的一日游活动参与人数曾多达550人。[10]

维多利亚时期，人们可以在多种机构和地方参观大自然的植物奇观。1841年，皇家植物园邱园成为一个公共植物园。在威廉・胡克爵士和约瑟夫・胡克父子的领导下，邱园很快成为一个游览胜地，尤其是在1848年棕榈房建成之后它更受欢迎。有钱人自己建造保存室和可加热的温室，里面摆满了从商业采集者手里购买的异域植物。人们疯狂追捧蕨类植物，掀起了所谓的“蕨类狂热”（pteridomania），体现出美学、科学、时尚和某种维多利亚时代的跟风。从40年代直到整个60年代，蕨类植物都是接待室的必备装饰，一丛蕨类植物成为家庭植物室里的理想景致，维多利亚时期的家庭接待室里还会展示沃德箱（Wardian

cases）——一种玻璃植物保存箱，很像20世纪七八十年代的瓶子或玻璃容器植物园。1845年玻璃消费税取消，加上玻璃板生产工艺的进步，壮观的植物温室被设计出来，还建成了水晶宫，玻璃保护下的植物在世博会上尽情展示着它们的生命力。狂热分子们跑到森林去采集蕨类植物，从苗圃主人那里购买热带蕨类，干燥和压制，甚至做成溅墨艺术品——把蕨的叶子铺在纸上，喷洒印度墨水。贪婪的蕨类采集者几乎采光了乡下所有蕨类植物，引来不少批评的声音。[11]海岸博物学，包括贝壳、海草和一般意义上的隐花植物也非常流行，其中也夹杂着时尚、医药、美学和宗教等各种文化因素。小说家和牧师查尔斯·金斯利（Charles Kingsley）在《海神，或海岸奇迹》（*Glaucus, or The Wonders of the Shore*，1855）中指责“成千上万的人把 153
夏天的黄金时间花在死去的生命里”，提倡博物学家的活动应该是“愉快的，那才是真正的博物学家。他没有时间做忧郁的梦，地球对他来说是透明的；他在任何地方都能找到意义”，家庭假日里在海边探究海岸植物，既是放松又是学习。

19世纪上半叶，植物学实践越来越多样化，形成了不同的兴趣群体，彼此分化又时而交叉重叠。到了50年代，出现了大卫·艾伦（David Allen）所谓的新一代中产阶级“狂热分子”，他们进军博物学文化，热衷于将其当作流行而体面的爱好。[12]他们扩大了博物学的社会氛围，让其不再局限于贵格会家庭、卓越的年代、剑桥圈子以及克拉珀姆地区的福音派后裔，要知道这些人曾在二三十年代就形成了颇具影响力的英国博物学圈子。直到70年代，以植物学谋生的学术型职业植物学家才得以在英国立足，但在30—60年代期间，植物学的两种参与方式就开始被区分开来。两者的差异越来越显著，一种是更注重美学、道德和精神导向的自然探究；另一种是更实用或更科学的方法。对待自然的不同方式反过来又影响着植物学教育，过去几十年一直强调植物学的社会价值和道德功能，而一些维多利亚人将关注点从普及教育转向了专业训练，植物学文化愈发鲜明地预设了谁才是“植物学家”以及“他”会如何讲授植物学。人们开始区分植物学家与植物学爱好者、科学的花卉专家与普通读者以及热爱植物学与热爱花卉。

约翰·林德利与“现代植物科学”

在19世纪30—60年代，植物学文化与更一般意义上的科学文化一样，分层越来越明显，“严谨科学的”植物学共同体走向专业化，约翰·林德利是植物学“现代化”和“科学化”进程中的典型代表。林德利的事业见证了19世纪植物学文化中各种系统分类方法带来的焦虑，体现出植物学中大众化与专业化之间不断强化的张力，也体现了植物学和植物学家性别身份认同所产生的张力。约翰·林德利（1799—1865，见插图33）是伦敦大学（1829—1860）第一位植物学教授和药剂师学会的植物学教授，他也负责（皇家）园艺学会各种行政事务长达40年。林 154
德利涉猎广泛而且精力相当旺盛，他为不同层次的读者写了大量植物学作品，包括教材、兰花专著、与他人一起合作的化石植物志，还为实用知识传播协会（Society for Diffusion of Useful Knowledge）写过植物学文章。林德利站在新的立足点，在各个领域的工作中，都致力于将植物学兴趣发展为一门科学。例如，他被委任去调查邱园的管理状况时，林德利推荐了更契合自己理念的管理方式，认为植物园应该“以科学和教育为目标”。他在1838年提交的报告最终让皇家花园变成了一个国家植物园。[13]

林奈学会的创始人和主席詹姆斯·史密斯爵士于1828年离
世，标志着英国植物学一个时代的终结。尽管不少科普作家依然 155
采用简单易行的林奈性系统作为植物识别和归类方式，但“科学的”植物学家们在那时就开始从分类学转向生理学和形态学，从林奈性系统转向了自然分类系统。史密斯去世那年，29岁的林德利成为新建的伦敦大学第一位植物学教授，他开始弃用林奈系统，转向自然分类系统的植物学知识。自然分类系统从日内瓦和巴黎等地的大陆植物学家那里传播开来，重点关注植物的形态特征和植物类群的自然亲缘关系。日内瓦植物学教授德堪多追随裕苏，将植物所有器官的总体性状而不是某个固定和分离的特征作为分类标准。林奈只关注植物繁殖器官的生理特征和数目，而德堪多发展了植物对称性的概念，突出形态学特征，关注植物器官之间的位置关系。德堪多也提出了单子叶和双子叶植物的区分，这个标准至今依然是植物分类的基本规则。19世纪早期，与德堪多同时代最著名的英国植物学家罗伯特·布朗采用了裕苏的方法而不是林奈方法，发展了植物形态学和植物类群亲缘关系的理论，他的论著在植物学专家的圈子颇有影响力，这也促进了新方法的推广。[14]

1829年4月30日星期四，林德利作为植物学教授发表了他的就职演说，表示归顺欧洲大陆的理论，义正词严地全面否定了林奈植物学。他辩论道，植物学“科学”应该关注植物的结构而不是鉴别——应该采用更新的大陆模式而不是陈腐不变的林奈方法。不可否认，林奈在历史上是一位重要的人物，“在他那个时代，林奈的的确确顺应了科学的发展趋势”，但“随着科学的进一步发展”，植物学亟待新的研究方法。林德利承认林奈方法有简单易行的优势，但他认为这种方法流于表面知识：“林奈的分类原则危害了植物学，将其沦为一门只关注命名的科学，没有什么比这更无用的了。”取而代之，林德利呼吁基于植物结构的分类方式：“应该从植物世界所有形态和特征去研究它们，可以发现某些植物在解剖结构、叶脉形态、花部特征、雄蕊位置、繁殖 156
器官的发育阶段，这些器官的内部结构、萌发方式，以及最后的化学和医药学特征等方面彼此相似。”[15]

林奈理论体系并非诞生于英国，但它早已融入这个国家，并随着林奈学会的建立得以体制化，林奈自己的标本馆在伦敦落脚，成功地确立了林奈学说的权威地位。林德利则站在反对林奈性分类系统的立场呼吁新的分类方法、推崇大陆的植物分类理论，而且他的批判不只是一位植物学家在针对某个专业分类存在的缺陷。事实上，林德利在就职演说中对大陆理论的拥护，还旨在呼吁新建的伦敦大学应该站在亲近欧洲大陆的改革主义立场，在更广泛意义上表达了他在社会政治理念里的职业信条。伦敦大学建于1826年，代表着伦敦在帝制下一切激进的和商业化的事物，反对托利党与英国国教的联姻，致力于改革和职业训练，以适应新的知识世界，包括应用科学。伦敦大学被打造成与宗教宗派无关的学校，科学成了“无神论学院”开明而世俗的改革者们采用的专业手段之一。新大学的边沁主义者们“拒斥贵族将文雅知识作为装点门面的绅士教育，力图创立一套严谨的知识体系，对政府和职业改革者们来说都有价值……［他们的目标是］转变……中产阶级学生，让他们成为职业精英，建立一种新的中产阶级模式”[16]。林德利的植物学也植根于这个大背景中，一位传记作家将他描述为“一等战士”[17]，代表着新生代的出现。这种新风向格外排斥植物学作为文雅知识的理念，在修辞上将其界定为“女性气质的［植物学］”。

约翰·林德利的就职演讲旨在呼吁把新的植物学武装起来，迎接新时代的到来，他拒斥林奈植物学，反对将植物学仅仅当成分类学，推崇自然分类方法和形态学。他这么做也是想打压林奈植物学在英国已有的社会地位，还宣称自己的目标是为了“挽救博物学里最有趣的分支在这个国家免遭诋毁”[18]。他明确表示，那个时代植物学受到“诋毁”就因为它与女性和高雅文化牵连在一起。他在演讲里如此谈论此事：“近些年来，植物学在这个国 157
家非常流行，导致这门学科的重要性被低估，它被当成女士们的娱乐活动，而不是思维严谨的男性的职业。”[19]在林德利的观念里，林奈植物学不仅是文雅知识，而且还是专属女性的“文雅知识”——“女士的娱乐”。相反，林德利的植物学却值得“男士们开明的头脑”去关注。在教学和其他植物学工作中，他打算拯救植物学，让它远离高雅文化和女性技能的标签，因为几十年来这些标签将植物学与女性捆绑在一起。他拒斥林奈植物学也是在拒斥休闲文雅的植物学，试图转向实用的植物学。可以说林德利是在打造一个新群体，即新型的植物学家和科学专家，为科学从业者赋予新的身份，植物学职业化的同时也意味着男性化。

约翰·林德利对“科学”和“文雅技能”的区分，触发了维多利亚时代早期英国的一场变革，从此将植物学界定为绅士科学，同时也是对植物学去女性化。[20]他将植物学进行二分，一是女性的休闲植物学，二是男性的科学植物学，这种分化成为接下来几十年植物学文化的一种发展趋势。

不少学科的历史都重复着19世纪植物学文化的模式：不同群体区分不同的学科实践方式、让专业研究脱离业余爱好、划分参与者的层级、宣扬与水平层次适宜的言论，等等。[21]精英们的自我认同和科学实践具有排他性，他们在妇女和植物学文化的历史叙事中很强势，咄咄逼人。在维多利亚时期的科学文化中，两类精英分子为争夺权威相互竞争，一类是世俗的中产阶级科学博物学家，另一类是保守主义的圣公会牧师和神职人员组成的贵族博物学家，他们明里暗里相互较劲。[22]在这场科学和宗教的争斗中，女性无疑成了受害者。重新审视维多利亚时期自然探究的历史语境，将性别作为分析工具，就可以解释19世纪出现的职业化现象，男性的“专家文化”剥夺了更早期的女性情感和体验的权威价值。安妮塔·利维（Anita Levy）曾断言，“男人的科学”取代了“女人的科学”，在生理学、人类学和小说等各领域处于支配地位，将它们的文化语境性别化，剔除了某些文化价值观。[23]通过类似的方式，将性别纳入植物学文化的历史研究，我们可以了解植物学家 158
的职业化进程如何让植物学实践摆脱家庭和个人关系——简而言之，是让它脱离女性的世界，摆脱“女子气”的标签。

改变自然描述的方式

到19世纪40年代，花语和植物学语言分离，文学化的植物学和科学的植物学也分道扬镳。著名的植物学家乔治·边沁（George Bentham）在描述含羞草（见本章篇首的引文）时，他的描述方式与文学描写截然不同，与伊拉斯谟·达尔文和弗朗西斯·罗登在50年前的写法也迥异。回头去看，达尔文和罗登都用各自的方式将含羞草写得充满诗意，拟人化地将其形容为"纯洁"而羞涩的一种"柔弱植物"，有着"甜美的情感"。当然，正式的植物学描述和文学化的植物描写在修辞上必然不同。即便如此，我们从边沁的专业描述依然可以看到，19世纪中叶植物学语言越来越专业化的变化趋势。

维多利亚花卉文化的沃土滋养了丰富多样的自然叙事，包括专业描述、花语、自然诗歌和散文等。"花语"在英国再次流行，花语作家们把植物作为一种诗歌语言，建构了一套具有普遍含义的知识体系。花语起源于欧洲，可能是玛丽·蒙塔古女士（Lady Mary Wortley Montagu）经由法国辗转到英国的旅途中传入，而法国在1790—1820年间正流行多愁善感的花谱书，夏洛特·德·拉图尔（Charlotte de Latour）颇具影响力的《花语》（*Le Langage des Fleurs*, 1819）将这种流行趋势推向了顶峰。在植物字母表和花语词典里，作者把情感附加到植物个体上，开发了一套植物词汇去表达情感。在英国，关于花语的书拥有广泛的读者群，众多诠释者研究植物的道德含义和心灵启迪意义，复兴了17世纪的象征传统，在基督教（尤其是福音派）实践中解读植物的丰富含义。"除了神圣的圣经"，夏洛特·通纳（Charlotte Elizabeth Tonna）写道，"对我来说，花园这部书最为意味深长——书里满是教导、慰藉和责难……月见草一直是、将来也只会是'求之不得，寤寐思服'之物"[24]。将植物

学道德化是维多利亚时期大众文化的一部分，喜欢这类多愁善感 159
的花谱书读者也喜欢植物诗歌、花语书、以植物举例的道德和宗教作品，以及与植物相关的诗歌、民俗和历史书籍。出版商为大众消费出版了大量的花卉图书，通常将文学和视觉享受结合起来，是诗歌和艺术的综合体。[25]

花神弗洛拉的司仪们可以预见，关于显花植物和隐花植物的印刷文化在快速发展，作家、记者和企业都在有意迎合园艺出版的大众口味。例如，雪莉·希伯德（Shirley Hibberd）《有品位的乡村风格家庭配饰》（*Rustic Adornments for Homes of Taste*，1856）指导中产阶级读者如何布置蕨类、石南类和藤本植物。园艺杂志层出不穷，有周刊也有月刊，非常便宜，通常还有木刻插图或更细腻的彩色插图。[26]读者有诸多选择，例如：《植物学记录》（*Botanical Register*）、《英国花园》（*British Flower Garden*）、《花艺展橱》（*Floricultural Cabinet*）、《园艺记录》（*Horticultural Register*）、《园艺师纪事》（*Gardeners' Chronicle*）、《花卉世界与园艺指南》（*Floral World and Garden Guide*），不胜枚举。

在19世纪早中期植物学多样化的印刷文化中，期刊、教材、手册大量问世，作家、编辑和出版商谙习读者多样化的兴趣和参差不齐的知识水平。在迎合不同受众的植物学期刊中，本杰明·蒙德（Benjamin Maund）的《植物学家》（*The Botanist*，1836—1842）结合了系统的植物学知识和大众常识——“精确的科学指导，偶尔又引导读者去想象，或者感受道德和宗教体验”。主编在征稿和征集插图时借用了威廉·佩利（William Paley）《自然神学》（*Natural Theology*，1802）

的观点，表示“不同植物的器官结构展示了精致的对称性和巧妙的设计感，我们面前诸多证据都显现着伟大造物主的力量和智慧”[27]。类似地，《植物学家：一部通俗的植物学杂录》（*Phytologist: A Popular Botanical Miscellany*）将自己定位在“通俗杂志”与“自负的高级科学”之间，自诩为田野植物学家而打造，重点是“记录和保存英国植物的事实、观察结果和观点”[28]。图书作者和植物学期刊编辑一样，需要清楚地了解其作品的受众、方向、大小、体例和价格等。威廉·胡克出版了八开单卷本《不列颠植物志》（*British Flora*，1830），供大学生外出考察植物时携带，因为詹姆斯·史密斯《英国植物志》（*English Flora*，1824—1828）太笨重，不方便携带不说，对学生来说也贵得咂舌。实际上，史密斯这套植物志“多卷本”体量太大、价格高昂，致使这套书在1832年发行第二版时删减了
不少文字和插图，为的是让价格变得亲民一些。拉夫尔（T. S. 160
Ralph）《植物学基础》（*Elementary Botany*，1849）“不是要学生或读者成为植物学家……而是为普通的学习者尤其是年少的读者们提供植物学知识，给他们足够的引导，让他们可以有更多的探索”。阿瑟·亨弗雷（Arthur Henfrey）的《植物学基础课》（*Elementary Course of Botany*, 1857）则是针对医学学生而写。

出版商发行的图书书名让植物学看上去越来越像一门科
学，《给家庭和学校的初级植物学》（*Elements of Botany for* 161
Families and School，1833）在第三版时书名改成了《植物科学基础》（*Elements of the Science of Botany*，1837）。植物学科普读物依然盛行，主要是针对女性和小孩，“适合青少年的

认知水平，与当前的知识进展保持一致，内容丰富细致，语言通俗易懂，价格亲民”[29]。作者、编辑和出版商都不断调整他们的书籍内容，去适应时代潮流，为大众提供他们认可的知识呈现模式，也把书做成他们认为畅销的样子。

在维多利亚时代早期的科学文化中，描述自然的新方式也体现在文本中。作家们选择多种方式汇报科学工作（如达尔文的旅行日记），但教科书和散文开始明显遵循公认的“现代”脉络，标准的科学文本在这个时期发展为一种知识讲解的写作类型。作家们区分“科学的”实践和“不科学”或“大众”的实践，也区分不同的受众和知识传播风格。30年代这种方向变化的特征在大卫·布鲁斯特（David Brewster）为莱昂哈德·欧拉（Leonhard Euler）《致德国公主的书信，关于物理学和哲学各主题》（*Letters to a German Princess on Different Subjects in Physics and Philosophy*）写的序言中得到充分体现。18世纪60年代，博学多才的瑞士数学家和自然哲学家欧拉给腓特烈大帝的侄女写了一些自然哲学书信。这些书信在1768年发表，1795年被翻译成英文，此版序言延续了启蒙时期的风格，强调为女性提供足够教育机会的重要性。在1833年再版时，书名改成了《欧拉关于自然哲学各主题书信集，致德国公主》（*Letters of Euler on Different Subjects in Natural Philosophy, Addressed to a German Princess*），序言的关注点也发生了变化。布鲁斯特没有讨论女性教育机会的重要性，而是把重点放在如何写初级和大众科学读物上，并将新旧风格的文本融合起来。他写道，以前的文本“通常是不太专业的作者写的，他们对自己写的主题也就具备粗略和表面的知识”。相反，新风格的科学作者是“在写作上敬业的哲学家”，他们对“所选择的主题”有非常专业的知识和“清晰的逻辑推理”。[30]换句话说，布鲁斯特对比了科学家们专注的自然探究与科普作家和老师们的“表面”知识，德国公主的位置也被挪到了副标题，表明布鲁斯特是想把欧拉的书定位为新风格的科学文本。

就植物学而言，如何讲授植物学和怎么写入门图书在争论
了几十年后，文本模式走向了越来越男性化的科学风格。作家们 162
的写作风格开始远离女性和家庭，亲切的写作文风遭到批判，约翰·福赛斯（John S. Forsyth）的《植物学要义》（*The First Lines of Botany*，1827）体现了这种转向。这本书介绍了林奈植物学和一些植物结构的知识，面向的是“年轻的植物学家”，指的是男性。福赛斯在这本初级读物中区分了新旧两种叙述方式，他的植物学没有写成亲切的文风。直到20年代，母亲作为教育者依然是入门读物里的传统角色，福赛斯则剔除了这样的角色，他也没有把女孩作为受众，并删除了所有暗示家庭环境的信息。而且福赛斯毫不掩饰自己刻意改变写作风格，甚至对早期的植物学普及读物有不少批判，尤为严厉地谴责“亲切的文风”或形式。他写道，这种风格“热衷于对话或书信体裁，都是那些对科学根本不懂又要去传播科学的人写的……就算是一把好手，这种写法也会让谦逊、勤奋和好奇的人退缩”。福赛斯对科学写作方式的批判有着明显的性别指向，他继续说道，“好奇的人”反感对话和书信的写法：“尤其是当他们被迫……去读这种模棱两可的玩意时，因为某个喋喋不休的老妇人或者卖弄学问的老处女在虚构的通信里成了更权威的基础知识掌控者。”[31]

福赛斯如此厌恶女人，将女性科学老师污名化，认为她们

与自己观念里理想的女性格格不入。福赛斯是二三十年代伦敦的一位医生和医学作家，对女性的刻板印象到了夸张的程度。[32]他在《植物学要义》中对女性科普作家和老师表现出的恶意有些极端，但也代表了这种趋势下的普遍观念。福赛斯在文中表达的厌女症是针对女性科普写作中普遍的风格，他试图重建植物学入门读物的写作风格，这不过是二三十年代反对呼声中冰山一角。

约翰·林德利也给不太精通植物学的读者写作，其内容只是为了迎合读者，并不符合他心目中的“现代植物科学”。在他挽救科学植物学的努力中，教育是他宏大计划的核心部分。伦敦大学变成了大学学院，林德利在那里执教的30年里一直拥护自然体系，在三四十年代写的一系列书和期刊文章中也是如此。林德利反对林奈植物学的就职演说也反映了一些事实，例如，一门
植物学课程的简章批判了19世纪以前出版的全部植物学书，尤 163
其要求学生“不要给自己买任何詹姆斯·爱德华爵士或桑顿博士的入门书”[33]。

林德利写了一系列教科书替代林奈植物学的教材，书里采用了他所宣扬的方法。在为学生和课堂设计的几本书中，《植物学入门》（*Introduction to Botany*，1832）就介绍了德堪多的自然系统。他从植物解剖学（称其为“器官学”）讲起，然后是植物生理学，再到分类学以及形态学，“目前为止，[形态学]是基础解剖学和植物生理学之后最重要的一个分支”，林德利在序言中激情满满地分析了植物学的现状。还有其他人也写了植物学的入门书，林德利为他的读者做了甄选，“大量的证据表明，现代植物科学已经建立起来了”。《植物学入门》有两个目的，一是“区分植物学知识里确定的和存疑的内容”，二是展示植

物世界“生命和结构的几条简单规律”。他的《学校植物学》（*School Botany*，1839）讲授了“植物学的基础知识”，即德堪多的分类方式，将植物分成双子叶、单子叶和无子叶三类。这本书是写给准备考大学的年轻人，因此这本书承诺“提供所有必要的知识，以便能有一个好开端”[34]。林德利也编写工具参考书，如著名的《植物王国》（*Vegetable Kingdom*，1846），和27卷本《便士百科全书》（*Penny Cyclopedia*，1833—1844）的大部分植物学内容，这套工具书是由激进的实用知识传播协会赞助出版的。[35]

通过区分文雅知识与真正的植物学，林德利努力推进植物学的现代化进程，但这并不意味着他不考虑女性读者。他的两卷本《女士植物学》（*Ladies' Botany*，1834—1837，见插图34）也是一部“为不懂科学知识的读者”写的入门书，介绍“植物学的现代方法”，里面有大量插图。仿照卢梭的书信和指导者母亲的口吻，这本书有50封信，讲解了植物结构和自然分类方法，收信人是一位想教孩子们植物知识的母亲。书中有大量植物结构的知识，旨在“探索是否可能用轻松简单的方式传播严肃的科学知识”。林德利打算写一部与众不同的花语，与时下盛行的花语书相区别。林德利有更高的要求，希望只提供专业的知识，他没有提到植物一般性的药用知识，也没涉及宗教。他理想 164
的读者是“从生活习惯到优雅情感都最能感知自然魅力的人”，但希望他们与植物世界的关系不止于“稀里糊涂的盲从”。到此为止都还算不错，他希望为女性读者提供学习更严肃、更“科学的”植物学的途径，然而这本书并不是为了让女性能进入高阶的植物学研究。他的教育对象并非女性读者自身，而是那些要去教

“小人儿们”的母亲。因此，书里并没有就女性的植物学活动给出什么建议，好让她们不只是把植物学当成“娱乐和放松”，也没有指望女性跨入更高的门槛，将植物学“当作自然科学的重要分支”去学习。[36]林德利以母亲为中心，但与大部分女作家作品中以女性为中心的叙事不同，他并没有赋予女性多大的权威。事实上，《女士植物学》是林德利将植物学教育现代化的尝试，评论者无疑也欢迎这样的作品。这本书本质上还是属于文雅植物学范畴，这也正是林德利对女性读者的定位。

植物学之所以成为一门学科，在某种程度上是因为学术著作和专业论文构建了某个领域的特性，将不同学科彼此区分开来。在19世纪上半叶，百科全书如《不列颠百科全书》（*Encyclopedia Britannica*）的条目里介绍了各门科学学科，颂扬了将各个领域打造成现代科学的英雄们。1842年的第7版《不列颠百科全书》明确提倡学科化的知识，将过去整体的“博物学”划分成多个领域，每个领域都有自己的边界和权威专家。[37]

为何林德利会在1834年进入女性主导的领域？不少男作家们在30年代都竭力将植物学打造成一门科学而不是一项爱好，让植物学摆脱“肤浅知识”的污名，将其从当时的“谴责声”中“挽救”出来。对植物学的这种重新定义未必就是反女性的，尽管林德利将植物学区分为“女性的娱乐活动”与“思维严谨的男性的职业”，但确实让女植物学家的领地变得狭隘。但他又通过《女士植物学》加入为女性读者写作的植物学作家行列，也构建了植物学普及读物的理想读者群。福赛斯发表于1827年的入门读物，批判女性普及作家为“卖弄学问的老处女”，林德利则致力于将植物学打造成严谨的科学，似乎在宣称男性才应该是为女性写作的植物学作家。在一项维多利亚文学作品的社会学研究中，盖伊·图奇曼（Gaye Tuchman）的研究结果显示了女性小 166
说家在维多利亚时期文学圈子里如何被“挤掉”——小说的地位提升，小说家也成为一种白领职业。[38]植物学的职业化与男植物学家专业地位的提升，两者相辅相成。

在19世纪30—60年代，植物学越来越被塑造成男性的科学，“植物学家”的标准形象也被设定为男性。植物学的话语体系贬低了亲切的写作方式，转向不掺杂个人情感的标准化写法，这种标准的科学教材绝非中立的文本，同样充满性别化的色彩。曾经，女性在这个领域多少还享有一些权威，而今越来越没有话语权了。

亲切的写作风格又如何了？进入19世纪后，对话和书信体依然在出版业占有一席之地，主要是针对儿童、女性、外行和“业余爱好者”，家庭化的修辞手法继续作为一种文学手段提供修正和指导，对话和书信仍然是吸引入门者和讲解基础知识的叙事形式。例如，贾斯特斯·冯·李比希（Justus von Liebig）选择用书信形式写了《书信里的化学常识》（*Familiar Letters on Chemistry*，1843—1844）作为普及教育读本。对话体也被维多利亚时期作家有意当作一种怀旧方式，以反抗当时科学的发展方向，如查尔斯·金斯利（Charles Kingsley）的《“如何”夫人和“为何”女士》（*Madam How and Lady Why*，1869）。然而，相比其他方式，这样的亲切文风被当成“女子气”的、不严肃、不科学和陈旧的，因为它将科学和宗教扯到一块儿。格雷格·迈尔斯（Greg Myers）写道，对话体“在科学教育的行业里越来越被边缘化”[39]，学术的植物学家和从业者不会写科学对话。

植物学写作的文本风格变化缘自植物学文化中的一系列变化，应该说是更一般意义上的科学文化的改变。科学教材被贴上不同的学科标签，在世纪之交，书信和对话体被问答法取代成为科学写作和教学实践的模式。问答法采用一问一答的方式，叙事手法从神学转移到说教模式，成为填鸭式男孩教育体系的典型特征。这种方法适合于启蒙运动晚期的信息时代，被广泛应用在各学科领域的教学中。作者兼出版商威廉·梅弗（William Mavor）和威廉·平诺克（William Pinnock）尤为著名，他们在众多科学主题上采用了问答法，特别是梅弗的《植物学问答》（*Catechism of Botany*，1800），以及平诺克的《电学问答》（*Catechism of Electricity*，1830）和《矿物学问答》（*Catechism of Mineralogy*，1830）。问答法靠的是死记硬背 167
和权威的感召力，能提供快速的知识入门，对疲惫不堪的老师来说不失为一种好工具。例如，瑞奇马尔·曼格纳尔（Richmal Mangnall）《写给青少年的历史和其他问题》（*Historical and Miscellaneous Questions for the Use of Young People*，1800）针对的是小学生“公共神学院”，因为那里的老师没有“足够的时间和每个学生单独交流”。[40]与书信对话体的学习模式不同，问答法在科学教育中摈弃了人格和语境，是知识指导而非教育，代表着学校文化而非家庭和娱乐，缺少与老师和母亲的互动。[41]问答法采用第三人称写成，缺少讲述者的对话，营造了一个没有人物和背景的科学教育场景，这也代表了文本格式的标准化发展趋势。在19世纪，正规教育的普及，让科学教育脱离家庭，科学文化的职业化模式致使学习方式不同和文本等级差异，理论科学和应用科学之争影响了科学教育和大众教育之间的联系。

在教材写作的历史中，18世纪90年代与19世纪60年代植物学入门书的风格差异体现了更大的文化转向，大众通识教育朝着专业化发展。普丽西拉·韦克菲尔德的《植物学入门》（1796）和丹尼尔·奥利弗（Daniel Oliver）《植物学入门课》（*Lessons in Elementary Botany*，1864）提供了可对比的例子，前者为两代读者提供了植物学的入门教育，正如本书第四章中所讨论的，作者用书信体将植物学塑造为姊妹一起参与的进步活动，在家庭氛围中把植物学打造成重要的家庭日常活动。韦克菲尔德将科学教育作为年轻女性的严肃活动，她的植物学体现了重视自然知识的道德和智性价值的启蒙教育，以家庭为中心，提供了比植物分类学更广泛的教育内容。奥利弗的书晚了一代，是标准的植物学入门教材，是19世纪晚期以及之后科学写作的典范。《植物学入门课》介绍了已经出版的优秀植物学教材，“确保勤奋的学习者能有个良好的基础，为进一步的植物学学习做准备”[42]。在介绍植物结构和生理学的章节，作者也讨论了分类学，采用的是自然分类系统。这本书大部分时候采用了
没有性别之分的“你”，偶尔把学习者当成“他”，基本没有人 168
物设定，在植物学的具体知识之外并不涉及生活常识，或者穿插着各种庞杂的其他知识，也没有论及植物学对智慧、道德和精神的益处。奥利弗的书只是知识指导而不是探讨教育的书，它是正式的、非家庭的、去人格化和非语境化的，将科学教育与道德教育和日常生活分离开来。

奥利弗的这本书是根据剑桥大学植物学教授约翰·亨斯洛（John Stevens Henslow）去世前未完成的书稿整理而成，亨斯洛也是查尔斯·达尔文的导师。亨斯洛将书稿中呈现的植物学教育观念付诸了实践，50年代，他在希彻姆（Hitcham）的剑桥郡村落为工人的子女建了一所学校。1856年，他在《园艺师记事》杂志上发表了一系列文章来阐述他的研究方法和目标：把植物学定义为“大众通识教育的一个分支”，认为分类科学的技能可以“增强逻辑推理能力”。亨斯洛区分了“传授有用的知识”与培养“心智并提高小孩子的道德理解力”的差异。他对“如何将植物学知识与日常生活联系起来”比较感兴趣，不希望植物学教育专业化，而是作为一种心智培养的手段。[43]

然而，伦敦大学学院植物学教授奥利弗在改写亨斯洛的书稿时，做了巨大改动。《植物学入门课》丝毫看不到亨斯洛自己在教育实践中对通识教育的强调，奥利弗删除了亨斯洛书稿的一些内容和观点，例如将植物学当成“教育武器”、用啤酒花酿造啤酒之类的实用性知识。奥利弗在序言中解释了自己的删减行为，说这些内容让书变得冗长，还影响课程的流畅；他建议老师可以自己应用这些材料。然而，我们似乎有必要对此进行更广泛意义上的文化诠释。

到了60年代，植物学在英国被披上了更现代的外壳，博物学的观察和田野传统与植物学的研究和实验传统分道扬镳。实验室很快成为植物学的权威场所，基于分类学和田野调查的博物学旧传统被新的生物学取代。随着科学的场所被重新定义，“激进的反业余者”成为理想的专业从业者。[44]60年代后，随着植物学的地域转移和概念变化，业余爱好者、工人阶级植物学家和女性越来越被主流的、高级的植物科学排除在外。在那个时期，英国的科学教育是整个国家关心的问题，对捐资学校和文法 169
学校的考查就包括如何在学校推广科学教育。1867年陶顿委员会（Taunton Commission）的报告将植物学确立为一门学科，学校要以此训练学生的科学方法。于是出现了大量相关问题的探讨，如怎么教植物学、如何编写教材去适应新的科学教育方法等。以家庭为基础的大众科学教育曾是女性科普写作的惯用手法，而这个时期的教师和作家都在寻求与之不同的学校科学教育模式。

从1760—1830年，性别化的植物学文化为女性打开了植物学的大门，但在之后，同样的性别化观念却阻碍了她们参与植物学文化，女性先被推进了植物学的大门，然后又被驱赶出去。植物学文化的性别特征影响了其中大部分女性的植物学实践，如女性应该学什么、怎么实践科学，以及在哪里学习科学等。在那些年里，一个家庭中的植物学兄弟（如萨拉·菲顿的哥哥）完成医学训练，然后在公共领域立足，成为绅士后可能依然保留着博物学爱好，而姐妹们的生活却被限制在家庭。她们可能会用显微镜观察植物、与牧师博物学家们通信，将植物学作为文雅生活的一部分；更深入点会涉足植物生理学，或者可能在结婚生子后教她们的孩子学植物学。她们参与植物学的场所被限定在隔离的空间里，如早餐室。即便如此，在19世纪早中期的性别意识形态下，女性参与植物学的方式依然多种多样，如继续将其作为自己的一项技能，成为研究助手、艺术家、教师、采集者、通信者以及作家。

注 释

[1] Sarah Waring, *A Sketch of the Life of Linnaeus* (London: Harvey and Darton: 1827), 6–10.

[2] Geoffrey Cantor, *Michael Faraday: Sandemanian and Scientist* (London: Macmillan, 1991): 126.

[3] Iwan Morus, Simon Schaffer, and Jim Secord, "Scientific London", in *London, World City, 1800–1840*, ed. Celina Fox (New Haven: Yale UP, 1992): 129–142.

[4] *Literary Gazette*, no. 1911 (Sept. 3, 1853).

[5] Steven Shapin, "'A Scholar and a Gentleman': The Problematic Identity of the Scientific Practitioner in Early Modern England", *History of Science* 29 (1991): 313.

[6] Boyd Hilton, T*he Age of Atonement: The Influence of Evangelicalism on Social and Economic Thought, 1795–1865* (Oxford: Clarendon, 1988), chap. 1.

[7] Peter Bailey, *Leisure and Class in Victorian England* (London: Methuen, 1987): 77.

[8] Desmond, *Celebration of Flowers*, 121.

[9] Anne Secord, "Science in the Pub: Artisan Botanists in Early Nineteenth-Century Lancashire", *History of Science* 32 (1994): 269–315; "Botanists of Manchester", *Chambers's Journal* 30 (1858): 255–256.

[10] 关于田野俱乐部，参考Allen, *Naturalist in Britain*, chap. 8.

[11] David Elliston Allen, *The Victorian Fern Craze: A History of Pteridomania* (London: Hutchinson,1969).

[12] Allen, *Naturalist in Britain*, 137.

[13] *Gardeners' Chronicle* 158 (1965): 434. 关于林德利，参考Frederick Keeble, "John Lindley, 1799–1865", in Oliver, *Makers of British Botany*; *Journal of Botany* 3 (1865): 384–388; William Gardener, "John Lindley", *Gardeners' Chronicle* 158 (1965): 386; *Dictionary of Scientific Biography*, 1973, 8: 371–373, 缺少约翰·林德利的完整传记。

[14] 关于19世纪早期植物学的专业问题，参考Morton, *History of Botanical Science*, chap. 9; Peter Stevens, *The Development of Biological Systematics: Antoine-Laurent de Jussieu, Nature and the Natural System* (New York: Columbia UP, 1994)。关于罗伯特·布朗，所谓的“植物学简易法则”，参考Mabberly, *Jupiter Botanicus*.

[15] Lindley, *An Introductory Lecture Delivered in the University of London*, 9-10.

[16] Adrian Desmond, *The Politics of Evolution: Morphology, Medicine, and Reform in Radical, London* (Chicago: U of Chicago P, 1989): 26-27.

[17] Frederick Keeble, “John Lindley, 1799-1865”, in Oliver, *Makers of British Botany*, 167.

[18] Lindley, *Introductory Lecture*, 14.

[19] Ibid, 17.

[20] 在安妮·西科德（Anne Secord）对工人阶级的研究中，她认为不仅是女性，工人也被排除在外，参考“Science in the Pub”。

[21] Philippa Levine, *The Amateur and the Professional: Antiquarians, Historians and Archaeologists in Victorian England, 1838-1886* (Cambridge: Cambridge UP, 1986). 关于学科知识的生产，包括科学构建和社会化实践，参考Ellen Messer-Davidow, David R. Shumway and David J. Sylvan, eds. *Knowledges: Historical and Critical Studies in Disciplinarity* (Charlottesville: UP of Virginia, 1993).

[22] Robert M. Young, “The Historiographical and Ideological Contexts of the Nineteenth-Century Debate on Man’s Place in Nature”, in *Darwin’s Metaphor: Nature’s Place in Victorian Culture* (Cambridge: Cambridge UP, 1985); Frank M. Turner, *Contesting Cultural Authority: Essays in Victorian Intellectual Life* (Cambridge: Cambridge UP, 1993), chap.7.

[23] Anita Levy, *Other Women: The Writing of Class, Race, and Gender, 1832—1898* (Princeton: Princeton UP, 1991), esp. chap. 1.

[24] Charlotte Elizabeth Tonna, *Chapters on Flowers*, 3d ed. (London, 1839), 2, 97.

[25] 关于英国花语传统，参考Beverly Seaton, “Considering the Lilies: Ruskin’s ‘Proserpina’ and Other Victorian Flower Books,” *Victorian Studies* 28, 2 (1985): 256; Michael Waters, *The Garden in Victorian Literature* (Aldershot: Scolar, 1988), chap. 6; Goody, *Cultures of Flowers*.

[26] Ray Desmond, "Victorian Gardening Magazines", *Garden History* 5, 3 (1977): 47–66.

[27] *Botanist* 1(1836)，序言。

[28] Phytologist 1(1841)，序言。

[29] G. Francis, *The Grammar of Botany* (London, 1840), 序言。

[30] *Letters of Euler on Different Subjects in Natural Philosophy, Addressed to German Princess*, ed. David Brewster (New York, 1833), 1: 11–12.

[31] John S. Forsyth, *The First Lines of Botany, or Primer to the Linnaean System* (London: James Bulcok, 1827): 17.

[32] 福赛斯出版的书包括《母亲的医药口袋书》（*The Mother's Medical Pocket Book*, 1824）、《伦敦医药和外科新词典》（*The New London Medical and Surgical Dictionary*, 1826）和《魔鬼学》（*Demonologia*, 1827）。《魔鬼学》讲的是"古代和现代的迷信散发出来的"，与"无知愚昧的海洋动物油散发出的恶臭和蒸汽不同，……是有推理和比较认知能力的聪明气体"。韦尔科姆医学史研究所（Wellcome Institute for the History of Medicine）的首席编目员约翰·西蒙斯（John Symons）慷慨地提供了相关的材料。在1837—1840年期间，福赛斯向皇家文学基金会递交的申请材料显示，在他的作家生涯中他创作了30多本书，通过至少25个不同的书商发行。

[33] 转引自Gardener, "John Lindley", 409.

[34] John Lindley, *Introduction to Botany* (London, 1832), vii; idem, *School Botany*, 12th ed. (London, 1862): iv.

[35] Charles Knight, *Passage of a Working Life during Half a Century* (London, 1864), 2: 236.

[36] John Lindley, *Ladies' Botany, or A Familiar Introduction to the Study of the Natural System of Botany* (London: Ridgway, 1834–1837), 2: 2; 1: iv.

[37] Richard Yeo, "Science and the Organization of Knowledge in British Dictionaries of Arts and Sciences, 1730–1850," *Isis* 82, 311(1991): 43–48.

[38] Gaye,Tuchman with Nina E. Fortin, *Edging Women Out: Victorian Novelists, Publishers and Social Change*. (New Haven: Yale UP, 1989).

[39] Myers, "Science for Women and Children", 181.

[40] Richmal Mangnall, *Historical and Miscellaneous Questions for the Use of Young People* (London, 1800), 序言。

[41] 由于问答法被当成是权威和宗教服从的传统模式，在叙事上象征着保守的社会和政治信念，18世纪晚期的进步教育家们就反对这种方式，表面上是基于教学法的理由，其实暗含着政治原因。卢梭在《爱弥儿》中探讨男孩和女孩的宗教教育时候也批评了这种方式。在玛丽亚·埃奇沃思和理查德·埃奇沃思的《实用教育》中，他们反对用问答法写的一本历史书，因为它开篇就是抽象的概念而不是世俗的经验。他们承认儿童是可以学着回答“形而上学的问答题”，但他们追问道：“即便孩子们完美地回答了所有的问题，他们能掌握多少真正的知识呢？”在18、19世纪之交，支持和反对科学读物讲授“事实”的双方进行了大量争论，有人评论塞缪尔·帕克斯（Samuel Parkes）《化学问答法》（*Chemical Catechism*, 1808）说它是“传授知识最好的方式”，而另一位却批评这种模式“似乎充斥着各种深奥甚至莫名其妙的东西，漏洞百出的条条款款塞满了青少年的脑子”。这些观点的差异部分缘自对教学法的不同理解，部分关涉政治因素。

[42] Daniel Oliver, *Lessons in Elementary Botany: The Part of Systematic Botany Based upon Material, Left in Manuscript by the Late Professor Henslow* (London: Macmillan, 1864), vi.

[43] David Layton, *Science for the People: The Origins of the School Science Curriculum in England* (New York: Science History Publications, 1973), chap. 3; Jean P. Bremner, “Some Aspects of Botany Teaching in English Schools in the Second Half of the Nineteenth Century”, *School Science Review* 38 (1956−1957): 376−383.

[44] Allen, *Naturalist in Britain*, 184.

第七章　维多利亚时期早餐室里的女性与植物学

英格兰的玫瑰蓓蕾！
年轻而珍贵的花儿，
我们送您姊妹花，
祈祷您收下这个礼物。
纯洁的歌谣，
艺术里最温柔的力量，
也是为您而写。

献给尊贵的维多利亚公主

路易斯·安·图安姆雷，《弗洛拉的珍宝》，1837

如果海草采集者在选择路线时总想着保护她的靴子，那她永远不是真正热爱海草！因此，真想参与其中，就必须抛弃所有传统的装束……不仅是靴子，还有长裙……扬长避短，尽可能选羊毛制品，裙子绝不能长过膝盖。

玛格丽特·加蒂，《不列颠海草》，1862

尽管植物学被重新打造，与文雅科学分道扬镳，它依然被 173
推崇为道德教化和宗教教育的一种方式，可以让人远离懒惰，是男女老少皆宜的理性爱好。19世纪早期，福音派的复兴，将宗教信仰及其实践与家庭生活联系在一起，也将阳刚之气和阴柔之美的学说联系起来。庄重的新基督教教义为中产阶级女性指定了一些具体的追求和爱好，植物学与女性的性别角色和得体的活动并不冲突。[1]事实上，基督教极为强调通过宗教信仰和实践重建道德体系，而探究自然刚好契合了这种理念。女子阴柔之美的观念将女性喻为花朵，为她们参与植物学铺平了道路。正如1838年一位作家评论说：

> 我们认为，女性的心智让她们对自然界和艺术里任何雅致、可爱和美丽的事物都尤为敏感，这是不争的事实。因此，我们毫不惊讶植物学比其他任何科学都得到了她们更多的关注和了解。[2]

与女性本质和两分领域[3]等观念一致的是，无论是在英国还是在其殖民地，植物学作为维多利亚早期日常生活的一部分，都有一个社会认可的实践场所——家。

在19世纪早期，大众植物学作为中产阶级女性的教育和娱乐活动，总体上是安全的、不成问题的。她们采集植物、制作标本集、继续学习林奈植物学、在显微镜下观察植物标本、画植物画等。在那几十年的性别经济下，这些植物学活动丰富了个人和家庭的娱乐爱好，同时也满足了更广泛意义上的女性教育及其社会和宗教职责。19世纪的英国女性被广泛教导仁慈是她们的本性和使命，因此身为老师和母亲的她们被劝诫要投身慈善事业。于是，女性忙于拜访慈善机构、探病、探监、组织集市、参加宗教组织和其他志愿者组织，积极订阅慈善新闻。反对奴隶制运动是女性参与慈善的另一种方式，“女士反奴隶制组织”（Ladies
Anti-Slavery Association）的成员收集请愿签名，抵制加勒比 174
殖民地产品，在奴隶解放法通过之前为废奴运动募集捐款。19世纪20年代晚期，一个反奴隶制女性组织把她们的植物学文化活动利用起来并通过植物艺术筹集资金。例如，她们将出售《从自然界复制的植物标本》（*Botanical Specimens Copied from Nature*，1827，见插图35）这本匿名书的部分收入拿来“给‘女士协会’作为善款，资助黑人和不列颠西印度群岛有色人种的小孩接受早期教育”[4]。

大部分女孩和妇女在家里开展植物学活动，如客厅和早餐
室，要不就在住所周边。女性追随植物学的田野传统，在当地的 175
短途旅行中搜寻开花植物或菌类，甚至爬上岩石或到海岸的水边找植物。另外，她们也会参加公共讲座和半公开的座谈会，这些

活动也都向她们开放。一些工人阶级的女孩和妇女也有机会学习植物学，比如参加小酒馆里手艺人的植物学活动，或者乡村里的启蒙教育活动。[5]

然而，维多利亚时代早期植物学的社会地理界限越来越分明，女性被主流学术机构拒之门外的现象愈发严重。在19世纪早期，位于伦敦阿尔比马尔（Albemarle）大街的皇家学院是“时髦科学的重镇”，发掘了不少女性捐赠人，组织活动时也会考虑这些女会员。[6]相比之下，英国科学促进会（BAAS）成立的那些年则见证了科学文化的风向转变。在30年代，这个新建立的组织希望提高英国科学的地位，并向有悟性的门外汉传播科学，女性则因为提供了资助得以参加会议，但只有男性才有权利在协会成立文件上签名。随后，协会内部很快分裂成两派：一派认为女性应该在协会占有一席之地；另一派则反对，认为女性的出席会削弱协会的严肃性。BAAS的候选主席威廉·巴克兰（William Buckland）是保守的神创论者，1831年在牛津召开的BAAS会议上公然反对女性参与协会活动，他这样解释道：“同我交流过此话题的所有人都一致认为，如果出于科学目的召开此会，女士们就不应该宣读她们的文章——尤其是在牛津这样的地方——不然的话会把这个会变成阿尔比马尔［皇家学院］那样很业余的聚会，BAAS应该是一个男性参与的严肃的哲学组织。”之后，虽然BAAS在公开场合依然承认女性是这个组织的重要部分，“对它的风格和成功起着核心作用”，但她们“与协会主要目标毫无关系，在运行管理上也没有正式的发言权”。[7]其他正式的科学和植物学机构也好不到哪里去，林奈学会和皇家学会都不接纳女性会员，直到20世纪才为女性敞开大门。

福音派的伦敦植物学协会（Botanical Society of London）是一个特例，与那个时期其他植物学机构的职业化导向截然不同。在这个特色鲜明、进步的大都市协会里，有各行各业的自由主义者和知识分子，该协会慎重地制定了一视同仁的会员政策，接纳了10%的女性会员。然而，这个值得尊敬的组织并没能吸纳 176
更多的女性会员[8]，而且女性就算成为会员，也不会因为跨过门槛就能进入19世纪中叶植物学的核心圈子。

这并不奇怪，因为在维多利亚时代早期的那几十年里，社会标准就限制了女性的领地，性科学的发展为女性的本质提供了科学解释，层出不穷的训导文学反复重申种种性别准则，致使女性受到比启蒙时期更多的限制。大多数女性在参与植物学时并没有超越维多利亚时期主流的性别观念，如性差异、两分领域和性别化分工等。例如，杂志主编、植物学家和园艺学作家简·劳登（Jane Loudon）在世纪中叶《女士指南》（*Ladies' Companion at Home and Abroad*）杂志第一期开篇就申明了女性的“天性”和“职责”。她写道：“加强［女性］心智的培养非常必要；这不是为了让女性篡夺男性的位置，只是培养她们的理性和智慧。男女两性的道路非常不一样；他们都有各自的职责要履行，虽然都是为了大家的幸福，但这些职责截然不同。”[9]

然而，尽管中产阶级的家庭意识形态可能占据主导地位，维多利亚时期的性别经济却并非铁板一块，在关于女性角色的教育实践中有着多种声音。[10]对维多利亚时代早期的小女孩、少女、母亲和老年妇女来说，植物学为她们提供了多重机会。她们的植物学基于家庭，是家庭教育和家庭活动的一部分，也是重要的智识生活。如著名的数学家和科学家玛丽·萨默维尔（Mary Somerville）是一位年轻母亲，有一个嗷嗷待哺的婴儿，“早上会花一个小时在植物学上”，“知道大部分植物的俗名”，她写道，“现在我已经系统地学习了植物学，后来还制作了一本标本集，收集了陆地植物和墨角藻植物”。[11]

艾米丽·肖尔（Emily Shore，1819—1839）在一个重视知识教育的家庭里长大，家里很支持女儿的学习兴趣。天资聪颖的她在12岁的小小年纪已经是一位植物学爱好者，可以用林奈方法描述和分类植物。她在日志中记录了自己的植物分类工作，从分类学开始，包括植物名字和特征描述，以及植物的习性、特征和用途等。糟糕的身体状况阻碍了她的植物学活动，但她依然没有放弃，到1836年时她已经采集了几百种蕨类，通过粘 177
贴、缝纫制作标本集。1836年10月1日，她在日记里写道：“今天晚上我完成了全部计划，把槟城的蕨类都整理好了。这项工作还是蛮辛苦的，我一大早就开始了，一直工作到晚上，几乎没有休息片刻……这些蕨有好几百号，各种大小都有，大到四英尺五英寸，小到两英寸……我用针线或胶水把每一号标本都装订起来。”她感觉自己就像植物学的学徒，不断尝试和模仿植物学家的权威声音，所以我们可以听到这位有抱负的植物学家如此探讨散步途中看到的植物：

> 杉叶藻属（*Hippuris*）有两种，威瑟灵和卡尔派恩（Calpine）都只提到了其中一种；按卢梭的说法，另一种很少有人知道。第一种我已经很熟悉了，比这个要小很多，这个有可能是一个植株比较大的变种；但是，我还从未见过这

> 两种长在一起，那样的话它们肯定是不同的种，我真希望这是更少见的那种。然而，不幸的是，我从没见哪本书描述过它，卢梭也仅仅只是提到了它的存在而已。[12]

这并非查尔斯·兰姆（Charles Lamb）和其他男性浪漫主义者认可的那种植物学，而是一位聪慧的女孩通过言语的方式宣告自己的专业领地。艾米丽·肖尔恰恰就是植物学母亲们的理想女儿，在那些亲切的植物学写作中，每位母亲角色总是在植物学对话的末尾表达这样的期望。

正如早先的林奈时代，维多利亚时期的家庭社交圈继续在引导女孩和妇女们学习植物学，尤其是让她们接触植物学的圈子，帮助她们培养这样的兴趣。特蕾莎·卢艾琳（Thereza Mary Dillwyn Llewelyn）就像林奈自己的女儿伊丽莎白·林奈一样，整理了一个标本集，在23岁的时候写了植物学报告，并于1857年在林奈学会上宣读。她的祖父和父亲都是林奈学会的植物学家，她还得到了植物学家乔治·边沁的鼓励。[13]与此类似，安娜·阿特金斯（Anna Children Atkins，1799—1871）在一个科学世家长大，父亲约翰·奇尔德恩（John George Children）是一位科学家，长期任职于大英博物馆，后来成为动物学部的首位馆员。在她出生时奇尔德恩就成了鳏夫，只有她一个孩子，就全力支持她的植物学爱好。阿特金斯是一位有造诣的艺术家，1823年她为父亲翻译的拉马克《贝壳属志》（*Genera of Shells*）绘制插图，在20年代还给各种出版物绘制了插图。
通过父亲的关系，阿特金斯结识了威廉·胡克，后者成了她的植 178
物学导师和良师益友。奇尔德恩担任伦敦植物学协会副主席多年，这个协会是重要的福音派机构，专为田野植物学家成立，安娜·阿特金斯也是该组织的成员。父女俩的社交和科学活动紧密联系在一起，他为女儿提供科学交流的途径，在晚年时和女儿住一起，两人还一起研究摄影。[14]

女性是得力的助手，她们在各种文化叙事中被理想化和浪漫化，在维多利亚时代的英国，她们常常被刻画为炉灶边的天使，也同样活跃在植物学文化里。例如，安妮·贝克（Anne Elizabeth Baker，1786—1861）与哥哥的工作关系就是最理想化的兄妹合作伙伴，这种关系在青少年小说和诗歌中是常见的主题。安妮·贝克承担了乔治·贝克（George Baker）《北安普敦郡的历史和古物》（*History and Antiquities of the County of Northampton*，1822—1841）中大量的研究任务，她精通文献学、地质学和植物学，为不少教区编制植物名录、写植物学笔记、绘制植物画和刻印插图。当时一本杂志对她表示称赞，但不是因为她所取得的成就，而是她对哥哥著作的支持，说她是“哥哥旅途的好伙伴，他的抄写员和助手……与哥哥并肩走遍全郡”[15]。

艺术家

在这个时期，艺术是最常见的女性植物学活动形式。在当时的社会标准下，中产阶级女孩不能参与的活动很多，也被大多数正式的科学机构拒之门外，但画植物是被鼓励的。植物学插图和花卉画让女性可以培养她们的艺术才能，也能在家庭环境和生活中学习科学。书刊杂志和为不同年龄的女性开设的绘画课都鼓吹花卉画的艺术品位，《女士的优雅艺术》（*Elegant Arts for Ladies*, ca. 1856）这样的大杂烩专门讲解了花卉的画法，与羽毛工艺、珠饰、蜡制品和干花等内容放在一起。《植物针织》（*The Floral Knitting Book*，1847）介绍了如何编织“栩栩如生的自然花卉”，作者在介绍花的各部位时使用了植物学术语，分别讲解了如何用羊毛和线编织倒挂金钟、水仙、雪片莲和其他九种花的技法。在这本书中，作者还插入“女发明家”的广告，女士们可以选择上一次课或一门课程，作为绘画室里一项“优雅有趣的娱乐”活动。

花卉画在18世纪被当作女性消遣的一项传统技能，到了维 179
多利亚时期依然是高雅的社交文化活动。格洛斯特郡一个有产贵族家庭的两代女性在三四十年代完成了300幅本地的野花绘图，她们的“弗兰普敦植物志”（Frampton Flora）是一部家庭植物志，克利福德（Clifford）家族至少8位女性参与了这项集体成果。她们在家附近的塞汶河谷（Severn Vale）观察植物，在野外对本地植物进行速写，然后回到家里完成水彩画，并附上基本的林奈植物学信息。这部非正式的地方植物志，是英国维多利亚时期众多未出版的花卉图册的一个缩影，它们通常都由女性完成。女性参与艺术活动并学习植物学知识，完全符合当时性别意识形态下女性休闲生活的标准。[16]

同其他领域一样，19世纪女性的植物学实践也是“隐形的投资”，她们的经济贡献还包括管理家庭、参与生意以及宗教信仰上的投入，在各种家庭事务中她们都是免费的劳动力，其贡献常常被视而不见。[17]作为妻子、母亲、女儿、姊妹等家庭职责的延伸，女性靠她们的艺术技能为家族事业贡献自己的力量。

例如，18世纪六七十年代，安·李在葡萄种植园里为父亲詹姆斯·李及其朋友画了不少植物图像。19世纪的女性也会参与维多利亚时期家庭植物学产业，索尔比家族的女性一直都在参与詹姆斯·索尔比（James Sowerby）创办的植物绘画产业。这个家族承担了36卷本《英国植物学》插图，埃伦·索尔比（Ellen Sowerby，1810—1863）和夏洛特·索尔比（Charlotte Caroline Sowerby，1820—1865）都是参与其中的植物画家。蒙德小姐（Miss S. Maund）在30年代为父亲的期刊《植物园》（*Botanical Garden*）以及父亲和约翰·亨斯洛的《植物学家》（*Botanist*）杂志勾图、彩绘和刻雕版，约翰·林德利的女儿也为他的书画插图。19世纪植物学核心圈子的四大植物学家亨斯洛、道森·特纳（Dawson Turner）和胡克父子都得到了其大家族里女性的帮助。玛丽·特纳（Mary Turner，1774—1850）经过多年严格的绘画和蚀刻训练，颇有造诣，为丈夫道森·特纳的英国海草专著《墨角藻属》（*Fuci*，1808—1819）负责插图，她的女儿玛丽亚和伊丽莎白也接受了艺术培训，为威廉·胡克画画和雕版。玛丽亚·特纳（Maria Turner，1797—1872）后来嫁给了威廉·胡克，为他当了50年的抄写员和助手，他们先后在格拉斯哥大学和邱园工作。他们的儿子约瑟 180
夫·胡克的第一任妻子是剑桥大学植物学教授亨斯洛的女儿弗朗西斯·亨斯洛（Frances Henslow，1825—1874），她一直协助家里的植物学事业，帮丈夫处理植物学信件和出版事宜。[18]亨斯洛的另一个女儿安妮·亨斯洛·巴纳德（Anne Henslow Barnard，？—1899）也为《柯蒂斯植物学杂志》画插图（见插图36），她的绘画还被用作丹尼尔·奥利弗《植物学入门课》

木刻画的原始画稿。如前文所言，这本书是著名的系统植物学入门书，在亨斯洛植物学课程的基础上写成。家族事业为这些女性提供了机会，让她们得以发挥自己的才能。

艾米丽·斯塔克豪斯（Emily Stackhouse，1812—1870）是一位技艺娴熟的植物水彩画家，为19世纪中叶深受欢迎而多次重印的本土植物书绘制了大量插图，她把绘画既当成一项文雅爱好，又当成一种职业。斯塔克豪斯出身于一个植物学家和科学家家庭，她在德文郡和康沃尔郡采集苔藓、草本和开花植物，是特鲁洛的康沃尔皇家学院（Royal Institution of Cornwall）和法尔茅斯的康沃尔皇家工艺协会（Royal Cornwall Polytechnic Society）的会员并在这两个机构展览过自己采集的植物。从1830年到1835年，她画了600幅漂亮的植物水彩。她也是约翰斯（Rev. C. A. Johns）编著的几部植物学著作的女性插图画家之一，如《不列颠森林树木》（*Forest Trees of Britain*，1847—1849），《利泽德一周》（*A Week at the Lizard*，1848）和《田间野花》（*Flowers of the Field*，1851），为约翰斯的书提供了250幅木刻插图，这些插图在基督教知识促进会（Society for Promoting Christian Knowledge）发行的其他出版物中又至少重印过5次。从斯塔克豪斯丰富的艺术作品中可以看到她将植物学艺术当成一项严肃的工作，但她的贡献从未被正式承认过，估计她只是把自己当成地方上的业余爱好者，从来没有要求或得到过任何经济回馈。[19]

对生活在大都市的女性来说，植物艺术可以作为赚钱的一种途径。著名的职业画家奥古斯塔·威瑟斯（Augusta Innes Withers，1793—1860）专门为植物学杂志画画，是阿德莱德

（Adelaide）皇后的“常任花卉画家”，还开设了植物绘画的课程。爱玛·皮奇（Emma Peachey）是维多利亚女王御用的蜡花工艺师，制作了大量的蜡花作品。她参加公开展览，也经常受有钱人邀请去制作蜡花，曾为维多利亚女王的婚礼制作了一万朵白色蜡玫瑰。皮奇在伦敦的处所举办了每日参观活动，以此宣传自己的艺术。她还出版了一本《皇家蜡花制作手册》（*The Royal Guide to Wax Flower Modelling*，1851，见插图37），介绍“一项尊贵的女性技艺的起源和发展”。爱玛·皮奇是一位军官的女
儿，“因为家境变迁……被迫从事蜡花制作，赚取一些收入”。 181
她有敏锐的商业嗅觉，把蜡花作品推销给了艺术课堂和植物学讲座。[20]对玛丽·哈里森（Mary Harrison，1788—1875）来说，这则是一项母传女业的家族生意，她训练两个女儿玛丽亚和哈丽特跟着自己画画。玛丽·哈里森为《柯蒂斯植物学杂志》画兰花，也参与了水彩画家新协会（New Society of Painters in Water-Colours）的成立。[21]在学院派画家眼里，水果和花卉绘
画被看成是“低端艺术”，但诸如安妮·穆特里（Annie Feray 182
Mutrie）和玛莎·穆特里（Martha Darley Mutrie）姊妹这样的女性，50年代便在伦敦获得了成功；作为艺术家的她们，“植物学上的精确和艺术上的美学让她们得到了赞许”[22]。

采集者和通信者

无论在国内还是在殖民地，植物学都吸引了热情的女性参与者，她们手头通常有一份植物名单，列着植物学家们让她们

采集的标本。殖民地探险家们将一个个装满异域植物的沃德箱送往邱园，国内的博物学家也在采集、命名、描述、赞美本土植物。浪漫主义自然观更看重英国本土植物，不少女性爱好者也加入植物标本采集热潮。1836年一位植物学新手形容自己是“苔藓狂人”[23]，还有一些人则活跃在40年代的“蕨类狂热”中。“第一位女蕨类学家”玛格丽塔·赖利（Margaretta Riley，1804—1899）把植物学当成一门科学而不是跟风的爱好。她研究本地耐寒蕨类植物，和丈夫在20—40年代中期一起采集、栽培和分类蕨类植物。赖利于1838年加入伦敦植物学协会（比丈夫晚一年），在协会上宣读过两篇论文，还与人合著了一本英国本土蕨类专著，里面收录了英国植物区系中的每种蕨类及其变种。[24]不少女性都对19世纪的植物志有所贡献，她们会给这些汇编工作提供标本信息和地理位置信息，编撰者通常会感激协助本土植物采集的人士。例如，安妮·温菲尔德（Anne Frances Wingfield，1823—1914）在四五十年代采集和记录植物，她的名字“享有威望，因为拉特兰郡植物志里有相当一部分植物都是她首次记录的”[25]。《植物学家》（*Phytologist*）是19世纪中叶伦敦植物学协会为田野植物学家创办的一个期刊，定期刊登女性来信，报告她们发现的植物及其所在的位置。例如1841年的创刊号，安娜·沃斯利（Anna Worsley）在来信中报告了“苔属隐花植物的新分布”，安娜·卡彭特（Anna Carpenter）报告了“一种旱金莲植物（*Tropaeolum atrosanguineum*，该学名现已被弃用）的花呈现不规则变化”。

田野博物学依赖两个群体的良好合作关系，一是野外采集

者，一是本土特定植物的需求者，并且后者要乐意给热心的植物
采集者分配任务。威廉·胡克先是格拉斯哥大学的植物学教授，
编著了《不列颠植物志》，后来担任邱园园长。他与很多采集员 183
都保持通信往来，让他们寄送标本，其中也包括女性，这样的通信网络是植物信息和实际标本的重要来源。玛格丽特·斯托芬（Margaret Stovin，1756—1846）在南约克郡和德比郡采集植物长达40余年，她有广泛的通信网络，和植物学家交换标本和信息，如詹姆斯·史密斯、约翰·亨斯洛、威廉·胡克等。她自己制作了一部英国植物标本集，包括19000种植物，曾向胡克咨询哪里可以存放这些标本。[26]

另一位植物采集员安娜·罗素（Anna Worsley Russell，1807—1876）被誉为“当时最杰出的女性田野植物学家”，出身于布里斯托尔一个一神论教徒知识分子家庭，她观察和记录过几个地方的植物。她为休伊特·沃森（Hewett Watson）《新植物学家手册》（*New Botanist's Guide*，1835）准备了布里斯托尔的开花植物名录，后来又编辑了“罗素的纽伯里名录”，都是在纽伯里发现的植物，提供给了《纽伯里及周边的历史和古物》（*The History and Antiquities of Newbury and Its Environs*，1839）一书。她和著名的植物学家们通信，例如吹毛求疵出了名的沃森。她在1839—1841年间是伦敦植物学协会的成员，和其他成员一起参与了协会的干燥标本副本采集项目，并为《植物学家》和《植物学期刊》（*Journal of Botany*）写信报告她的植物发现。她对菌类尤为热衷，还画了700多幅菌类图像。[27]

在这个时期，还有几位女性是著名的海草采集员，在女

性植物学家的文化谱系中，藻类学家是值得关注的一类。她们中的不少人采集海岸植物并寄送给在编著大部头海草著作的植物学家们，以此为植物分类知识贡献力量。例如，著名的阿梅莉亚·格林菲斯（Amelia Griffiths，1768—1858）在德文郡的托基采集，给道森·特纳《墨角藻属》和威廉·哈维（William Harvey）《英国藻类学：一部英国海草志》（*Phycologia Britannica: A History of British Sea-Weeds*，1846—1851）寄送过标本。道森用她的名字命名了一种墨角藻（*Fucus griffithsia*），哈维则写道，以格里菲斯命名的海藻（*Mesogloia griffithsiana*，见插图38）[28]“值得以发现者的名字命名……她为英国藻类资源库贡献了如此多的第一手观察记录，也是第一位发现这么多新种的植物学家”[29]。查尔斯·金斯利在《海神，或海岸奇迹》里把博物学家塑造为英勇的探险者，格里菲斯也是其中一位获此殊荣的博物学家。金斯利感叹于她的活力和奉献，认为英国海岸植物学的“存在几乎要归功于”
这位女士“充满阳刚之气的研究能力”。[30]女儿阿梅莉亚·伊 184
丽莎白·格林菲斯（Amelia Elizabeth Griffiths，1802—1861）[31]协助并继承了她的事业，她们的植物学家族也包括母亲之前的仆人玛丽·怀亚特（Mary Wyatt）。怀亚特编辑和出售了一些德文郡海岸藻类标本集，她也售卖货真价实的植物干燥标本集，她的《德文郡藻类志》（*Algae Danmonienses*，1835）收录了200种在德文郡采集的海洋植物标本。

玛格丽特·加蒂（Margaret Scott Gatty，1809—1873）是海草圈子里另一位著名的女性，因多次怀孕加上人到中年，身
体欠佳，她参与植物学的初衷是为了养生，也是出于这个原因她 185

在1848年从利物浦搬到了海边居住。她在探究海洋植物时，干净利落，精力充沛，多年来带着家庭探险队一起去搜寻海草。她的女儿，即后来成为作家的茱莉安娜·尤因（Juliana Ewing）还把母亲的故事改编成了一首诗，名为《家里和海边：一首歌谣》：

噢，加蒂家的孩子们！
快去喊妈妈回家！
喊妈妈回家，好歹休息一下喝口茶！
早餐，午餐和晚餐，一次又一次被忘记，
她总在海边！

涌动的潮水踏沙而上，
绕着沙滩转啊转，
她依然伫立不动，
孩子们在岸上冲她大喊，
她却欣喜若狂地对着大海大喊。

“噢！是海草，鱼，还是漂浮的头发？
多么罕见的植形动物，
或者，只是一团头发，
我的眼睛看到了什么呀？
怎么有这么深的池子，或者如此美妙的一天——
没有什么比得上大海！”

“我脱下手套，抓住了海带的根，
一只螃蟹爬过我的脚丫，
多希望我是荒野的生灵，
离群索居于这片天地。
我靴子里的水快乐地汩汩作声！
没有什么比得上大海！”

孩子们奋力救了她一命，拽她回家。
她发誓要尽快再来大海，
却只能徒劳嘟囔。
因为直到晚上，孩子们都让妈妈在家，
不准她去海边。
从此，她不再流浪。[32]

玛格丽特·加蒂是一位牧师的妻子，在各方面都是符合维多利亚时期所属阶级和地位的传统女性，但她却是植物学的女祭司，不辞辛劳在海边搜寻，穿着自己设计的采集服装，与传统服
饰完全不同。在她看来，那个时代、那个阶级的传统女性“打褶 186
的帕幔”在探究植物时总是碍手碍脚。于是她规定了服装的要求和裙子的长度（见本章篇首引文），反对穿斗篷戴披肩，要戴“［真正的］帽子”而不是装饰用的“软帽”，要有“一双结实的手套”：“帽子上所有的饰品，丝绸、缎带、花边、手链和其他首饰等等，都必须丢一边儿去。任何一个理性的人要想去海边搜寻就得如此”。[33]“海岸搜寻”是加蒂夫人的爱好，这与她的另一个身份——童书作家“朱迪阿姨”并行不悖。她全神贯

注地投入到钟爱的藻类学中，长期与男性专家保持通信，还完成了两卷本《不列颠海草》（*British Sea-Weeds*，1862，见插图39）。从这一切都可以看出，她非常专注，也清楚地表明她的藻类学并不止于一项文雅爱好、社交活动或普通的娱乐。

伊丽莎白·沃伦（Elizabeth Andrew Warren，1786—1864）居住在康沃尔郡海边，那里可以看到法尔茅斯，据说她打发时间的主要方式就是“对采集到的东西整理归类”。她采集的对象很广，包括地衣、苔藓、蕨类、石南类植物等，但尤其热衷采集“长在海里的东西，而不是陆地上的”。同其他女性一样，她将标本寄送给都市里的植物学家们，协助他们编撰大部头的植物志。沃伦从孩提时就开始喜欢采集植物，有一种植物是她“小时候最喜欢的东西”，她回忆说，“在我还很小的一个夏天，我经常趴在海边去拔它”。[34]长大后，因为家庭关系能接触到海军，让她持续不断地收到来自世界各地的标本，如克里米亚（Crimea）半岛、东印度群岛、香港和福克兰（Falklands）群岛等。不过让沃伦尤其感兴趣的还是康沃尔植物，她编辑了三卷本地植物标本集，根据林奈方法命名和排序，还把这部“康沃尔本土植物干燥标本集”呈现给康沃尔皇家园艺学会。她发现了几种新的海草，其中一种以她的名字命名为*Schizosiphon warreniae*，她还撰文描述了自己的发现。[35]

伊丽莎白·沃伦热衷于采集，她在1834年开始与威廉·胡克通信，并持续了将近25年。她最初写信的时候胡克还在格拉斯哥大学，是钦定的植物学教授（Regius Professor of Botany）。沃伦表达了她对胡克《不列颠植物志》的钦佩，解释说自己在整理“干燥标本集”时用到了这套书，然后向他询

插图40：沃伦《康沃尔本土植物干燥标本集》中一种车前属植物
1841年采集，康沃尔皇家学院藏。

问在哪里可以找到导言里提到的一本书。他们在多年里一直交换活体植物和种子，讨论标本的鉴定。沃伦给他寄送康沃尔的植物，列了大量的植 187、
物供他选择，还汇报说她替胡克请求“彭赞斯（Penzance）的女士们采集一些附近的稀有植物”[36]。

除了通过采集工作为植物学贡献力量，伊丽莎白·沃伦50岁左右时也曾短暂而艰难地尝试植物学写作。在30年代，她制作了一幅关于林奈植物分类的挂图，以发表《供学校使用的植物学图表》（A *Botanical Chart for Schools*）。那个时期很流行在教学中使用图表，但还没有人尝试用植物学的图表。沃伦开创性地尝试在帆布上绘制彩色图表，刷完漆后用卷轴悬挂，主要是给小学生上课用。这个想法来自家庭，她向胡克解释说：“家庭教师很关心我的侄子们，希望教他们初级的植物学知识。她也用图表的方式给学生们讲解博物学的其他内容，她发现这个方式在学校里挺实用。”[37]沃伦用表格的形式罗列植物学知识，展示了林奈分类系统里每纲的特征，界定了各目，并举了一些属的例子；她也提到了一些植物用途的知识，“从冗长枯燥的细节描述中……

解脱出来”。沃伦回忆了自己还是植物学新手的经历，为小学生制作的这个图表只涉及非常初级的知识，也只包含了有限的信息。她在设想这个作品的受众时，参考了两本书：萨拉·菲顿的《植物学对话》和卡罗琳·霍尔斯特德（Caroline A. Halsted）的《小小植物学家》（*The Little Botanist*，1835，见插图41）。

威廉·胡克之前还没见过这样的图表，因此鼎力支持她的想法。在通信过程中，胡克从内容到编辑都提供了帮助，对她与印刷厂和书商之间存在的问题深表同情，更关心其作品的发行和销售。她制作了两个不同的挂图并自掏腰包付了50英镑去印刷其中一个还是两个图表，但几乎卖不出去；她承认自己在出版时“完全忽视了书商的巨大影响力”[38]。胡克尽力帮她去解决这个问题，安排泰勒的《博物学年报和杂志》（*Annals and Magazine of Natural History*）发布了一条出版信息。1839年，胡克自己似乎还写了一篇评论，说沃伦“供学校使用的植物学图表”是“一张非常棒的图表……应该在全国推广，让小学老师们人手一份”，并称赞沃伦“对英国植物学有精确的研究，这让她得以与哈钦斯小姐（Miss Hutchins）和格里菲斯夫人齐名。知道她的人不多，但从植物学上讲，她值得更多的肯定”。[39]在接下来的 189
几年，沃伦深受困扰，因为各种原因，她的挂图卖得并不好。她跟胡克抱怨说“图表出版真是伤脑筋”，认为这个图表的标题就是败笔，导致图书馆员们不想买它。她还察觉到学校方面也没啥兴趣将植物学当成“一门通识教育”，暗示说老师们不情愿开课是因为他们自己也没学。沃伦觉得这个挂图可以给医学的老师和学生使用，就希望有人能在《柳叶刀》（*Lancet*）上对其发表评论，但这个想法也没有实现。最后，她为推广植物学教育尽了自己最大的努力，在1844年把剩下的50幅挂图捐给了学校。

伊丽莎白·沃伦的植物学挂图是视觉辅助手段的开创性尝试，她也为本地一个出版物制备了一些小的图表，但她终究没有在科学的植物学路上走得更远。她非常精通本土植物学，但从未把她的知识汇编成更全面更丰富的作品。她也并没有加入伦敦植物学协会，其中的原因不得而知。这确实有些蹊跷，因为那是一个全国性的组织，而且在30年代也欢迎女性的加入。如果她是一位男性，她采集的康沃尔植物估计就足以让她加入林奈学会这样的组织。在同一时期，康沃尔一个学校的老师查尔斯·约翰斯也和胡克通信、给他寄送标本，参加了康沃尔工艺协会在法尔茅 190
斯的展览并获奖，他得到了胡克的推荐成为林奈学会会员。相比之下，伊丽莎白·沃伦作为上流社会的文雅女性，显然对女性及其谦逊品质有着传统的性别观念，早先她和胡克讨论其植物学图表时就承认自己“有些抵触……成为作家进入公众视野”[40]。她所在的地方性科学组织也对女性的定位持有传统观念，她是1833年成立的康沃尔工艺协会的创始成员之一，在协会的年度展览和比赛中提交过不少植物标本，但其年度评奖中，男性可以以个人名义参评获奖，女性却常常被笼统地放在一起，被归为匿名的“女士爱好者”公布出来。在这种氛围下，尽管沃伦积极参与植物学长达30年，但“从未超越‘女士委员会’，享有其他身份……直到晚年才成为评委”[41]。

沃伦圈子里的另一位女性藻类学家伊莎贝拉·吉福德（Isabella Gifford，1823—1891）在1865年一篇纪念短文中评价沃伦的植物学贡献时说：“她最初投身植物学的这个分支时，

插图42：伊莎贝拉·吉福德画像

卡耐基-麦隆大学亨特植物学文献研究所藏。

相关的著作寥寥无几，英国海岸发现的大量海草都还没像现在这样被鉴定和归类。”吉福德谈到，沃伦热情地去采集本地的海草，还鼓励其他人加入这项工作，而且“时刻准备着去探索任何新地方”[42]。伊莎贝拉·吉福德自己也采集海洋和沿海植物，与志同道合的人交换标本，也与其他植物学家保持广泛的通信往来。例如，她和格拉斯哥大学的植物学教授沃克·阿诺特（G. A. Walker Arnott）交换标本和探讨问题，在信中讨论植物的命名和分类。“您能否透露下，”她问道，“萨默塞特一种藨草（*Scirpus holoschoenus*）的具体位置？”“真希望所有植物学前辈都能像您这样热心慷慨，分享这些信息。”[43]

吉福德出生在斯温西（Swansea），在法尔茅斯和萨默塞特郡的迈恩黑德（Minehead）居住多年，她的母亲据说是“极有天赋和文化修养的女性”，亲自教育女儿。吉福德没有结婚，一直住在家里，父母都全力支持她的科学爱好，据说从她小时候就这样了。她去世时，《植物学杂志》刊登的讣告称她
为“女士海藻学家网络里最后的链条”，因为她将19世纪早期 191

的埃伦·哈钦斯与之后的格林菲斯夫人、加蒂夫人、鲍尔小姐（Miss Ball）、卡特勒小姐（Miss Cutler）、伊丽莎白·沃伦和艾米丽·斯塔克豪斯等人联系了起来。[44]

殖民地旅行者

男性植物学家们可以长途跋涉去搜寻稀有的新物种，扩充经验知识，满足采集者的渴望。而维多利亚时代早中期的女性植物学爱好者们却鲜有人能够出远门，她们通常都是在本地的花园、树林或海边探究植物，空间地理和性别意识形态的限制决定了她们满足好奇心的方式。尽管如此，还是有少部分女性，尤其是殖民官员的妻子们，可以作为“社会探索者”在帝国扩张的庇护下深入异国的偏远地区探险。[45]贵族妇女、上流家庭的女儿、军官的 192
妻子们得益于她们作为殖民官员妻子的地位，有机会去一些远比在家附近艰险得多的地方，从印度到加拿大、澳大利亚和南非，她们寄回了异国的植物学报告、绘画、干燥标本和一箱箱的活体植物。

19世纪20年代，印度总督的妻子阿默斯特女士（Lady Amherst）在旅途中采集植物，制作了喜马拉雅植物标本集，把印度植物引种到欧洲，如绣球藤（*Clematis montana*）。东印度群岛1829—1832年的总司令（后来成为总督）妻子达尔豪西（Dalhousie）伯爵夫人，也在殖民地居住期间制作了本地植物标本集，在更早的时候她在加拿大新斯科舍（Nova Scotia）也采集过植物。几十年后，印度总督即达尔豪西伯爵的继任者之妻夏洛特·坎宁（Charlotte Canning）采集标本、参观植物园，与丈夫一起出公差抵达偏远地区，绘制植物图像并在日记中记录植物学发现。在1859年中国西藏边境的那次长途露营之旅中，帐篷着火，坎宁唯一抢救回来的就是她那些植物画。之后在印度北部的大吉岭（Darjeeling）旅途时，她采集和压制蕨类标本、画植物画，在一封信中写道："我总是忙着在剪贴簿上画画、写字，或者把植物名称等内容写下来，现在基本已经整理完成——两本剪贴簿和一个文件袋都装满了，还有几种植物。"[46]玛丽安·库克森（Marianne Cookson）是英国北方一位贵族家庭的女儿，后成为军官的妻子，也画了不少印度植物。1834年在印度期间，她画了30幅印度本土植物，在对开本纸上用明快的色彩画了睡莲、荷花、菩提树和腰果等，其中一些植物还画了不同生长阶段的花或果实细节，发表在《印度花卉写生》（*Flowers Drawn and Painted after Nature in India*，1835）上。[47]

殖民官员的妻子被纳入帝国植物学计划。威廉·胡克非常重视女性通信者们，尊重并称赞、鼓励她们采集世界各地的植物标本。她们会写信回国，索要一些材料协助自己的植物学活动，胡克就会寄去书籍、纸张和显微镜等物品。例如在毛里求斯的安娜贝拉·特尔费尔（Annabella Telfair），她的丈夫是一位高级殖民官员和植物园管理员。受丈夫影响，她对本地植物也产生了兴趣，应胡克之邀采集海岸植物。她并没有指望自己能做出什么贡献，1829年她在信中写道："我很高兴把这些战利品寄给您，但这里对科学或者其他兴趣来讲实在是个糟糕的地 193
方。"[48]她有几幅作品还发表在《柯蒂斯植物学杂志》上。

在19世纪30年代，沃克夫人（Mrs. A. W. Walker）对锡兰的植物探索有不少贡献，采集和绘制了很多本土植物。她的丈夫是驻守锡兰的一位陆军上校，希望她“按植物学的要求学习植物写生，因为他说锡兰应该有很多植物值得采集”。她在去丈夫驻地之前和威廉·胡克通信，热切地希望自己能够为植物学做点贡献。在1830年9月，她恳求胡克教他一些必备技巧，她宣称，绘画老师们“一心只想着一朵花的样子，竭尽全力将其一丝不苟地画下来，但也很耗时，这样的话那些植物……估计还没画完一半就已经全死了”。她还要求参观胡克自己画的植物画，因为“我坚信看了之后我就清楚地知道自己应该做什么了，如果我能做得到的话”。胡克一心想发展殖民地的植物学，便答应了她的请求，在接下来的几年里，他也给陆军上校夫妻俩寄去了纸张，方便他们干燥标本，还寄了书给他们。他甚至答应了沃克夫人的请求，寄了“一个不错的放大镜……以供……使用”。沃克夫妇在锡兰旅行过几次，采集和绘制植物，寄了“不少稀有植物”给胡克，有几封信详述了从锡兰寄送种子、种荚、活株和干燥标本过程中常常难以克服的困难。例如，1836年1月4日的信中说应胡克请求，她准备托一个朋友带一箱苔藓标本，“他答应在漫长的海上航行中一直把箱子放在他的船舱里”。沃克夫人还在信中讲述了几次他们的锡兰植物之旅，胡克将这些故事发表在他的《植物学杂志指南》（*Companion to Botanical Magazine*）上，以此鼓励其他人也把这样的故事写下来。“我希望，”他写道，“其他众多遥远的殖民地……也有同样可靠的科学记者。”有两种植物以沃克夫人的名字命名。[49]

女性在帝国的殖民地参与植物学很大程度上也同她们在国内一样，受到性别角色限制，她们的植物学活动也被限定为女性的文雅爱好，主要是采集植物、制作干燥标本集或者画植物水彩。当然，殖民活动也让一些女性得以跨出传统的性别限制。在沃克夫人的案例中，她显然被训练成一位得力的植物学助手，女性这一性别身份反而给她提供了更大的机会，到广阔的地方 194
去旅行和探索。不过，在殖民地生活也会遭遇经济上的窘迫，促使女性不得不尝试进入新领域。上加拿大[50]的凯瑟琳·特雷尔（Catharine Parr Traill，1802—1899）出身于英国一个文学家庭，和家人在安大略省的蛮荒之地定居，面临新移民家庭的窘迫，她就把自己的文雅植物学技能变成了一项营生。她采集和观察植物，研究它们的地理分布，在居住的辖区里跟本地女性学习植物的药用方法，几十年里出版了一系列图书。[51]

也有衣食无忧又对科学充满兴趣的女性到异国荒野去探险，实现自己的其他抱负，例如玛丽安·诺思（Marianne North, 1830—1890）。诺思是一位大城市鳏居绅士的女儿，父亲为她提供了艺术训练的机会，并带着她到欧洲和中东各地长途旅行。父亲去世后，诺思到过加拿大、牙买加、巴西、日本、澳大利亚、东印度群岛和锡兰（今斯里兰卡）等地探险，她在所到之处支起画架，用非常有吸引力的方式画植物，既不同于18世纪乔治·埃雷特的朴实画法，也不同于19世纪安妮·普拉特（Anne Pratt）的高雅画风。在19世纪七八十年代，她立志要绘制世界上更多的热带植物图像，便前往原始热带丛林探险，成为维多利亚时代晚期“探险女士”之一，摆脱了早餐室和画室的空间限制，也打破了文雅植物学的桎梏。[52]

注 释

[1] Leonore Davidoff and Catherine Hall, *Family Fortunes: Men and Women of the English Middle Class, 1780–1850* (Chicago: U of Chicago P, 1987), chaps. 1–3.

[2] *The Young Lady's Book of Botany* (London, 1838), 序言。

[3] "separate spheres"是维多利亚时期性别研究中一个重要的概念，男性属于工作、商业和政治的公共领域，女性属于私人的家庭空间，处于从属、依赖地位。——译注

[4] F. K. Prochaska, *Women and Philanthropy in Nineteenth–Century England* (Oxford: Clarendon,1980); Moira Ferguson, *Subject to Others: British Women Writers and Colonial Slavery, 1670–1834* (New York: Routledge: 1992), 258–264. 最后这句话印在书的封面，见插图35。

[5] 见Secord，"Science in the Pub"，在19世纪50年代，亨斯洛在希钦（Hitchin）开设的植物学课上有农民的女儿参加。

[6] 皇家学院成立于1799年，全称Royal Institution of Great Britain是为"引导公众对艺术的关注，成立了这个机构，传播知识，并指导大众学习实用的机械发明和改进"。在刚开始的那些年，女性不仅可以参加公众讲座，也允许以她们自己的名义加入该组织。见Gwendy Caroe, *The Royal Institution: An Informal History* (London: Murray, 1985), 16; George A. Foote, "Sir Humphry Davy and His Audience at the Royal Institution", *Isis* 43 (1952): 6–12.

[7] Jack Morrell and Arnold Thackray, *Gentlemen of Science: Early Years of the British Association for the Advancement of Science* (Oxford: Clarendon, 1981): 148–157.

[8] David E. Allen, "The Women Members of the Botanical Society of London, 1836–1856", *British Journal for the History of Science* 13, 45 (1980): 240–254; David E. Allen, *The Botanists: A History of the Botanical Society of the British Isles through 150 Years* (Winchester: St. Paul's Bibliographies, 1986).

[9] *Ladies' Companion* 1 (1849): 8. 关于"本质"差异的详细论述，见

Cynthia Eagle Russett, *Sexual Science: The Victorian Construction of Womanhood* (Cambridge: Harvard UP, 1989).

[10] Mary Poovey, *Uneven Developments: The Ideological Work of Gender in Mid–Victorian England* (Chicago: U of Chicago P, 1988).

[11] Martha Somerville, ed., *Personal Recollections from Early Life to Old Age of Mary Somerville* (Boston: Roberts, 1874): 90.

[12] Barbara T. Gates, ed., *The Journal of Emily Shore* (Charlottesville: UP of Virginia, 1991): 89, 157, 59. 芭芭拉·盖茨在艾米丽·肖尔的自传中发现，她将青少年时期的自己描述为“作为学生的自己、作为年轻女孩的自己以及垂死的自己”（xxii）。

[13] Scourse, *Victorians and Their Flowers*, 77.

[14] Larry J. Schaaf, *Sun Gardens: Victorian Photograms* (New York: Aperture, 1985).

[15] *Quarterly Review* 101 (1857): 6. 安妮·贝克对语言和地方习俗也很感兴趣，她在晚年自己发行了两卷本《北安普顿郡词汇和短语词典》（*Glossary of Northamptonshire Words and Phrases*, 1854），在该郡的众多本土说法中也包括了一些植物的本地叫法。关于安妮·贝克，也可以参考*Gentleman's Magazine*, n.s., 11 (1861): 208; G. C. Druce, *Flora of Northamptonshire* (Arbroath: Bunch, 1930): lxxxviii–xc. 关于维多利亚时期兄妹作为理想的合作伙伴，可参考Deborah Gorham, *The Victorian Girl and the Feminine Ideal* (Bloomington: Indiana UP, 1982): 44–47.

[16] Richard Mabey, *The Frampton Flora* (London: Century, 1985). 这些水彩画（没有打算发表）展示了“他们家乡的乡间植被全貌……同时也描绘出19世纪中叶英国低地植物的美丽”（16）。

[17] Davidoff and Hall, *Family Fortunes*, esp. 309–311.

[18] 关于玛丽亚·胡克和弗朗西斯·胡克，参考M. Jeanne Peterson, *Family, Love, and Work in the Lives of Victorian Gentlewomen* (Bloomington: Indiana UP, 1989): 46–47, 176.

[19] Clifford B. Evans, “Stackhouse Flowers: The Life and Art of Miss Emily Stackhouse” (Typescript, 1991), 感谢康沃尔的大卫·特雷汉（David Trehane of Truro）先生好心提供了这份材料。

[20] 爱玛·皮奇本来被安排在1851年的大展览上展示永不凋零的蜡花，但展览位置被安排在靠近屋顶的地方；皮奇担心过热和空气污染会影响到作品，她便把作品都撤回了，后来在她伦敦的家里举办了

展览。参考Emma Peachey, *The Royal Guide to Wax Flower Modelling* (London, 1851): 58–68.

[21] 例如，可参考*Curtis's Botanical Magazine*, 1826, 2699; Charlotte Yeldham, *Women Artists in Nineteenth-Century France and England* (New York: Garland, 1984, 1984), 1: 157–158.

[22] Deborah Cherry, *Painting Women: Victorian Women Artists* (London: Routledge,1993), 25. 马特里姐妹在1855年和皇家艺术学院的其他女会员一起签署了一份请愿书，支持为女性开办艺术学校。

[23] "我自己在这个春天对苔藓植物着了迷。最初接触苔藓时，因为觉得它们极其难以鉴定，我总是打退堂鼓，不敢去探究有序的生命世界里这类最有意思的植物。现在我已经可以参考胡克的《不列颠苔藓志》（*Muscologia Britannica*），准确地鉴别周围一些苔藓植物，我也用这种方式去探究所有的苔藓植物。我已经采集了30种苔藓，我把它们晾在粗线编成的织布上，方便进一步处理标本。" 1836年7月25日伊丽莎白·雷诺兹（Elizabeth Reynolds）写的信，转引自David Elliston Allen and Dorothy W. Lousley, "Some Letters to Margaret Stovin (1756?–1846), Botanists of Chesterfield", *Naturalist* 104 (1979): 159.

[24] David Elliston Allen, "The First Woman Pteridologist", *British Pteridological Society Bulletin* 1, 6 (1978): 247–249.

[25] Horwood and Noel, *Flora of Leicestershire and Rutland*, cclxxvi.

[26] Lousley, "Some Letters to Margaret Stovin", and Mark Simmons, *A Catalogue of the Herbarium of the British Flora Collected by Margaret Stovin (1756—1846)* (Middlesbrough: Dorman Museum, 1993).

[27] David Elliston Allen, "The Botanical Family of Samuel Bulter," *Journal of the Society for the Bibliography of Natural History* 9, 2 (1979): 134–135. 她在给《植物学家》的一个便条上提到自己已经去过"诺丁汉的草甸，去采集期待已久的荷兰番红花（*Crocus vernus*）"，并询问了走茎番红花（*Crocus nudiflorus*）的生长周期（1 [1842]: 167–168）。

[28] 现已更名为*Sauvageaugloia griffithsiana*。

[29] *Phycologia Britannica*, vol. 1, pl. 318.

[30] Charles Kingsley, *Glaucus, or the Wonders of the Shore* (London, 1855): 54.

[31] 因为母女两人的名字容易引起混淆，女儿采集的标本经常被当成母亲采的。

[32] 这首诗是根据查尔斯·金斯利“迪伊的沙滩”改编的，转引自Christabel Maxwell, *Mrs. Gatty and Mrs. Ewing* (London: Constable, 1949): 98–99.

[33] Margaret Gatty, *British Sea-Weeds: Drawn from Prof. Harvey's "Phycologia Britannica,"* (London, 1862), 1: ix. 关于玛格丽特·加蒂参考Susan Drain, "Marine Botany in the Nineteenth Century: Margaret Gatty, the Lady Amateurs and the Professionals," *Victorian Studies Association Newsletter* (Ontario, Canada) 53 (1994): 6–11.

[34] 关于伊丽莎白·沃伦，参考Isabella Gifford, "Memorial of Miss Warren," *Report of Royal Cornwall Polytechnic Society*, 1864, 11–14; rpt. *Journal of Botany* 3 (1865): 101–103; F. Hamilton Davey, *Flora of Cornwall* (London, 1909), xliii; Emily Stackhouse, "Memorial Sketch of Miss Warren of Flushing," *Journal of the Royal Institution of Cornwall*, Oct. 1865, xviii. 写给威廉·胡克的信日期是1837年8月22日，见Hooker, *Director's Correspondence*, Royal Botanica Garden, Kew.

[35] *Schizosiphon warreniae*，由罗伯特·卡斯巴瑞（Robert Caspary）在1850年命名，现在已经更名为*Rivularia biasolettiana*。沃伦的文章“发现于法尔茅斯海岸的海藻”发表在*Report of the Royal Cornwall Polytechnic Society*（1849，31–37）。在这个杂志更早一期的文章里，“沃伦小姐”介绍了在彭赞斯（Penzance）附近新发现的一些隐花植物，并在当地的园艺学会博物学展台展示了这些植物，见“关于最近在康沃尔的植物学发现”（1842，24–25）。

[36] 1837年1月24日的一封信，见Hooker, *Director's Correspondence*, Royal Botanica Garden, Kew。在1834年12月1日到1858年1月17日期间，伊丽莎白·沃伦写了48封信给威廉·胡克。

[37] Ibid，1836年2月22日。

[38] Ibid，1839年2月23日。

[39] *Annals and Magazine of Natural History* 3 (1839): 121–122.

[40] 1836年2月22日信件。Hooker, *Director's Correspondence.*

[41] Evans, "Stackhouse Flower."

[42] *Journal of Botany* 3 (1865): 102. 在一篇纪念短文里，康沃尔艺术家艾米丽·斯塔克豪斯（Emily Stackhouse）回忆道，伊丽莎白·沃伦“对植物学坚持不懈地刨根问底，热心地帮助学识不如自己的朋友，最重要的是她那低调谦逊的品质”，见*Journal of the Royal*

Institution of Cornwall, Oct. 1865, xviii。

[43] 信件日期是1863年12月18日（存疑），见伦敦自然博物馆沃克·阿诺特通信集。

[44] "Isabella Gifford", *Journal of Botany* 30 (1892): 81–83.

[45] Pratt, *Imperial Eyes*.

[46] 关于阿默斯特女士、坎宁女士和其他殖民地女性在印度次大陆采集标本和绘制植物，见Desmond, *European Discovery of the Indian Flora*, 181–183及各处，也可以参考Augustus J. C. Hare, *The Story of Two Noble Lives: Being Memorials of Charlotte, Countess Canning, and Louisa, Marchioness of Waterford* (London: George Allen, 1893), 2: 66, 3: 152.

[47] Mrs. James Cookson, *Flowers Drawn and Painted after Nature in India* (London, 1835).

[48] *Botanical Magazine*, 2751, 2817, 2970; W. H. Harvey, "Notice of a Collection of Algae, Communicated to Dr. Hooker by the Late Mrs. Charles Telfair, from 'Cap Malheureux,' in the Mauritius; with Descriptions of Some New and Little Known Species", *Journal of Botany* 1 (1834): 147–157; 写给威廉·胡克的信日期是1829年8月7日，见Hooker, *Director's Correspondence*, Royal Botanic Garden, Kew, 52: 41。《植物学杂志》第2976号图版描述了*Bignonia telfairiae*（特尔费尔夫人的紫葳植物），一种来自马达加斯加的开花植物，该命名"证明了［博耶尔教授］对特尔费尔夫人多种美德和成就的崇高敬意，感激她通过各种方式为植物学做出的奉献，但所有的这些都比不上她在描绘植物上的卓越才能"。

[49] Hooker, *Director's Correspondence*, Royal Botanic Garden, Kew, 1: 273; 2: 188–191; 51:45; 53: 129–133, 137; 54: 528–537; "Journal of an Ascent to the Summit of Adam's Peak, Ceylon," *Companion to the Botanical Magazine* 1 (1835): 13–14; Journal of a Tour in Ceylon ibid., 2 (1840): 233–256.

[50] Upper Canada，安大略省的前身。——译者

[51] 关于凯瑟琳·雷特尔，见Marianne Gosztonyi Ainley, "Science in Canada's Backwoods: Catharine Parr Trail (1802–1899)," in *Science in the Vernacular*, ed. Barbara T. Gates and Shteir（即将出版）。

[52] 见*Recollections of a Happy Life, Being an Autobiography of Marianne North*, ed. Mrs. John Addington Symonds, 2 vols. (London, 1892).

第八章　印刷文化中的花神女儿（1830—1860）

这本书不是写给渊博的博物学家或者苛刻的批评家，而是写给青少年、好学者和好心人。

珀金斯夫人，《植物学基础》，1837

我努力让这门学科变得简单，植物学家认可了我的工作，这对我来说已经心满意足。这样的认可让我敢于“在追求严谨科学方法的同时，用浅显易懂的方式去对待植物学里这个此前研究甚少但却非常有趣的分支”。

伊莎贝拉·吉福德，《海洋植物学家》第三版，1853

在19世纪20年代的科学文化里，性别化让植物学成为充满女性气质的科学，导致一些植物学家开始努力将其重新打造成男性的领域。在接下来的几十年里，植物学的性别分化愈演愈烈，也愈发明显地区分出属于男性的那部分。尽管如此，文学化的植物学和作为教育手段的植物学依然对女性敞开大门，相比更专业的著作和论文，她们通过科普写作和教育探讨的方式更容易获得出版机会。 197

19世纪30—60年代，女性的大部分植物学写作都是入门的基础知识，面向“大众读者”、女性和儿童，比起早期的一些女性植物学作品更具有福音派的虔诚基调，与维多利亚时期英国的总体氛围相契合。部分女性“因为喜欢植物”而写作，打造了英国“花语”传统，另一些女性则在绘画作品中将科学与艺术融为一体。女性的植物学写作不仅包括海草和本土植物的田野指南和入门教科书，蕨类和菌类引发的关注也在一些女作家的书中得到了体现。进入19世纪后，有些入门书开始普及自然分类方法，但同时也有不少作品依然在传播林奈植物学。总体而言，这个时期的女作家作为植物学知识的传播者，继续发挥着重要作用，她们的作品往往成为走进植物学的“第一步”。

比起18世纪60年代到19世纪30年代的林奈时期，维多利亚时代早期的英国女作家们反而更加小心翼翼、踌躇不前，在胆识和知识上都少了一些魄力。纵观女性的植物学写作，她们甚至很少对外宣称自己在从事科学写作，写作风格也发生了改变。正如我们看到的，对话和书信体是早期常用的科学写作模式，这类亲切的写作在传播植物学知识时顺带讲解其他通识内容，常常会塑造活跃在家庭的植物学母亲兼教育者形象。在30年代，这样的家庭叙事开始消失，到50年代，亲切的写作模式在女性的植物学作品中几乎难觅踪影。

维多利亚时期靠写作为生的女性“写作能手”大多数都在
写小说，但也有一些写诗歌，还有一些盯准了青少年读者市场而
写作。[1]随着维多利亚时期花卉文化、植物学文化和科学文化 198
氛围的改变，科普写作为女性提供了另一条生财之道，她们将性
别意识形态和文化符号意义转变成了经济上的优势。例如，萨
拉·李（Sarah Bowdich Lee）写了《博物学基础》（*Elements
of Natural History*，1844）和《树木、植物和花卉》（*Trees,
Plants, and Flowers*，1854）等。阿格尼丝·卡特罗（Agnes
Catlow）和玛丽亚·卡特罗（Maria Catlow）出版了各种关
于植物、昆虫和贝壳的书，如《大众田野植物学》（*Popular* 199
Field Botany，1844）和《大众温室植物学》（*Popular
Greenhouse Botany*，1857）等。少数女性把写作作为其他活
动的延伸，如伊丽莎白·特文宁（Elizabeth Twining）给参加

伦敦工人学院课程的年轻女性讲课，之后她把授课内容汇集成《写给学校和成人班的植物学小讲堂》（*Short Lectures on Plants for Schools and Adult Classes*，1858）

30年代，“花语书”的流行让女作家们有机会将植物学、艺术和伦理道德结合起来，例如《植物之美》（*The Beauties of Flora*，1834—1837，见插图43），里面有40幅对开本的花卉“写生”石版画，附上植物学、富有诗意和象征意义的内容增加其吸引力。这个图册里每种花都经过植物学鉴定，编撰者标注了它们在林奈系统和自然系统中的分类位置，还提供了插图色彩搭配和颜料调和的技巧指导。本书编者伊丽莎·格利德尔（Eliza Eve Gleadall）向《柯蒂斯植物学杂志》表示感谢，这些画的植物学特征表明可以将它们用在绘画课里。《植物之美》集合了多种用途：绘画指导、寓意故事和诗词汇编，其定位是为青少年提供“高雅的爱好”，将“知识和娱乐”结合起来。格利德尔宣称，“每朵花里都有宗教”，她展示了植物的象征意义，如桂竹香代表“逆境中的忠诚”，铃兰代表“返璞归真”。她在约克郡办了一所女子学校，从这本书订阅者名单上的牧师人数可以看出她有着清晰的读者定位。[2]

另一位作家夏洛特·通纳也追随福音派的基调，她的《植物篇章》（*Chapters on Flowers*，1836）汇集了多篇“植物列传”。本土植物可以当成一个人的“纪念品”或者“基督徒”的情感例证，在这位福音派作家看来，山楂树印证了“尘世间的变化无常……总是最受欢迎和探讨颇多的主题，它就像世间的伦理家，也很像心灵导师”，而茉莉花述说了“记忆犹新的道德、虔诚以及和平的故事”。《植物篇章》是福音派传统下对植物的象征和联想描述，多次提到“幸福的早逝”，与黑暗王国抗争的重要性，以及“陪伴在身旁的治愈师”。[3]夏洛特·通纳是狂热的社会福音派小说家和《女基督徒杂志》（*Christian Lady's Magazine*）的主编，她代表了福音派基督教里的女性布道传统。有人曾认为这种方式有助于女作家在出版界发声，在她之前 200
的汉娜·摩尔就是靠宗教演讲取得了公众视野下的作者身份，在父权制下树立了自己的文学权威。[4]

删改植物学：珀金斯夫人

在19世纪20年代，尽管立足于家庭的博物学和植物学写作遭到批判，但这种亲切的写作模式并没从女性的科普写作中完全消失。《林奈传略》的作者萨拉·韦林在《牧场女王》（*The Meadow Queen, or the Young Botanists*，1836）中依然采用了这种写法，目标读者“仅仅是初学者和青少年”，将林奈植物学的基础知识和文学化的花卉描述结合起来。[5]类似地，路易斯·图安姆雷（Lousia Ann Twamley）《我们熟悉的野花》（*Our Wild Flowers, Familiarly Described*，1839）也沿用了这种写法，书中的姑姑教侄子植物学，给“爱花的小朋友讲一点儿快乐的知识，不带有任何难懂的词汇或莫名其妙的名字”。这位讲述者回忆说：“这才是我喜欢的知识，以前在篱笆、树林和小路游荡时见什么采什么，但对采集的东西却一无所知。”[6]

当然，女性的科学写作潮流也在发生变化，作者和出版商都在寻求新的写作风格，珀金斯夫人（Mrs.E.E.Perkins）《植物学基础》（*The Elements of Botany*，1837）是三四十年代出版的众多同名入门书中的一本，她没再采用以前那种亲切的模式写作。这本书是写给年轻女性的，同早期的植物学倡导者一样，她呼吁植物学"可以替代当前女性教育中某些学习活动，这些活动即便不肤浅但至少也不那么重要"，但书中并没有导师式的角色设定，比起之前的植物学写作，作者通过更明确的宗教话语过滤了教育内容。她声称植物学"可以引导我们的心灵去思考，领悟至高无上的造物者的完美。他赋予万物以灵性，甚至在造物时给那些无生命和无知觉的物体都赋予了优雅和艺术的秉性。博物学里没有哪个分支能像植物世界那样为'至高原因'（*Supreme Cause*）提供这么强有力的例证"[7]。

在这个时期，英国"严谨的"植物学家们将视野转向了欧洲大陆的分类方法，但市面上依然还有林奈植物学的普及手册和指导书。1833年，有一本林奈植物学书被称为"对女士和其他人来说是优雅而实用的手册，他们可以从这种分类方法开始学习植物学……如果他们没有勇气从自然系统开始的话"[8]。在 201
《植物学基础》里，珀金斯夫人宣称林奈方法是"最好的方法，因为它具有开创性、清楚明了、简单易行"。

然而，林奈对植物的性描写在维多利亚文化中依然是危险因素，作家们会根据自己的观念或他们希望给读者传达的信息进行相应的处理。《植物学基础》是给特定读者写的植物学入门新书，珀金斯在介绍这本书时写道："市面上的确有不少非常有价值而且广受好评的植物学书，但大部分都不适合青少年的喜好，要不就超出其理解力。而且，还有个原因是，很多书特别不适合女孩们细读。"《植物学基础》是对林奈植物学进行删减的典型例子，那会儿正值鲍德勒（Bowdler）家族在出版删减版的莎士比亚作品，珀金斯夫人觉得删改林奈植物学合情合理，她如此解释删除“所有让人反感的类比”：

> 这部作品的目的是介绍林奈植物学的入门知识，然而这种方法却让人望而却步，此方法在操作时存在某些令人反感的赘物，这不仅伤害了这种分类方法，甚至伤害了植物学本身。这的确非常遗憾：植物学不应该为教授的低俗趣味买单。

因为这是写给年轻女性读者的书，珀金斯夫人决意要用“适宜的”方式讲授植物学，确保“这门学科一定无可指摘，而且……不会伤害”她的目标读者。[9]

那么，在删减版的林奈植物学书里，作者会如何讲解植物的繁殖？对于“结实器官”，珀金斯夫人保留了“雌蕊”和“雄蕊”等术语，但剔除了“丈夫”“妻子”“新娘”和“新郎”等词，她采用明确的科学方法并细分了要解释的主题，将雌蕊部分描述成“器官的集合”，在生理学上这些器官对“物种的繁衍事业”都贡献了各自的力量。她也批判了林奈“动植物构造相似”的观点，和阿格尼丝·伊比森一样认为动物类比只是一种假设，并不能在显微镜下观察到。类比是林奈性系统的核心思想，但珀金斯夫人对此写道：“这些类比对他的方法来说无关紧要，事实
上反而有画蛇添足之嫌；用暧昧花哨的类比只会损害其严谨、得 202
体的形象，这原本才是该方法的亮点。”[10]

珀金斯夫人在植物学和她的写作、绘画上雄心勃勃，写作

特色在于讲解植物学的同时，也因地制宜地推荐了合适的学习工具，“作者……推荐了各种工具箱，适用于不同的学习场景，如闺房、花园或田野，让植物学各个细小的知识点在工具的辅助下变得有趣”。而且，她通过出版商把这本书和课程指导结合在了一起，“每位购书的读者可以得到一张讲座入场券，讲座会介绍几种工具的使用方法，每周三和周四的12点到下午2点在出版社发放入场券”。她把自己描述为“植物学花卉绘画教授”，估计是因为她办了一所培训学校，要不就是在家里教绘画。珀金斯夫人在序言里解释说，她最初是打算出版一本纯粹的图册，书名叫“闺房里的植物学消遣”，结果变成了《植物学基础》这本书。有一则“广告”声称她计划“进一步继续投入这个学科”，出版一部插图版的“植物生理学研究”。后来，她为詹姆斯·芬内尔（James H. Fennell）的《画室植物学》（*Drawing-Room Botany*，1840）绘制了插图，这是一本林奈植物分类的小书，展示了花部器官的细节。[11]

“大众之需与普遍兴趣”：安妮·普拉特

安妮·普拉特（Anne Pratt，1806—1893，见插图44）是最著名的女性植物学科普作家之一。1849年评论家托马斯·麦考利（Thomas Macaulay）把科普作品定义为“小男孩和妇女可以理解”的作品[12]，普拉特在其漫长的写作生涯里写的不少作品都是面向这类读者。她尤其喜欢为年轻的学生写作，通常称学生为“他”，但她的书很少作为教材用于学校课堂里。她的书

插图44：安妮·普拉特
卡耐基-麦隆大学亨特植物学文献研究所藏。

主要是描述性的植物学知识，以及关于植物的民间故事和用途的经验常识，囊括了植物世界的所有类别，从野花到蕨类、草本、有毒植物和海岸植物，应有尽有。普拉特将自己定位为植物学基础和入门知识的最低水平，只不过站在这门科学的门口，帮助其他人跨进来，就像植物学界的维吉尔将朝圣者们带进植物学的广阔天地，而她自己却不会进去，也不想进去，或者说从策略上
讲，作为女作家不该进去。普拉特写这些书时正值植物学文化越 203
来越注重科学权威的时期，女性写作的渠道越变越窄，不过当时也正处于向新的读者群传播知识的高潮期，她抓住时机靠写作赚

钱。她将植物学知识与浪漫主义自然观融合在一起，通过这种方式，她为科学界之外的大众读者传播科学，发挥了重要作用。

在19世纪四五十年代，对异国植物的追捧进入疯狂时期，
但安妮·普拉特只写本地植物和野花，她喜欢通过本土植物讲 204
解民间习俗和本草疗法，推崇古老的民间传统。她最著名的作品是五卷本《大不列颠开花植物和蕨类》（*Flowering Plants and Ferns of Great Britain*，1855），供“不太懂科学的人使用”，引导读者了解自然分类方法中的每个属，并用英国植物举例。普拉特在全书中都使用英语术语，“帮助之前没学过植物学的读者”，将自己放在普及作家和科普写作传统中，提供了大量植物用途的参考信息，以及历史和民间故事。例如，刺芹属海冬青有“滋补功效”，“根有甜味，曾被药剂师罗伯特·巴克斯顿（Robert Buxton）发掘，之后被普遍食用……在科尔切斯特早就是有名的甜食”。在50年代，她也写关于蕨类和草本的书。《绿野和草》（*The Green Fields and Their Grasses*，1852）是一本非正式的插图版手册，帮助青少年和大众读者认识常见的野草，“它们让我们的草甸、山丘和峡谷绿草如茵”；《大不列颠的蕨类，以及相关的石松、苹和木贼》（*The Ferns of Great Britain, and Their Allies the Club Mosses, Pepperworts and Horsetails*，1855）同样是一本非专业的书，但也没有过度简化，目的是为“喜欢自然的人和每一位系统学习过植物学的人”介绍蕨类植物。[13]

安妮·普拉特重印最多一部作品是《野花》（*Wild Flowers*，1852—1853，见插图45），专为儿童写的两册小书且有大量插图，开篇就说道：“甜美的四五月，每个在树林里晃悠的小孩

都知道蓝铃草，也就是野风信子。”书中的每种植物都有简短的描写，以及识别和用途等信息。例如，在写到“新疆三肋果（*Pyrethrum inodorum*）”[14]时，她解释说小植物学家们经常会被相似的外表所迷惑，一些是甘菊，还有些植株较高的是牛眼雏菊，“这种花有个大家熟悉的名字叫五月草，但名不副实，它的花期其实是八月到十月，在田野和荒地里，甚至在寒冬还能找到几朵花”。她继续写道：“它的茎大概有一英尺高，花有淡淡的香味……短舌匹菊（*Pyrethrum parthenium*）[15]……是村民们经常用来治疗高烧的草药，深受大家喜欢。”[16]维多利亚女王也喜欢《野花》一书，普拉特在1852年曾写信请求把这本书献给女王，之后她所有的作品都被要求送一本到女王孩子居住的宫殿里。出版商还以单页形式发行了这本书，这样就可以直接挂在教室里。 205

安妮·普拉特的故事重复着植物学文化中其他女性的经历，她们因为家庭关系走进植物学，之所以能学习植物学是因为它与当时的社会规范相符。她的父亲是肯特郡富有的批发商，母亲是热爱花卉的胡格诺派教徒，她是一位娇弱的孩子，小小年纪就跛脚。她家一位男性友人引导她走进植物学，因为大家觉得这对一位聪明但身体有缺陷的女孩来说再合适不过了。植物学是她最热衷的爱好，姐姐成了她的植物学助手和同伴，帮她搜寻植物标本。话说回来，作为植物学姐妹，她们俩扮演了那时植物学入门知识对话和书信体里的姊妹角色。普拉特制作了一个标本集，也培养了自己艺术技能：画她收集的植物标本。[17]

在32岁时，安妮·普拉特匿名出版了第一本书《田野、花园和树林：有趣的常见植物花卉》（*The Field, the Garden, and the Woodland, or Interesting Facts Respecting Flowers and Plants in General*，1838），她对母亲和朋友都保密。1845年母亲去世后，她和朋友住一起，家里为这个跛脚的未婚女儿留下了什么并不清楚，但出书似乎是一个收入来源。60岁时她嫁给了早年认识的一位男士，重新出版了她的植物学作品。这些书已经让她小有名气，她的作品主题包括博物学、宗教评论和一本18世纪名人的集体传记，包括汉弗莱·戴维爵士（Sir Humphry Davy）、居维叶、德·让利斯夫人等，以期“让年轻人明白精神和智力培养的重要性”[18]。她早期的书是和《便士杂志》（*Penny Magazine*）的出版商查尔斯·奈特（Charles Knight）合作的，后来又和圣书公会（Religious Tract Society）合作，再后来与她合作的主要出版机构是基督教知识促进会。她在基督教知识促进会出版的不少作品借用了促进会少量的宗教材料，她的植物学普及读物被解读为“安全的科学”，教育者和宗教出版者在30年代和之后的时间里都愿意为之推广。[19]例如，《田野和树林里的有毒有害和可疑植物》（*Poisonous, Noxious, and Suspected Plants of Our Fields and Woods*，1857）出版了几个版本，包括面向工人阶级读者的大字号印刷的便宜版本。

在早期的一本书《花卉及其相关主题》（*Flowers and Their Associations*，1840）里，安妮·普拉特就明确了她的读者定位，这也是她后面所有植物学书的读者定位：都是写给“大众读者”，“喜欢花”但还没将其作为“学习目标”的人群，其写作风格亲切、平和且谦逊。《海边常见生物选辑》 206
（*Chapters on the Common Things of the Sea-side*，1850）

开篇是这样的："夏日的清晨，在此起彼伏的海浪巨响中醒来是多么快乐的事，漫步在海滩上，用眼睛和心灵去感受这个世界的自然之美。"这本博物学书涉及海岸植物、贝壳和海洋动物，在浪漫主义的自然观中结合了实际观察、美学和情感，与飞利浦·戈斯（Philip Henry Gosse）和金斯利的写作风格很像。出于健康原因居住在海边的人，其中一些"并未受过教育"，作者的目标就是"唤醒"那些人对自然的兴趣，于是她简单介绍了几百种常见的生物。比如，驻足于海边挺拔的披碱草，她描述了它的大小和外观，评论了它的用途："叶子曾作为一种粗糙的纤维，它的拉丁文名字披碱草属（*Elymus*）来自希腊语，意思是盖子。"她为植物的诗歌预留了一些空间，但更感兴趣的是植物的食用价值，如滨水菜"做泡菜很不错"，她这么写道。[20]

为了迎合不同群体的兴趣，她的传记以两个版本讲述了她的事业。1889年，《女性便士报》（*Women's Penny Paper*）刊登了安妮·普拉特年迈时接受的采访，采访人是其侄子。这是一份重要的女性主义周报，也是唯一一份由女性自己管理、撰写、印刷和发行的报纸，专门报道女性组织，关注工业、社会和教育问题，以及当时的杰出女性。在榜样的传记写作传统中，该文章赞扬了普拉特的事业和品格，讨论了她的写作，评论说她的写作"亲切、富有诗意，容易引起共鸣，但又有科学的精确性，非常吸引她的读者"。文章说普拉特"深受野花爱好者喜欢，她的名字几乎家喻户晓；作为最早的女性植物学家之一，她对植物学普及的贡献比任何女作家都重要"[21]。文章还探讨了植物学与快乐的关系："毫无疑问，植物学和其他所有科学一样，能够提升品格，让人变得高贵。对这些'伊甸园树荫下的遗产’（即植物）进行分类的过程中，安妮·普拉特找到了基布尔（Keble）所谓的‘平静和美丽中的快乐秘密’，很少有人能获得这样的快乐。几个星期前去拜访她时，82岁高龄的她心怀感恩、笑容满面地说，‘我拥有一个快乐的人生’。”《女性便士报》的这篇传记文章也在为自然代言，结合科学带来的文学、家庭和道德上的益处，向女性推销科学。

与上述传记文章形成对比的是《植物学期刊》上一篇安
妮·普拉特的纪念文章，称赞了她的众多作品，但也清楚地表 207
示普拉特其实处于科学植物学的边缘地位。英国植物学家传记作者詹姆斯·布里顿（James Britten）写道：“严格地讲，普拉特小姐不是一位植物学家：她最主要的作品《大不列颠的开花植物与蕨类》有相当部分的入门知识非常浅陋而残缺，从她的描述看，她对自己所记录的植物并没有专业上的了解。不过嘛，她是一位真正的植物爱好者，而且她快乐的写作风格成功赢得了读者的青睐，并喜欢上她描述的对象。”[22]布里顿似乎是在普拉特年迈时见过她，发现她是“一位精明的小妇人，对博物学的各种主题都充满兴趣，和蔼可亲、简单朴实、彬彬有礼”，让他想起了伊丽莎白·盖斯凯尔（Elizabeth Gaskell）《克兰福德纪事》（*Cranford*，1853）那本小说里的角色玛蒂（Marttie）小姐。那部小说与安妮·普拉特的那些作品创作于同一个时代，玛蒂小姐是一位善良、顺从和体贴的角色，生活在英国乡下的一个村子里，循规蹈矩，面对逆境时勇敢无畏、毫无怨言。在詹姆斯·布里顿笔下，安妮·普拉特与玛蒂一样充满智慧、小心谨慎，尽心尽力为儿童和大众读者写作，不骄不躁、鼓舞人心却不夸夸其谈，代表了文学化的植物学风格，对自己也有清晰的定位。

与早期女性植物学作家启蒙式的写作风格相比，安妮·普拉特的作品显得很谦逊，极少高谈阔论，也没有承诺学习博物学能让人产生巨大转变。例如，普丽西拉·韦克菲尔德就认为植物学能让女孩子有蜕变的可能性，普拉特并没有明确指出植物学对女性读者有绝对的教育意义，也没有想为自己树立权威之类的论调。当然，她确实从女作家与宗教、道德出版的文化交织中有所获益。她为大众读者做了非常重要的工作，普拉特尽量去避免植物学专业术语、分类方法的理论探讨，这对大众读者来说尤为重要。正如许多同时期的维多利亚女作家，普拉特也向女性主义传记文学发出了挑战，虽然她没有在书页中隐藏自己的名字，但这些书本身就天衣无缝地掩盖了关于作者的各种信息，让人对其出版的社会背景知之甚少。这可能是维多利亚时代早期英国女作家的成功策略，不会威胁到谁又契合性别意识形态，形成自己的叙事风格的同时也与宗教出版业联系起来。作为重要的植物学普及
者，普拉特深知如何适应和遵循维多利亚时代早期文学和植物学 208
文化的准则，最终为自己开辟了一片写作的小天地。

插图植物志：安娜·玛丽亚·赫西

依托维多利亚时代印刷文化中视觉图像的兴盛，一些女性将植物绘画的文雅爱好服务于教育和经济目的。插图版的植物学书是将科学与艺术融合的一种手段，例如玛丽·杰克逊（Mary Anne Jackson）的《图像植物志》（*The Pictorial Flora*，1840，见插图46），是一本英国植物插图手册，可与当时以

文字描述为主的植物学书配合使用。这本书由1500幅大不列颠本土开花植物的小石版画组成，配以拉丁学名和英语名字的索引表以帮助植物识别。这本书插图的排列方式使其可以与詹姆斯·史密斯《英国植物学》或其他作者写的描述性植物学书互为补充。杰克逊在序言里解释说，这本书的插图可以帮助读者在没有科学指导者时也能准确识别植物，现有的很多插图读本“都很笨重，没法放在口袋里”，也“很贵，年轻人很难买得起”，因此她出版了这本版式小、价格便宜、携带方便的书。杰克逊将这部作品定位为“开创性的尝试”，为更高的植物学目标（最后并没有实现）做准备，“给公众提供便宜、全面的英国植物学图像百科全书”。[23]伊丽莎白·特文宁《植物自然目图册》（*Illustrations of the Natural Orders of Plants*，1849—1855）是一套两卷对开本的大部头图册，里面有160幅本土植物彩色插图。这套图册并没有研究细微的科学细节，而是“一本关于自然这个神奇花园的指导手册”，其特色是将植物“当成全能的天父创造的礼物，让他所有的孩子都能读懂”。[24]还有一些植物志图册将殖民地的异国植物带入英国人的视野。阿拉贝拉·鲁佩尔（Arabella Roupell）出身于什洛浦郡一个富有的牧师家庭，嫁给了东印度公司的一位牧师，他们先后在印度和南非居住了几年。40年代她画了一些在好望角采集的植物，用她自己的话说，她画植物“仅仅是为了消遣”，但后来植物学家纳撒尼尔·沃利克（Nathaniel Wallich）拜访她时，把一部分作品带回英国交给了威廉·胡克，之后他们就出版了《一位女士笔下的南非植物》（*Specimens of the Flora of South Africa by a Lady*，1849），并添加了一些文字描述。[25]

在19世纪30—60年代，植物学插图艺术快速发展。新的印 209、2
刷技术发展迅速，包括石印术、印刷的摄影作品和自然印刷术等。安娜·阿特金斯（Anna Children Atkins）是植物学摄影插图的开创者，采用最新的技术对植物进行归类，是“最早的女性摄影师，也是第一个印刷和出版摄影图册的人”[26]。在威廉·福克斯（William Henry Fox）发明摄影技术还没几年，他本人都还未出版自己的第一本摄影图册，安娜·阿特金斯就已将蓝晒法照相技术应用到植物学中。在这个化学过程中既没有用到照相机也没有用到负片，标本直接置于感光纸上，冲印的效果就是我们现在熟悉的建筑蓝图[27]（architectural blueprint）。使用蓝晒法，安娜·阿特金斯制作了上千幅海草的“阳光图片”或“黑影照片”，之后又制作了一些蕨类植物的图像。她自己印刷的《英国藻类摄影：蓝晒印象》（*Photographs of British Algae: Cyanotype Impressions*，1843—1853）有大约400幅手工摄影印刷的插图，计划是作为威廉·哈维植物学参考书《英国藻类手册》（*Manual of British Algae*，1841）配套图册。安娜·阿特金斯采用这种新技术为科学研究提供图像参考，记录海洋植物，帮助植物学家区分不同的物种。

在19世纪30—50年代，隐花植物学吸引了从专家到初学者的广泛兴趣，他们采集菌类、苔藓、地衣，用显微镜观察它们，并用水彩画进行图像记录。[28]安娜·赫西（Anna Maria Hussey，1805—1853）《英国真菌图册》（*Illustrations of British Mycology*，1847—1849，1855）反映了植物学兴趣的这种新取向。这套书是两卷四开本，涵盖了蘑菇、羊肚菌、松露、马勃等系列彩色插图，配有植物学知识和一般性的评论。《英国菌类图册》很明显是一部普及读物而不是写给专家的书，也不是面向工人阶级、价格低廉的野外手册，而是卖给有钱的读者。从形式和价格看，这本书适合摆在画室的桌子上，作为时尚与科学的杂合体，其定位模糊而暧昧，同时具备装饰和知识功能。[29]一位评论者在专业的《植物学期刊》上称赞赫西的作品具有“艺术价值”，“对细节的展现非常到位”，认为这部作品“更适合画室而不是研究”。[30]但这个图册并非仅仅赶时髦，反而展示了维多利亚时代早期植物学爱好者的科普作品其实很严谨。

《英国真菌图册》主要展示的是层菌纲类，这个真菌类群
的孢子体表面是露在外面的，包括伞菌科和多孔菌科。对每一个 211
物种，赫西都引用了其所在属和亚属的详细描述，提供了生境和生长季节、位置等，如翘鳞蘑菇（*Agaricus squarrosus*，见插图47）。在前言里，她解释了相关术语，并介绍了真菌的分类知识，对140幅插图的评论包含了科学、轶事和文学等各种参考信息。书中经常采用第一人称的口吻和文学性的描述，例如，“我为这些蘑菇感到哀伤，它们有将近一英尺那么大一丛，纯洁的乳白色菌褶和鲜艳的红色菌伞在满是尘土的路上被碾得粉碎”，在讨论真菌的用途时还介绍了大马勃菌做的煎蛋卷菜谱。赫西也推崇学习菌类有着更大的道德和教育意义，即使是一些不知道用途的植物，如果它们“能够引导我们去探究自然的杰作”，也算得上是有用的。在写作时，她惦记着女孩和她们的母亲，也不忘评论下那些对自然不感兴趣的人，他们“散步时无精打采，就像例行公事”，“对路上的植物和其他事物毫无兴
趣”。她结合科学知识与道德提升进行了社会分析，并提出建 212
议：“不管住在哪个地方，一些外在的兴趣……会不自觉培养起

来，可以养成观察的习惯和有趣的爱好，对一生都会有用。但如果母亲反对小手拿着蘑菇给她看，因为那会弄脏手套；……如果仆人被指示……斥责小朋友跨过沟渠去摘花：这样的话，要是小女孩……毫无生气……甚至长大一些后也索然无趣、娇气柔弱、怨声载道……母亲就没啥借口好埋怨的了，倒不如最初就让她们在万事万物中去寻找乐趣，打发时间。”[31]

赫西的书是写给普通读者，而不是专家。为了唤醒读者（包括学生和有潜力的学生家长）对蘑菇和其他菌类的兴趣，她介绍了采集和分析菌类的器具，其中最重要的就是一个适合采集的篮子。她经常用激情洋溢的感叹词，这几乎成了本书的一大特色。她警告说，“如果学生走出家门时忘了［篮子］，他走过的路上多半会发现到处散布着可爱的罕见蘑菇”，如果出门忘了带着适合采集蘑菇的篮子，那他“只有两个选择，现场解剖，当然通常都难以完美操作，或者用帽子、手绢把战利品兜回来，但在回家路上，肯定会有各种不同的菌伞和菌柄等掉出来，支离破碎（*disjecta membra*）！谁还能知道它们是哪朵蘑菇掉下来的”[32]？赫西搜寻蘑菇的乐趣严肃却不乏味，这也是基于对植物探究真正的热爱。她像一个勤奋的学生，动机完全不同于查尔斯·达尔文之女亨丽埃塔（Henrietta），后者发明了一种“运动”，就是去搜寻一种冒犯她的蘑菇，然后将其捣毁。这种蘑菇名字叫*“Phallus impudicus”*，一种形似阳具的蘑菇，因为难闻的气味得了个绰号叫白鬼笔。亨丽埃塔对此乐此不疲，一段家庭回忆录里有描述她“挎着篮子，带着尖锐的小棍，身着为采集准备的特制斗篷和手套，靠嗅觉在树林里探路，时不时停下来，当她捕捉到猎物的味道时，鼻子便呼呼作响；最后，她瞄准并扑向受害者，对其致命一击后把腐臭的尸体放进篮子里。结束一天的狩猎后，战利品被带回家，（她）关上画室的门，在房里的炉火上把它们偷偷烧掉。这样做是源于少女的羞耻感”[33]。

《英国真菌图册》的艺术性和众多的评论都显示出作者是一位对科学着迷的研究者。安娜·赫西是作家和艺术家，也是维多利亚时代一位牧师的妻子，生活在肯特的乡村，经常在家附近采集蘑菇。在19世纪40年代，赫西与北安普顿郡的牧师 213
博物学家、同时也是著名的菌类学家迈尔斯·伯克利（Miles Berkeley）有通信往来，在威廉·胡克编辑的詹姆斯·史密斯《英国植物志》（1836）中，伯克利负责英国菌类部分。赫西把自己当成学生给他写信，报告她的发现和观察，并附上标本，请求他帮忙鉴定和命名一些与已发表物种（可能也包括伯克利自己的书）不相符的标本。赫西主动提出当伯克利的菌类学助手，在信里，她提到自己在蘑菇生长季会全身心投入绘画事业：“我今天已经画了8个小时！”“采集和绘画让我身心疲惫——我整晚都梦见它们，整天都在工作。”[34]在更轻松的话题中，她聊到了蘑菇烹饪中的成败经验。例如，伞菌类最适合做调味酱，在烹饪过程中有一种蘑菇，其“可爱的玫瑰红”菌柄会变成绿色，看起来“毒性很大的”样子。

赫西是一位热心的采集者和植物绘画师，但她首先是一位妻子、三个孩子的母亲、学生和作家。有一阵，丈夫感染了水痘，家里也没有厨师，但她依然给伯克利寄标本。从她的信中可以看出，繁多的生活职责让她疲惫不堪，内心充满抗拒，其中也抱怨了牧师妻子的职责。在40年代一封没有日期的信中写道：

> 我向上帝赐予的健康致以最真挚的感恩——风湿和疟疾不时困扰我，但从没让我病得这么严重，坚强的意志也没法让我动起来。除了作为妻子和女主人的必要担当——我还是园艺师、农民，刚刚又成了家具商——给旧椅子做罩子和拿来出售的地毯。

伯克利也是一位牧师，为了不让他觉得自己在满腹牢骚，赫西又强调自己“心情非常好”。尽管如此，她还是表示很羡慕伯克利那有明确工作安排的生活。她继续说：

> 没有足够时间做自己的事，我感到很忧伤——有一个方面你比我好很多——你有固定的日程，可以很好地安排自己的时间。我现在没有，每个人都觉得可以控制我的时间——一天又一天，一早的访客把一天都给破坏了——如果我在特定的时间，没当好一个听众的话，教区里的每位老妇人都会抱怨。

她感觉在相互冲突的需求之间，无所适从：

> 我丈夫写的东西，没有哪封信或其他任何东西是我没读过的——要帮他做所有的事——心里常常很憋屈，因为我经常在做不该我做的事……但是，在画画时从没人要求我摆好调色板，那些罕见而迷人的蘑菇也不会跑来跟我说，“如果
> 你现在不给我画像，你可能再也见不到我了”。我总是连合 214
> 适的衣服都来不及换上就去采集蘑菇，D. H.（她的丈夫）才

不会提醒我还需要拜访多少人，而去拜访他们我都得戴上干净的手套、穿上得体的长袍。

这封长信的主要内容就是赫西的抱怨，但她又试图把这种抱怨轻描淡写为“微不足道的忧伤”。无论如何，她在面对性别化的压力、尤其是面对作为牧师妻子的职责压力时，显然焦躁不安。

对赫西来说，伯克利的职业就是她的一大理想，那仿佛是另一片天地。并没有证据显示两人曾见过面，但伯克利依然是她学习菌类的同伴，这也是她非常珍视的活动。另一封没有日期的信里，赫西鼓动伯克利来访，向他描述了她家附近的乡村景象，那里的“树林全是泥炭和泉水……上千英亩的荒野”，她承诺说：“我们可以带上脏兮兮的篮子和工具——穿上旧斗篷和软帽——做我们喜欢的事。”她不仅仅是在幻想平等，也是幻想一位她称为“最仁慈和耐心的科学导师”的男性对自己的接纳。她渴望自己的真菌学兴趣能得到伯克利的认可，声称自己已经“着迷”。伯克利承认，他在对一些菌类物种分类和命名时有些迷惑：“因为我总是时不时会疲于解密——深感真菌学从来都不适合女性，她们更喜欢直接跳到结论而不是这样磨人的研究。”[35]伯克利以她的名字命名了一个菌类的属作为纪念，表达对她的尊敬。[36]

赫西给伯克利的信，写于她为那本真菌学书绘制插图、准备说明文字时期，她在信中咨询了材料组织和编辑方面的建议。伯克利回应她的担忧说，她可以“从植物志上的科属表上原封不动照搬下来”，但赫西考虑到本书的风格和读者群，告诉他“通常会让赫西先生先读下，看看内容是不是非植物学家的读者也能理解”。这本书最开始的系列插图是通过订阅的方式发行，定价很高。她希望把伯克利的名字列在订阅者名单上，当然是她付费，作为礼物送给他。然而，插图却存在一些问题，她对插图的印刷质量表示“相当厌恶”，抱怨说“艺术家感觉自己的作品面目全非”。[37]因为不满石版画糟糕的印刷质量，她和出版商产生了矛盾，她跟伯克利宣称第二个系列的插图不会再交给现在的出版商洛弗尔·雷威（Lovell Reever），她希望采用银版照相法印刷所有的菌类插图。但她最后还是把这部分交给了雷威出版，这次没有用订阅的方式，“冒着风险，可能会亏本”。

安娜·赫西是如何对菌类产生兴趣的呢？我们已经看到，在公众视野下，为植物学兴趣发声的大部分女性都是受到家庭影响而投身植物学，家庭关系为她们提供了机会，但公共的研究机构却没有。来自牧师家庭的女性往往得益于宗教对自然探究的认可，社交网络也在赫西的经历中发挥了重要作用。赫西婚前名叫安娜·雷德（Anna Maria Reed），是牧师的女儿，后也嫁给了牧师，她丈夫的大家族里就有植物学家。[38]她的妹妹范妮·雷德（Fanny Reed）也同样喜欢画画和菌类，在赫西给伯克利写信前，姊妹俩已经一起画了大量的英国菌类。通过伯克利赫西又结识了另一位医生查尔斯·巴德汉（Charles Badham），巴德汉可能是在退休后成了一位助理牧师，对真菌学亦产生了兴趣，写了一本食用菌类的书《英国可食用菌类》（*A Treatise on the Esculent Funguses of England*，1847）。

赫西将自己的书与巴德汉的书以及伯克利《英国植物志》中的菌类章节联系在一起：“巴德汉博士已经写了一本伞菌类的

科普书——我和妹妹画了大量的英国菌类图像——我们希望合力出版一本类似的插图作品，这本书将会交给朗文公司出版……我们的计划得到了不少鼓励——我们希望供大众读者阅读，激发普通人的兴趣，也希望这本书不会减少史密斯《英国植物志》续集的销量，不过说不定也可能会增加其销量。当然，那主要是我们自己做主了。”这封信含蓄地表示，利润也是《英国真菌图册》需要考虑的因素，教区牧师来自肯特郡贵族家庭，但他家的房子很小，有一个儿子远在莱顿上学。1849年赫西在《弗雷泽杂志》（*Fraser's Magazine*）上匿名发表了一篇文章，并向伯克利报告说：“杂志的稿酬挺高，比《英国真菌图册》好很多！”[39]

安娜·赫西的真菌学工作主要出于艺术目的，而不是从分类学、田野传统或基于显微镜的观察研究。她开始着手弄这本书时，在一封没有日期的信里谈道：“我今天被问到对真菌学了解多少，我回答说恐怕非常少——但我希望履行所有承诺——我也并非自不量力的人——如果我不能在大西洋的激流中探险，但至少我可以在浅滩尝试一下。我擅长画画——我对这点充满信心。”赫西并没有渴求或获得真菌学家、艺术家或作家之类的职业机会，她投身真菌学，尽管热情满满，但在40年代终究被妻 216
子和母亲的职责所牵绊。牧师丈夫可能没帮上忙，但也没有完全阻止她的工作，孩子们倒是成了帮手。她曾谈到年少的女儿们给她带标本回来，大声喊道“啊，妈妈，我们给你带回来了一些有趣的白色羊肚菌”[40]。她在家里工作，植物学成了她生活的一部分，但我们可以想见，她对自己和工作的定位依然迎合了当时的性别意识形态和家庭中的性别政治。

未能与植物学家对话：玛丽·柯比[41]

到19世纪中叶，大多数植物学女作家都是通过普及读物来传播她们的知识，但《莱斯特郡植物志》作者玛丽·柯比（Mary Kirby，1817—1893）却是例外。在她之前，关于此郡本土植物的书已经出版过几本了，但她的书却是莱斯特郡第一部完整的植物志。这本书收录了900多种本地开花植物和蕨类，采用自然分类方法，提供了生境和位置等详细信息，作者将多位牧师博物学家的成果整合到书中。[42]她在1848年的首版预留了一些空白页，送到当地的植物学家那里，好让他们添加本土植物的一些新物种或新分布信息，这一步工作之后才形成了《莱斯特郡植物志》完整版（见插图48）。最终的版本主要是增加了一些本土的植物新种或新分布以及相应的鉴定者（信息），植物按照自然分类系统排序，“双子叶或外源性植物”之后是“单子叶或内源性植物”。这个版本还包括一些基本信息和医药知识，是由玛丽·柯比的妹妹伊丽莎白·柯比（Elizabeth Kirby）完成的。

柯比从事科学工作和写作的轨迹与同时代科学文化中的女性相似。她出身于莱斯特郡一个富有的袜子生产商家庭，她从小接受正规教育以及私教辅导，在走读学校上过学，也受教于各科家庭教师。柯比的父亲将查尔斯·奈特和实用知识传播协会发行的杂志带回家，以便能给孩子们提供健全、有用的知识。[43]柯比家有一位朋友是莱斯特郡手工学会主席，会送她书籍、教她语言，并让她得以结识冬季来做科学巡回讲座的老师。她曾回忆说，她参加过天文学、地质学和声学等讲座，到30年代

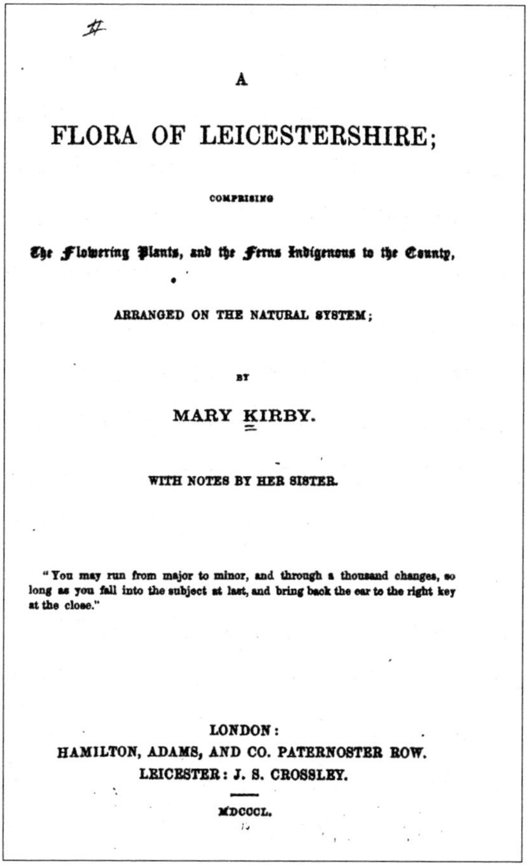

A

FLORA OF LEICESTERSHIRE;

COMPRISING

The Flowering Plants, and the Ferns Indigenous to the County,

ARRANGED ON THE NATURAL SYSTEM;

BY

MARY KIRBY.

WITH NOTES BY HER SISTER.

"You may run from major to minor, and through a thousand changes, so long as you fall into the subject at last, and bring back the ear to the right key at the close."

LONDON:
HAMILTON, ADAMS, AND CO. PATERNOSTER ROW.
LEICESTER: J. S. CROSSLEY.

MDCCCL.

插图48：玛丽·柯比《莱斯特郡植物志》封面

晚期就对“植物学产生了浓厚的兴趣”。一家人在拉姆斯盖特 217
（Ramsgate）海边度假时，她“洗劫”了海岸，“在每个洞穴和角落搜寻花花草草之类的东西”，还在床垫下压标本。柯比拜访邱园时见了威廉·胡克，“他的英国植物志每天都陪伴着我”[44]。她的一位表妹也学习了植物学，据说是被她“狂热的植物学爱好”所感染。在40年代晚期，柯比在田野植物学家的

杂志《植物学家》上投了一篇植物学简报。[45] 218

迫于经济上的压力，玛丽·柯比写了《莱斯特郡植物志》和后面的一些作品。1848年，父亲去世，他在40年代晚期生意损失惨重，对女儿们充满担忧，“父亲给她们的所有关心照顾都没有了……她们只能自求多福了”。于是，她和未婚的妹妹们决定投身写作，以保障她们将来的生活，玛丽和伊丽莎白“很快就开始谋划这本书的写作”[46]。《莱斯特郡植物志》的出版只是为了自给自足，并没有让她们从此专门投入主流的专业植物学写作，但姊妹俩因这本书成为受欢迎的合著作者，后又为青少年写了20多本书。[47]当然，植物学是她们一贯强调的主题。例如，一本写给青少年的书《陆地和水里的植物》（*Plants of the Land and Water*，1857）在植物学知识中融入世界各地如何利用植物的“有趣故事”。她们“把植物世界写成简短有趣的小文章”，这种形式与同时代安妮·普拉特的书相似。柯比姊妹俩将这本书推荐给出版商，作为一系列青少年博物学插图读物之一。玛丽·柯比曾写道，这本书“写起来很容易，因为我对植物学知识信手拈来，而伊丽莎白的写作非常流畅”[48]。

柯比姊妹俩的写作很符合她们的性别和阶级：在家工作，读者对象是儿童，是与性别相契合的职业作家。玛丽·柯比将植物学兴趣利用起来，转变成她们的经济来源，她在自传中分享了写作带来的个人和职业上的回报，包括挣钱的快乐。“赚钱，”她写道，“似乎是最愉快的事……很开心我们的书稿卖得不错，带来了丰厚的利润。”她们非常成功，而且也获得了足够的定期收入，从不需要向皇家文学基金申请救助。姊妹俩深受出版商欢迎，各种交稿期限督促她们努力写作。玛丽·柯比回忆说，九月的一个晚上，妹妹去参加一个聚会，她在家“安静地将植物标本从楼上的餐厅搬下来”[49]。在中年时，玛丽·柯比嫁给了牧师亨利·格雷格（Henry Gregg），姊妹俩已赚了足够的钱给他买下一处住所。

当地的家庭环境有利于塑造玛丽·柯比的植物学和博物学科普写作事业，但她的故事也代表了19世纪50年代植物学文化 219
中更广泛的女性群体。在《莱斯特郡植物志》出版后，她收到植物学家威廉·胡克“令人愉快的”来信，她写道：“任何能激发公众对植物学的兴趣或让这门学科受欢迎的本土努力，［胡克］总会发来慰问。”正如前文所讨论的，胡克在30年代晚期帮助伊丽莎白·沃伦推销《供学校使用的植物学图表》。尽管有胡克对植物学普及的友善和支持，但在当时的科学态度下却显得有些势单力薄，至少植物学家约翰·林德利就没有让她觉得自己受欢迎。她在自传里回忆了一件逸事，1857年也就是《莱斯特郡植物志》发表后第七年的一天，她们拜访了居住的诺维奇夏季宅院的林德利一家人，那会儿姊妹俩的《陆地和水里的植物》刚出版不久。玛丽·柯比回忆说：“对伟大的［林德利］博士来说，除了像他自己那些最专业的著作，他不会认可其他作品。”那天下着雨，聚会只能改成室内游戏，但并没有什么关于植物学的对话。“我觉得这位伟大的博士和我们之间没有‘选择性亲和’，他的表现让我们感到很拘束，一点儿也不放松。”[50]

玛丽·柯比在1857年无法与约翰·林德利平等对话，反映了19世纪中叶专家与通才、学术作家与普及作家、自封的“科学”群体与被边缘为“更文学化”的群体开始分化，两个群体书写自然的巨大差异导向了迥然不同的职业选择。在玛丽·柯比的案例中，植物学在一定程度上是个人的业余爱好，更大程度上是她在公众视野下成为作家的契机。很明显，她选择不去跨越某些界限，自传中她顺便“诙谐”地谈论道，她和妹妹在写“一百年之后会发生什么？男人将如何被女人踢出所有的职业？甚至这个国家的政府也由女人来管理；国会里也不再见到男人的身影”[51]。柯比在当时的性别化环境中选择了必要而实用的策略，既然通向植物科学的道路越来越男性化和职业化，她便选择了更简单、更受欢迎也更有利可图的科普写作之路。

简·劳登：女士植物学还是现代植物学？

到19世纪40年代，植物学文化中几个不同的群体已经整合 220
到一起。简·劳登（Jane Loudon，1807—1858）在四五十年代是最著名的职业科普作家，著述颇丰，出版了一系列以女性和年轻人为主要读者对象的植物学普及读物。她迎合当时的出版市场需求，尤以园艺学写作最为称著，例如《女士花园指南》（*The Ladies' Companion to the Flower Garden*，1841；第九版，1879）和《女士花园多年生观赏植物》（*The Ladies' Flower-Garden of Ornamental Perennials*，1843—1844）。她为丈夫约翰·劳登主编的园艺学刊物《园艺师杂志》写了不少文章，还创办和主编了《女士园艺杂志》（*Ladies' Magazine of Gardening*，1842）。她的作品也包括普及读物和教育类图书，特别是植物分类的书。[52]

简·劳登从事植物学和园艺学写作，缘于她与19世纪中叶最著名的作家和农学家约翰·劳登的婚姻。23岁时，简·韦伯（Jane Webb）嫁给了比她年长很多的约翰·劳登，后者是勤奋而多产的百科全书编撰者、记者、城市规划师、景观园艺师和作家，对农业和技术革新也很感兴趣，而那时的她也已经发表过诗歌和小说。他们会面时，约翰·劳登热情洋溢地评价了她的小说《木乃伊》（*The Mummy*，1827）。那是一部科幻小说，讲述的是发生在2126年伦敦的故事，里面设想了各种新技术，如拖拉机拉的犁、悬浮桥和挤奶机等。他们在一起13年，她是丈夫的秘书和助手，陪同他到英格兰和苏格兰各地去远足、研究园艺学。[53]他们第一次见面时，她对植物学还一无所知，事实上她小时候甚至对植物学有些反感，因为林奈植物学让她感到有些困扰。结婚后，她才开始学习植物学，因为作为劳登先生的妻子，对植物学的无知让自己觉得难堪。初学时，她一边自学一边参加约翰·林德利的讲座。她进步很快，先是走出开始学习植物学的尴尬，然后又将个人的植物学知识转变成公开的植物学写作。

在维多利亚时代的性别意识形态限制下，简·劳登充分利用机会，从事园艺学和植物学写作。她的园艺学作品强调植物知识在园艺中的应用，而她的植物学写作则体现了植物分类学自身的价值。《第一本植物学书》（*The First Book of Botany*，1841）是“写给学校和青少年”的，介绍了所有植物分类系统 221
里都常用的术语，作为学习植物分类和鉴定知识实用的第一步。劳登讲解了植物器官和主要类型，如草本和肉质植物，这对学习林奈系统和自然系统都很有帮助。《英国野花》（*British Wild Flowers*，1844）一书中，她依据自然分类方法，系统地讲解了植物学知识。为了展示每科的植物，她都用英国本土野花举例，但与安妮·普拉特不同的是，她并没有将民间故事和植物用途等内容写进来。她追随约翰·林德利那本“植物学学生人手一本”的《英国植物志概要》（*Synopsis of the British Flora*），系统地编排和讲解植物学知识。

简·劳登的植物学入门书和文章为女性学习植物学提供了机会。就像安妮·普拉特和其他职业的博物学/植物学科普作家，劳登对自己的定位就是（提供）入门知识，帮助她的读者跨入科学的门槛。劳登试图通过写作引导更多的女性走进植物学，正如她在《英国野花》中所言，立志要“引导可能不了解植物学的读者进入这门迷人的科学，这门学科一直都被严重忽视了”。她继续说：“我必须承认，没有什么比看到女子学校都在教植物学能让我更开心了，就好像现在的法语和音乐课……我诚挚地期待这一天能到来，到那时植物学成为每一个受过良好教育的人必不可少的知识，尽管我估计在有生之年等不到这一天。”抛弃林奈性系统、转向自然系统有利于她的写作。可能有人会说，林奈系统简便的鉴定和分类方法对初学者来说更容易，但林奈分类方法对植物的性的强调，依然是女孩子学习植物学的一个障碍。简·劳登自己也认为林奈系统“不适合女性”，并将其与自然分类方法进行对比，认为后者“不会招来什么异议”。[54]

简·劳登的植物学大手笔《写给女士的植物学》（*Botany for Ladies*，1842，见插图49）是一部专业的植物学书，但比较浅显，是“参照德堪多的方法介绍植物自然分类学的通俗读物”。这部书包括两部分，第一部分描述了大量英国常见的本土植物目和属，另一部分是德堪多分类方法的概要。劳登解释说这

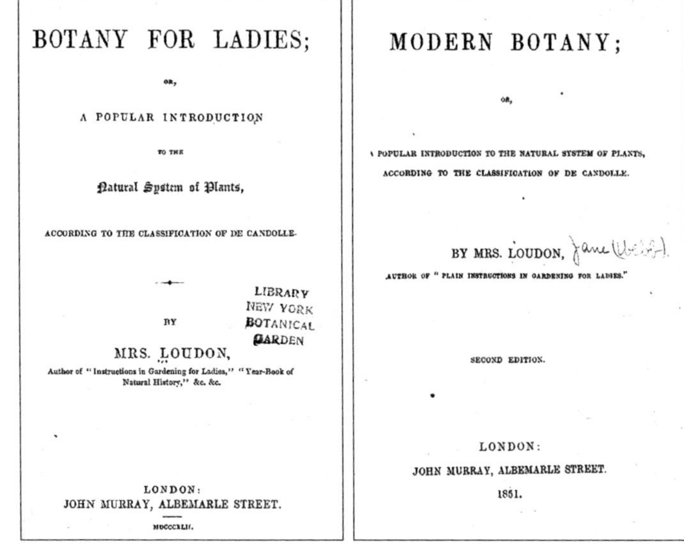

BOTANY FOR LADIES;

OR,

A POPULAR INTRODUCTION

TO THE

Natural System of Plants,

ACCORDING TO THE CLASSIFICATION OF DE CANDOLLE.

BY

MRS. LOUDON,

Author of "Instructions in Gardening for Ladies," "Year-Book of Natural History," &c. &c.

LONDON:
JOHN MURRAY, ALBEMARLE STREET.

MDCCCXLII.

MODERN BOTANY;

OR,

A POPULAR INTRODUCTION TO THE NATURAL SYSTEM OF PLANTS, ACCORDING TO THE CLASSIFICATION OF DE CANDOLLE.

BY MRS. LOUDON,

AUTHOR OF "PLAIN INSTRUCTIONS IN GARDENING FOR LADIES."

SECOND EDITION.

LONDON:
JOHN MURRAY, ALBEMARLE STREET.
1851.

插图49：简·劳登的《写给女士的植物学》（左）以及再版后更改的书名《现代植物学》（右）

本书是为了辅助植物的鉴定："这个大工程的目的，是让读者在 222
第一次看到一种植物时就能找出它的名字；或者，如果他们听说或读到一种植物的名字，脑海里会浮现那个名字对应的植物。"

《写给女士的植物学》是另一个版本的《女士植物学》，后者是8年前植物学家约翰·林德利写的。林德利是伦敦大学的植物学教授，他为新一代读者写了一系列介绍植物自然分类体系的教材。其中，《女士植物学》是写给女性读者的，正如前文所讨论的，他希望自己研究的科学植物学能有一个女士读得懂的版本。然而，《女士植物学》中的植物学知识对一些女学生来说依然比较困难，如劳登所言，"即便是（《女士植物学》），我想知道的知识大多没涉及，却讲了一堆我看不懂的东西"。她有力地指出科学写作的困境，对不少女性来说门槛依然过高，包括她自己：“对男性来说，他们的知识随着其成长而增加，随着他们的力量增大而加强，他们难以理解初学者极度的无知状态。想想看，他们的入门读物都是用拉丁语写的，比如以前的伊顿语法书——他们也需要有老师讲解。”[55]相比之下，《写给女士的植物学》则是写给像她这样的女性。

简·劳登在讲解植物分类方法时，并没有像之前的女性植物学作家那样采用亲切的写作模式。她用第一人称的口吻叙述，例如：“我的读者们可能……非常惊讶，因为我准备学习……”但并没有营造家庭氛围和姊妹对话，没有将植物与文学、道德扯到一起，也不涉及植物食用或药用价值。《写给女士的植物学》在这方面与对话和书信的写作方式大相径庭，后者是上一代女作家们常用的家庭叙事手法。在最开始写作时，她也采用过这种方式，如《年代学和通史对话录》（*Conversation upon Chronology and General History*，1830）就是仿造简·马塞特《自然哲学对话》（*Conversation on Natural Philosophy*）写的，塑造了一位母亲和两个女儿的角色。但劳登之后的作品再也没有一位母亲式的人物角色作为指导者或讲述者，《第一本植物学书》看上去很明显像是用对话或书信营造了一种家庭的叙事氛围，但这本书在讨论植物学的基本术语时，更像是一本标准的教材，没有塑造任何角色或对话者。 223

到19世纪40年代，对话和书信模式在女性科学写作中已经不那么流行，简·劳登为了寻找一种适合初学者的科学植物学，她尝试用更合适的写作模式，让更多女性读者能够参与植物学。她决定摈弃对话体的写作模式，但选择了《写给女士的植物学》

这个书名。也就是说，为了保险起见，她继承了老传统下熟悉的书名风格，但同时又选择了女性植物学写作的新模式。从此，劳登的入门书里不再有母亲这个角色，她也拒绝了自18世纪晚期以来女性科普写作中一直占主导地位的写作模式。

劳登的文本风格选择，不仅是文学上的慎重决定，也反映了她在女孩教育方法上的观点。在18世纪90年代，很多作家都支持在家里教育女孩，而不是送她们到当下时兴的寄宿学校去。即使有着不同政治倾向的作家，如普丽西拉·韦克菲尔德和汉娜·摩尔，都认为母亲在女儿的教育问题上占据着新的核心地位。简·劳登在19世纪40年代对此有不同看法，她支持大多数女孩接受家庭教育，但反对母亲在幼年道德教育之外还包揽其他方面的教育。她赞同教育的职业化，意味着由专业的教师负责教书育人，而不是靠"无所不能"的母亲。劳登创办和主编的《女士指南》是每逢周六发行的大版面周刊，她在上面的一篇文章中指出，"比起那些把教书当成研究的专业人士，我觉得母亲在教育孩子这方面并不比他们做得好"[56]。因此，她在写作时，提倡把植物学从母亲教育中剥离出来，让专业老师接过教育的接力棒，母亲角色在早期教科书写作的历史中就随之变得无关紧要了。

劳登迫于经济困境而成为职业作家，尽力去满足读者需求并留住他们。因此可以想见，她会积极响应读者和出版社变化的口味。回想约翰·福赛斯在1827年谩骂"喋喋不休的老妇人和卖弄学问的老处女"，指的就是18世纪90年代到19世纪20年代从事科普写作的女作家们。到19世纪40年代，科学写作的风格已经改变，亲切的写作模式无疑已成过去式。因此，简·劳登为她的植物学书选择了新的写作风格，部分原因也是考虑到市场的需求。1843年，似乎从不知疲倦的约翰·劳登去世，简·劳登时年36岁，有一个年幼的女儿，突如其来的家庭变故强烈地刺激了她的写作生涯。虽然简·劳登拥有不少约翰·劳登的作品 224
版权，但他也留下了大量的出版债务，还有各种其他事务都需要简·劳登全权处理。作为“几部植物学相关著作已故作者的遗孀”，她获得了“皇室年俸”（Civil List），每年有100英镑的抚恤金，作为约翰·劳登“服务和功绩”的褒奖。园艺学会的公众见面会帮忙推销约翰·劳登的作品，为这个家庭提供一些经济收入。皇家文学基金会也邀请她申请援助，就像她最早写作时那样，基金会提供了帮助。[57]1844年5月，她写道：“我现在都没有收入，但希望可以从我的文学活动中赚点钱，我也希望……可以从已故丈夫的版权中得到点收入。”她希望“很快能够通过自己在文学上的努力维持家庭的开支”[58]，在接下来的15年里，努力靠写作维持自己和女儿生活的她，在还比较年轻的时候便去世了。

不管是植物学写作还是大众写作，简·劳登都没有让自己太偏离主流的文化趋势。到40年代时，自然分类系统几乎完全取代了林奈植物学，植物的性描述对入门图书来说已经无关紧要，作者们无须纠结于分类系统的选择争议。但她在写作时，眼前和身边似乎总有一个可能会买单的理想读者群，她对公众的品味有清楚的认识，或者说至少了解目标读者的喜好。因此，她避免谈及植物的性，采取了珀金斯夫人在30年代《植物学基础》的删减策略，《第一本植物学书》为“学校和青少年”讲解了植物学各方面的知识，完全没有涉及任何性繁殖的内容。

简·劳登作为一位职业作家，坚持培养女性心智，但认为这必须符合男女两分领域的普遍性别意识形态。《女士指南》期刊充斥着时尚服饰、供家庭传阅的书评、梭织花边、女性传记、“家政窍门和收支”等主题的文章，在第一期的编者按里，她解释说这个期刊的目标“不是要女性篡夺男性的位置，而是让她们成为理性和聪慧的人”。她认为宗教和政治不合适这个期刊，回想自己曾经有“想成为博学的女士或所谓的‘蓝袜子’的糟糕想法”，那是19世纪的开端，自己还是个小孩，“经常幻想自己……成为恼怒的老女仆，不喜欢孩子，夸夸其谈，说些几乎没 225
人听得懂的东西”。[59]

然而，科学主题也完全符合《女士指南》的期刊宗旨，上面发表了不少关于科学的文章，很多还是男科学家写的，包括地质学、自然地理学和化学，以及她自己写的15篇植物学系列文章。事实上，劳登创办女性期刊表明：她在当时的知识领域里已经是一位现代化和职业化的实践者。发人深省的是，作为一位沉浸植物世界的作家，她却对本草学毫无兴趣。不同于同时代的安妮·普拉特，劳登完全不谈论植物的食用和药用价值，也明确拒绝在期刊上提供医药建议。1850年，她在回复一位读者来信时说：“我生病时都求助于医生，我建议来信的读者们也这样做。”[60]比之更有说服力的证据是，城市中产阶级中的“药婆”开始退居二线。如此情形下，这位精通园艺学和植物学的女性会远离女性的传统领域和本草学知识，就不足为怪了。

劳登《写给女士的植物学》第二版于1851年更名为《现代植物学》（*Modern Botany*），她在写作过程中刻意追求现代化的意图更加显而易见。在水晶宫的大展览那年，这本普及自然系统下植物学分类和命名的科普书，在新的十年开始用这个新书名。“现代”这个形容词无疑增加了这本书对作者、出版商和购书人的吸引力，他们都希望追随最新的潮流。不管改变书名的决定是来自简·劳登本人还是她的出版商，这种改变都与19世纪中叶关于读者、教育、科学的地位、现代性和文学市场等多方面的观念产生了共鸣。

劳登这本为迎合市场而更名的《现代植物学》，也反映了19世纪中叶与性别意识形态相关的女性教育争论。尽管维多利亚普遍的观念已经在呼吁女性的教育核心是家庭职责、母亲角色和婚姻责任等，但社会现实是，不结婚的“剩女”引起了社会的关注，新一代的学校女教师也开始对中产阶级女孩的教育产生了影响，为女孩们在将来谋求带薪工作做准备。传统教育家认为女
性应该学习一些与男性不同的知识，他们预设了社会角色的不同 226
决定了教育方法的差异。但现在的观念已经大为改变，不少女性教育者认为性别化的教育模式不利于女孩子，尤其不利于中产阶级女孩成年后在社会上找工作。她们希望采用一直以来在男子学校施行的教育模式，对女孩也推行古典和绅士的自由教育，支持女孩子的道德和知识教育模式，同时融入现代的语言和科学教育。到50年代，男子学校的教育实践也逐渐成了女孩教育的模式[61]，正如简·劳登在书中和期刊出版方式中所体现的那样。《女士指南》刊登了一篇文章，题为“女性的书和男性的书”，反对将女性的阅读和学习限制在适合女性的特定主题，认为女性也应该读男性的书，反过来男性也可以读《女士指南》这样的杂志。作者在这篇文章中立场很明确：除了不同的男女分工和职责，还有一些话题是“不分性别的”[62]。

在当时的性别差异、女性教育和课程改革等引发争论的语境中，《写给女士的植物学》到没有任何性别指向的《现代植物学》的书名更改，旨在引导女性读者突破两分领域狭隘观念的桎梏，进入19世纪中叶更广阔的植物学探究模式。如果“心智无性别”，女性的科学教育就不该异于男性，而是应该和男性读同样的科学读物。新的《现代植物学》书名不仅为女性开辟了更广阔的智识领域，也是在邀请男性读者来阅读这本入门书。

然而，随着专门为女性写的读物退出市场，也意味着女性被踢出科学的公共舞台，至少在出版业是这样。女性从植物学文本世界隐退，女性的空间也不再是科学的场域。这些变化折射了植物学自我呈现的巨大转变，从家庭和以家庭为中心的娱乐活动中脱离出来，探究自然也不再是通识教育的一部分，意味着科学写作发生了越来越多的转变。

女权主义者的植物志：莉迪娅·贝克尔

1864年，莉迪娅·贝克尔（Lydia Ernestine Becker，1827—1890，见插图50）出版了《植物学启蒙书：植物的自然分类系统概览》（*Botany for Novices: A Short Outline of the Natural System of Classification of Plants*），不久之后，她成为著名的女权主义者，当选为妇女选举权运动的领袖。这本书主要内容是关于植物结构而非名字，关注的是自然系统里的开花植物，清楚明了解释了这个分类系统中单子叶和双子叶植物之间的差异。作者详解了如何解剖和观察植物器官，对木本的马栗树和甘蔗里的生长轮进行了比较，从而探讨了外生结构和内生结构的差异。这本“小书”是写给“那些希望了解一点植物学但又被冗长单词吓到的人，他们在翻开一部晦涩的植物学著作时不知所措，一看就觉得要真学起来有太多难以克服的障碍；或者那些毫无缘由担心自己没法深入学习这门科学的人，因为需要去背大量冗长晦涩的植物学名，而且劳神费力学了之后也不见得比以前聪明多少”[63]。

《植物学启蒙书》署名只有三个字母“L. E. B”，与丹尼尔·奥利弗那本“现代”版的亨斯洛植物学出版于同一年，两本书都代表了同一种植物学的叙述方式。这本书是专门为年轻女性 228
写的，但在序言和正文中对这一点并没有明说。它没有明确的性别指向，书的内容也只有植物学，没有掺杂道德教育、精神修养和各种庞杂的教育评论，也没有诗歌。虽然作者是女性，但这本书看上去与标准化的、客观的男性植物学写作并无差异。事实上，作者莉迪娅·贝克尔并不希望让人看出来这本书是一位女性写的，或者专门写给女性读者的。

莉迪娅·贝克尔是维多利亚时期著名的女权主义者，从1867年开始就在妇女选举权国家协会（National Society for Women's Suffrage）担任秘书一职，同时也是该组织的《妇女选举权杂志》（*Women's Suffrage Journal*，1870—1890）月刊主编。[64]她是一位精力充沛的演讲家和随笔作家，为女性各方面的权利呼吁呐喊，多年来她每天都为女性的选举权运动尽心尽职。1868年，她协助成立了已婚妇女财产委员会（Married Women's Property Committee），致力于向议会施压，促进 229
相关的立法改革。她当选为曼彻斯特新建的学校校董，成为当地第一批担任公职的女性之一，对女孩的教育尤为感兴趣。[65]她还是曼彻斯特女子文学协会（Manchester Ladies' Literary Society)的主席，为女性组织了一系列讲座。

贝克尔是一位雄辩的女权主义者，她呼吁女性接受科学教育，那时正值中产阶级的学校教育开始取代家庭教育，而一些学校和大学也为女性科学教育敞开了大门。[66]经过学校调查委员会（Schools' Enquiry Commission）的努力，英国在1868年将女孩的科学教育纳入国家教育议程，而女子学校也在所涉名单上。后来广为人知的陶顿委员会报告批判了女孩教育中的不足，关于女孩在初等和高等教育中所用课程和教育方法争论接踵而至。莉迪娅·贝克尔强烈支持和提倡女性教育应该和男性有统一的标准，而不是在分离的领域进行差别化教育，她认为两性的心智没有本质区别。因此，她争辩说大学层次的单一性别和“额外的‘女性课堂’”实际上“偏离了性别平等的原则”。她反对大学教育对女性采取性别隔离的科学教育，写道：“就女性的科学教育而言，我一开始就反对［差异化的］教育假设，我认为这种方式将女性的科学教育作为特殊的例外，区别于男性的科学教育。不管在哪门科学中，男女学生都应该接受相同的训练，他们的资历和能力也应该受到完全一样的规则检验；在本质上，这些学科并非对某种性别的人来说更有吸引力或优势。”[67]

贝克尔这种维多利亚时期中叶的女权主义思想也暗藏在《植物学启蒙书》中，早期面向女性读者的植物学书预设了女性的植物学教育只有在分离的文本空间里才是最成功的。那些有明确性别指向、写给女性的书以不同的腔调写作，从母亲的口吻到居高临下的训导再到姐妹间的亲切对话，但如本研究所探讨的，它们往往都有相似的一点，即选择私人的家庭空间或个人关系为基底的写作模式。贝克尔摈弃了植物学普及读物中亲切的写作模式，因为那种方式一看就是专门写给女性的。可能更重要的是，她认为用男性科学教育的方式去教育女性，才是明智的选择。在 230
她看来，将女性当然也是女性气质的东西搁置一边才能成功，不允许教育和教学法中存在性别差异。

莉迪娅·贝克尔出身于兰开夏郡乡下一个富有的制造商大家族，排行老大，只接受了家庭教育。由于受到一位爱好植物学的叔叔鼓励，她在年轻时就积极学习植物学。曼彻斯特科学文化圈子里响当当的人物约翰·利（John Leigh）跟她通信聊植物，寄标本给她，也教她如何采集、干燥植物并相互交换标本，还推荐植物学书给她。约翰·利似乎给贝克尔设置了严格的植物学课程，尤其是植物结构的学习，并不只是对她的标本分类。[68]在60年代，她获得了一项干燥植物收藏的国家奖，因为她设计了一套保持植物颜色的标本干燥装置。在1863年到1877年间，贝克尔与查尔斯·达尔文保持植物学通信，探讨变异和杂交等问题，也寄送了标本给他。在曼彻斯特女子文学协会的第一次会议上，贝克尔邀请达尔文寄一篇植物学的论文来，不料他寄了两篇。[69]她自己研究了一种寄生菌对特定植物繁殖发育的影响，并在1869年英国科学促进会的埃克塞特会议上宣读了一篇植物学论文，她的报告称“朝鲜剪秋罗（*Lychnis dioica*）上的寄生菌会让它的花呈现……两性花”，并认为这可能体现了达尔文的泛生论。[70]

植物学是她个人生活的重要部分，即便她越来越多地投身女性的参政选举权运动，也依然如此。1867年，剑桥大学植物学教授查尔斯·巴宾顿（Charles Babington）拒绝在她寄过去的选举权请愿书上签字，他写道，“我希望在这事尘埃落定之后，你能回到文雅的植物学中，我还有可能帮帮你”[71]。莉迪娅·贝克尔对植物学一直有浓厚的兴趣，“我希望我不会拿［植物学］的琐事来烦您”，1887年她这么写道，“但植物确实是我喜欢的东西，我想我永远不会放弃这项爱好”。[72]贝克尔的传记作家称，在被政治工作搞得疲惫不堪时，她“最好的放松方式”就是“走进邱园的花园和温室里”。[73]

《植物学启蒙书》与莉迪娅·贝克尔的文化实践也是一致的，作为女权主义植物学家，她支持将男性的科学作为普遍科学。在那个时代，她的这种策略对女性来说可能是正确的选择，
因为那时候性别分化的实践常常演变成对女性不利的性别化等级 231
和性政治。只要性别差异被解释为女性的缺陷，倡导教育平等就是重要的策略。贝克尔将男女平等和科学教育的观点置于男女无差别的假设上，也顺理成章地认为至少有一些女性可以有机会在大学接受科学教育，这种策略也为一些女性开辟了职业道路。贝克尔和几十年前的约翰·林德利一样，反对文雅的教育模式，提倡将女性的植物学教育变成更严谨的男性模式。然而，反对性别隔离意味着接受科学和“科学家”的“性－性别－科学”男性模式。

相比普丽西拉·韦克菲尔德，莉迪娅·贝克尔的《植物学启蒙书》提供了更宽泛的知识领域，跳出家庭和母职的局限且不受地理或精神的限制。但她的科学也失去了个性、脱离了语境：科学和生活已分离，科学与道德之间亦不再有任何文本上的联系。早期女性写的植物学书体现了科学作为人文主义事业的一部

分，韦克菲尔德、萨拉·菲顿、简·马塞特，甚至19世纪40年代的简·劳登都代表着个性化的声音。她们写的入门书成为植物学教育的一种模式，但莉迪娅·贝克尔因自己的女权主义者身份，用另一种科学写作方式替换了这一切，不再有可见的科学教育者，苍白空洞的声音里（表面上）看不到也听不出其性别。

这个议题依然存在问题。在职业化和去女性化的科学文化中，让女性以平等的方式有机会参与主流科学似乎大有裨益，但这也就意味着用男性模式去建构科学，让它远离家庭、母职和语境化的思考，以及其他被性别化为“女子气”的文化因素。

注 释

［1］ 关于维多利亚时期女性写作的社会学研究，参考Tuchman, *Edging Women Out*, and Mumm, “Writing for Their Lives”.

［2］ Eliza Eve Gleadall, *The Beauties of Flora*, 2 vols. (Wakefield, 1834—1837). 19世纪30年代一份招生计划上宣称辛普森小姐和格利德尔小姐“还有一两个给年轻女士的名额，她们或许可以作为寄宿生，享有住宿和私人授课”。除了讲授英语语法、历史、阅读和“时尚课程”，她们也教法语、意大利语、音乐、绘画、舞蹈、写作、地理和天文学等课程。

［3］ [Charlotte Elizabeth Tonna], *Chapters on Flowers*, 3rd. (London, 1839), 60, 245. 在“植物肖像”中将植物艺术与诗歌融合在一起、采用象征手法的作品还包括Lousia Twamley, *The Romance of Nature* (London, 1836), and *Flora's Gems, or the Treasures of the Parterre* (London, 1837); Rebecca Hey, *The Moral of Flowers* (London, 1833), and *The Spirit of the Woods* (London, 1837)等。

［4］ Christine L. Krueger, *The Reader's Repentance: Women Preachers, Women Writers, and Nineteenth-Century Social Discourse* (Chicago: U of Chicago P, 1992), chap.7.

［5］ Sarah Waring, *A Sketch of the Life of Linnaeus* (London: W. Darton, 1827), ix. 萨拉·韦林还写了《野花花环》*The Wild Garland, or Prose and Verse Illustrative of English Wild Flowers* (London, 1827; 2nd., 1837)一书，该书将浪漫主义诗歌、宗教和植物学知识融为一体。

［6］ 路易斯·图安姆雷《我们熟悉的野花》序言。另一个例子是艾米丽·艾顿（Emily Ayton）《路边的教导》(*Words by the Way-side, or the Children and the Flowers*, London, 1855)讲述了儿童和他们的家庭教师，她教孩子们道德、宗教和林奈植物学。

［7］ Mrs. E. E. Perkins, *The Elements of Botany* (London: Thomas Hurstm, 1837), 序言。

［8］ 书评见George Banks, *An Introduction to the Study of English Botany, Gardeners' Chronicle* 9 (1833): 453.

[9] Perkins, *Elements of Botany*, xix.

[10] Ibid., 137–138.

[11] 珀金斯的作品还包括《绘画基础》（*Elements of Drawing*, 出版日期不详），《服饰与针织》(*Harberdashery and Hosiery*, 1853)和《弗洛拉和塔利亚：花与诗歌的瑰宝》（*Flora and Thalia, or Gems of Flowers and Poetry*, 出版日期不详）。

[12] 转引自Morag Shiach, *Discourse on Popular Culture: Class, Gender and History in Cultural Analysis, 1730 to the Present* (Cambridge: Policy, 1989), 27.

[13] Anne Pratt, *The Flowering Plants and Ferns of Great Britain*, 5 vols. (London: Society for Promoting Christian Knowledge [SPCK], 1855), 3: 15; idem, *The Green Fields and Their Grasses* (London: SPCK, 1852), preface; idem, *The Ferns of Great Britain* (London: SPCK, 1855), 1.

[14] 现已更名为*Tripleurospermum inodorum*。——译注

[15] *Tanacetum parthenium*的同名。——译注

[16] Anne Pratt, *Wild Flowers* (London: SPCK, 1852–1853). 每卷有近100页的插图，每幅插图配有两页文字说明。

[17] James Britten, "Anne Pratt", *Journal of Botany* 32 (1894): 205–207; *Dictionary of National Biography*, 1921, 16: 284–285; *Women's Penny Paper*, Nov. 9, 1889; Margaret Graham, "A Life among the Flowers of Kent", *Country Life* 161 (1977): 1500.

[18] Anne Pratt, *Dawning of Genius, or the Early Lives of Some Eminent Persons of the Last Century* (1841), 序言。

[19] 这里我引用了乔纳森·托珀姆（Jonathan Topham）的观念，见他的文章："Science and Popular Education in the 1830s: The Role of the Bridgewater Treatises", *British Journal for the History of Science* 25 (1992): 397–430.

[20] Anne Pratt, *Chapters on Common Things of the Sea–Side* (London: SPCK, 1850), 1, 32, 36.

[21] *Women's Penny Paper*, Nov. 9, 1889.

[22] *Journal of Botany* 32 (1894): 205–206.

[23] Jackson, Pictorial Flora, iii–iv.

[24] Elizabeth Twining, *Illustrations of the Natural Orders of Plants* (London, 1849–1855): introduction.

[25] Allan Bird, *Arabella Roupell: Pioneer Artist of Cape Flowers* (Johannesburg: SANH, 1975).

[26] Schaaf, Sun Gardens, 7.

[27] 蓝晒法在早期的建筑和工程设计里用得最多，用这种方法复制的设计图为蓝色背景和白色线稿。随着印刷技术的发展，此方法现已弃用。——译注

[28] 根据大卫·艾伦（David E. Allen）的研究，“在维多利亚女王统治时期，英国发现的菌类物种数量翻了数倍”（见*Naturalist in Britain*, 128）。（按当时的观念，真菌被归为植物。——译注）

[29] Mrs. T. J. Hussey [Anna Maria], *Illustrations of British Mycology, Containing Figures and Descriptions of the Funguses of Interest and Novelty Indigenous to Britain* (London: Lovell Reeve, 1847—1849, 1855), ser. 2 (1855), pl. 25，这幅作品出现在两部昂贵的四开本中。系列一（1847—1849），包括90幅插图，按月发行，每期包括3幅插图，价格为5先令，一部完整的作品价格为7英镑12先令6便士。

[30] *Journal of Botany* 24 (1886): 252.

[31] Hussey, Illustrations of British Mycology, ser. 1, pl. 1; ser. 2, pl. 1; ser. 1, pl. 31.

[32] Ibid., ser. 1, pl. 5.

[33] Gwen Raverat, *Period Piece: A Cambridge Childhood* (London: Faber and Faber, 1987): 135-136. 我非常感激珍妮特·布朗（Janet Browne）给我分享了这段逸事。

[34] 这封信的日期是1846年8月16日，伦敦自然博物馆，伯克利书信集。

[35] 1849年4月20日书信，ibid.

[36] 在《胡克伦敦植物学杂志》（*Hooker's London Journal of Botany*）一篇关于锡兰菌类的文章中，极为详细地描述了一个新属，伯克利写道：“我用朋友赫西夫人的名字来命名这个属，她的才能很值得这样的荣誉。”（5［1847］: 508-509）他在信中向她告知此事，说：“我希望您觉得此属配得上您的大名，这是一种在锡兰亚当山的一种奇怪的马勃，相当有意思。”伦敦维尔康姆医药史研究所图书馆，一封写于1847年8月27日未发表的信件。

[37] 伯克利书信集，1847年1月27日、1月30日和5月27日的信件。

[38] 托马斯·赫西（Thomas J. Hussey）是肯特郡的一位教区牧师，来自肯特郡和萨福克郡的一个古老贵族家庭。与她同时代的詹姆

斯·赫西（James Hussey）是伦敦植物学协会的成员（见Allen, Botanists）。我非常感谢伦敦维尔康姆医药史研究所图书馆的西蒙斯（H. J. M. Symons）提供赫西家族的相关信息。

[39] 赫西写的故事"婚礼"讲的是"曲折的婚礼故事"，聚焦于一对没有家庭支持的年轻人的婚礼，也讲到了"'爱情'幻想破灭"时的情感压力，这个故事发表在39—40卷。她还讲了私生子和婚姻阴谋、上流家庭赶走儿媳妇这类故事；再比如，一位"最睿智和善"的老妇，形成对比的是上流家庭的妻子们对家庭的全心投入，等等。当时婚姻法正处于热烈的争论之中，她的这些故事反映了时事，但她也向伯克利承认，这些故事有些自传色彩，"将最痛彻的个人情感带入了故事中"。（见伯克利通信集1849年5月1日的信）

[40] Ibid, 1846年4月10日信件。

[41] 准确地讲，这部分应该是玛丽和伊丽莎白柯比两姐妹的故事。——译注

[42] 例如莱斯特郡牧师安德鲁·布洛克瑟姆（Andrew Bloxom）写了一本关于本土植物学的书，据称他"可能是最后一位全能的英国博物学家"（见*Dictionary of National Biography*, 1921, 2: 726）。玛丽·柯比在序言中感谢他的帮助，写道她将"所有存疑的植物标本"寄给了这位"细致而经验丰富的观察者"。

[43] "每周六晚上，一堆《便士杂志》和《星期六杂志》便从父亲的口袋里溜出来……还有'钱伯斯杂录'，后来还有奈特的一些书。"见Mary Kirby, *"Leaflets from My life": A Narrative Autobiography* (London: Simpkin and Marshall, 1887), 13。玛丽·柯比的自传为19世纪中叶英国中部地区的中产阶级生活的社会史提供了丰富的参考信息。也可参考J. D. Bennett, "Mary Kirby: A Biographical Note" (1965年一份打印稿，莱斯特郡档案办公室图书馆，编号24A的小册子）。

[44] Kirby, *"Leaflets from My Life"*, 40, 43, 61.

[45] "Revivifying Property of the Leicestershire Udora," *Phytologist* 3 (1848): 30.

[46] Kirby, *"Leaflets from My Life"*, 63, 70.

[47] 柯比姐妹是青少年读者市场的职业作家，她们一起写了博物学、伦理故事、改编了经典故事，也给杂志写故事。她们的书在英国和美国发行量都很大，如《毛毛虫、蝴蝶和蛾》（*Caterpillars, Butterflies, and Moths*, 1857）和《桃乐茜阿姨的故事书》（*Aunt Dorothy's Story*

Book, 1862）。

［48］Mary Kirby, Elizabeth Kirby, *Plants of the Land and Water* (London: Jarrold, 1857); Kirby, "*Leaflets from My Life*", 144.

［49］Kirby, "*Leaflets from My Life*", 165, 92.

［50］Ibid., 146–148. 一个20世纪的研究在谈到莱斯特郡植物志历史时如此评价玛丽·柯比的书："就那个时代（1850）而言，《莱斯特郡植物志》无疑具有科学价值……这本书对较关键的属有非常仔细的探索，还包括大量的变种，可以看出柯比小姐费心去区分了代表性植物和它们的变种。" Horwood and Noel, *Flora of Leicestershire and Rutland*, cxii–iii.

［51］Kirby, "*Leaflets from My Life*", 126.

［52］关于简·劳登，见Howe, *Lady with Green Fingers*; G. E. Fussell, "A Great Lady Botanist", *Gardeners' Chronicle* 138, 3 (1955): 192; Geoffrey Taylor, *Some Nineteenth Century Gardeners* (London, 1951), 17–39. 简·劳登向皇家文学基金会申请抚恤金为她的写作事业提供了更多的帮助，见*Archives of the Royal Literary Fund*，648&1101号文件。

［53］简·劳登写的《约翰·劳登的生平和作品》（*A Short Account of the Life and Writings of John Claudius Loudon*, 1845）重新发表在John Gloag, *Mr. Loudon's England: The Life and Work of John Claudius Loudon and His Influence on Architecture and Furniture Design* (Newcastle upon Tyne: Oriel Press, 1970): 182–219. 也可参考Priscilla Boniface, ed., *In Search of English Gardens: The Travels of John Claudius Loudon and His Wife Jane* (St. Albans: Lennard, 1987).

［54］Jane Loudon, *British Wild Flowers* (London, 1844): 1–2.

［55］Jane Loudon, *Botany for Ladies* (London: John Murray, 1842), vi.

［56］"How Should Girls Be Educated?" *Ladies' Companion at Home and Abroad* (1850): 184.

［57］简·劳登在结婚前就申请过皇家文学基金会的救助（1829年），并得到了25英镑的资助。她后来写道，这笔救助"救了我的命"（*Archives of the Royal Literary Fund*, 648号文件）。

［58］约翰·劳登"自费"出了几本书，因此欠下不少债务，但他还没还完就去世了，有13本书的版权"在所有出版债务［3207英镑］都还清之前一直在朗文先生们的信托基金那里"（*Archives of the Royal Literary Fund*, 1101号文件，申请日期为1844年5月1日）。

[59] *Ladies' Companion* 1 (1849): 8; 1 (1850): 264.

[60] *Ladies' Companion* 1 (1850): 176.

[61] Felicity Hunt, "Divided Aims: The Educational Implications of Opposing Ideologies in Girl's Secondary Schooling, 1850—1940", in *Lessons for Life: The Schooling of Girls and Women, 1850—1950*, ed. Felicity Hunt (Oxford: Blackwell, 1987).

[62] "Women's Books and Men's Book", *Ladies' Companion* 1 (1850): 76.

[63] Lydia Ernestine Becker, *Botany for Novices: A Short Outline of the Natural System of Classification of Plants* (London: Whittaker, 1864), iii–iv.

[64] 关于莉迪娅·贝克尔，见*Dictionary of National Biography*, 1921; Helen Blackburn, *Women's Suffrage: A Record of the Women's Suffrage Movement in the British Isles, with Biographical Sketches of Miss Becker* (London: Williams and Norgate, 1902; rpt. New York, 1971).

[65] 关于学校董事会和贫困人群法律董事会上的"当地政府女士们"，见Patricia Hollis, "Women in Council: Separate Spheres, Public Spaces", in *Equal or Different: Women's Politics, 1800—1914* ed. Jane Rendall (Oxford: Blackwell, 1987): 192–213.

[66] 关于19世纪60、70年代英国的女性教育，见Margaret E. Bryant, *The Unexpected Revolution: A Study in the History of the Education of Women and Girls in the Nineteenth Century* (London: University of London Institute of Education, 1979), and *The London Experience of Secondary Education* (London: Athlone,1986), chap. 7; June Purvis, *Hard Lessons: The Lives and Education of Working–Class Women in Nineteenth–Century England* (Cambridge: Polity, 1989), chap. 5.

[67] Lydia Ernestine Becker, "On the Study of Science by Women", *Contemporary Review* 10 (1869): 386–404.

[68] 约翰·利，医生、化学家和科学家，1868年担任曼彻斯特第一个医学健康官员，在曼彻斯特文学和哲学协会也很活跃，见Robert H. Kargon, *Science in Victorian Manchester: Enterprise and Expertise* (Manchester: Manchester UP, 1977): 66–74。莉迪娅·贝克尔从约翰·利收到的信件，在福西特（Fawcett）图书馆里"贝克尔书信集"里。除了《写给新手的植物学》，莉迪娅·贝克尔也写了一本天文学的入门书，但没有出版。

[69] 达尔文给她寄了“攀岩植物”和“*Lythrum salicaria*三种不同形式的性关系”，见Frederick Burkhardt, , and Sydney Smith, eds., *A Calendar of the Correspondence of Charles Darwin, 1821—1882* (New York: Garland, 1985), no. 5391. 在1863年到1877年间，贝克尔和达尔文通了14封信。

[70] *Journal of Botany* 7 (1869): 292. 莉迪娅·贝克尔后来写信给达尔文征求他的建议，问他自己的论文投到哪里合适，并请求达尔文允许她引用他的来信（此信写于1869年12月29日）。

[71] 查尔斯·巴宾顿（Charles C. Babington）在1867年4月5日来信，原藏于福西特图书馆。

[72] 1887年2月6日写给亨利·福西特（Henry Fawcett）的信件，原藏于福西特图书馆。

[73] Blackburn, *Women's Suffrage*, 30.

结语：女性主义植物志

毕翠克丝·波特（Beatrix Potter，1866—1943，见插图 233
51）是一位真菌学研究的先驱者，她后来成为《彼得兔故事》（*The Tale of Peter Rabbit*）的作者和插画师。1896年12月3日，波特来到邱园园长威廉·西斯尔顿-戴尔（William T. Thiselton-Dyer）的办公室外，希望被邱园聘用。她成功地萌发了一种真菌的孢子，这次是带着一份孢子萌发的报告有备而来。六个月前，她在叔叔即著名画家亨利·罗斯科爵士（Sir Henry Roscoe）的陪同下，把她的真菌插图向园长展示，后者“似乎很高兴，也有点惊讶”。这次她只身前来邱园，从窗外看到西斯尔顿-戴尔，但不一会儿就“实在觉得羞涩”，“仓皇而逃”。她用暗语在日记本里完整地记录了这一幕，还加了一句“那里好像池塘里冰快融化的水面和恐怖的泥沼”。再后来一次的拜访，西斯尔顿-戴尔以居高临下和粗鲁的姿态，对她不予理睬，她在日记本写道“我想他可能很厌恶女人”[1]。

波特尝试用另一种方式让她的真菌萌发研究能够得到认

插图51：26岁时的波特，由麦肯齐（A.F. Mackenzie）拍摄

照片由维多利亚&阿尔伯特博物馆提供，经弗雷德里克·沃恩（Frederick Warne）公司许可复制并转交。

可，她把论文《论伞菌孢子的萌发》（*On the Germination of the Spores of Agaricineae*）（署名是海伦·B. 波特小姐）提交给了伦敦林奈学会，1897年4月1日学会例会“宣读”了这篇论文（可能只是读了标题）。那时候女性不能参加学会的会议或亲自展示她们的研究，她只能从他人口中得知自己的论文反响不错。在林奈学会上做过报告的论文通常都会被发表出来，但波特的论文从来没有见刊。据说她被告知这项研究还需要做更多的工作，但究竟怎么回事不得而知。她依然绘制高倍显微镜放大下精细的菌类水彩画，但不再想涉足职业化中的植物学领域。她把彼得兔和提姬-温克尔刺猬夫人打造成健谈的角色，科学插图技艺被用于她经典的儿童绘本，在菌类、蕨类和风景的背景中展现动物的生活。[2]（见插图52）

毕翠克丝·波特就像19世纪初的阿格丽丝·伊比森一样，曾 234
醉心于植物学研究，但她们的贡献却得不到学院派植物学家们的认可，这让她备感沮丧。她和早期大多女性从事植物学的方式一样，将植物学当成高雅文化和维多利亚时代中期中产阶级生活的一部分。她在伦敦接受家庭教育，得到了绘画老师的指导，据说除了附近的自然博物馆，她从未独自去过任何别的地方。和家人在苏格兰和湖区度假时，她采集不少菌类，画了很多植物，并对它们进行解剖、鉴定和分类，她对菌类的热爱和专注不禁让人想起五十 235
多年前出版菌类学著作和绘制插图的玛丽亚·赫西。孤独为学习博物学创造很多机会，波特对科学的兴趣远不只是娱乐，她的科学家叔叔是伦敦大学的副校长，同时也是她的导师和赞助人。[3]

在文雅的植物学文化早期，女性参与植物学对话相对比较容易，成为对话者，或者是老师、作家和公共讲座的听众。从1786年《新女士杂志》中的弗洛拉和英吉安娜，到1797年玛丽亚·杰克逊《植物学对话》中的霍尔滕西娅及其孩子们，从波特兰公爵夫人和德拉尼在画室中聊灰蕈，到萨拉·阿博特和当牧师的丈夫讨论《贝德福德郡植物志》里的植物，再到伦敦植物学学会几位女会员和伊丽莎白·沃伦给威廉·胡克写信谈她的植物学活动，女性不论在作品中还是在现实中都是植物学对话的主角，并把植物学当作自己的资源，从18世纪80年代起的60年里尤其如此。之后，学院派的植物学开始与大众化的植物探索分离，专业化的科学努力排挤文雅休闲的科学文化，随之而来是权威的科学家们开始排挤或边缘化女性。植物学文化显示出的女性气质引发了某些男植物学家的担忧，一些男性科普作家更关心如何把植物学打造为一门科学。科学文化（应该说更广泛意义的19世纪文化）中的职业化转向，让女性的很多活动和价值取向都被边缘化。在19世纪60年代后，科学学习从家庭环境中以母亲为核心的教育模式转变成实验室为主的学校学习。教育权威由母亲转移到公共学校里的正式教师，考试系统将某些知识机构化，同时将自学者们边缘化。[4]

然而，职业科学家和业余爱好者的区分、实验室为基础的科学与田野或家庭中的科学区分，也并非都对女性不利。19世纪晚期，一些女性能够走进学校、大学和医学院学习一些学科。例如1879年到1911年间，600多名女性在伦敦大学拿到了学士学位，女性也可以在剑桥大学参加荣誉学位考试，其中一些人后来成了教师。[5]在这样的背景下，1896年和1897年波特在邱园和伦敦学 236
会的遭遇，只能说在机构化植物学中她是老旧传统下最后的受害者。1900年，林奈学会开始接纳女会员参与严肃的讨论，这扇大门终于在1904年打开，第一批加入林奈学会的女性共16位。[6]

下一代女性在植物学中扮演了学术化的教师和研究者角色，以及为专家和大众读者搭建桥梁的科普作家。例如，古植物学家（也是性教育开拓者和避孕倡导者）玛丽·斯托普斯（Marie Carmichael Stopes，1880—1958）在伦敦大学学院授课，约翰·林德利曾是这所大学第一位植物学教授，斯托普斯在这里获得了植物学和地质学两个荣誉学士学位。她在德国完成了博士研究工作后，成为曼彻斯特大学初级讲师和植物学讲解员，是这所大学的第一位女性科研职员。她撰写了很多化石植物的专业论文和学术著作，包括将古植物学和煤炭研究联系在一起的苏铁植物。她也写一些浅显的科学读物，如她的第一本书《写给青少年的植物学》（*The Study of Plant Life for Young People*，1906）和《古老的植物：地球上过去的植物简介》（*Ancient Plants: Being a Simple Account of the Past Vegetation of the Earth*，1910）就是写给非专业人士的，让斯托普斯同时扮演着女性传统中的科学文化中介人。[7]作为教育者，斯托普斯也可以被纳入18世纪晚期以来的女性科学写作历史，她们为青少年读者写作，并为读者创造了科学入门读物的特有风格。在她那个时代，还有新一代的女性普及作家，采用新的方式构建她们的叙事权威，在科学写作时与专家对话，探讨他们的专业领域。还有一些女性依然为大众写作（如写给孩子），或者编写正式的学校教材。在植物学文化中，还有切尔滕纳姆女子学院（Cheltenham Lady's College）助理教师夏洛特·劳里（Charlotte L. Laurie）写的《开花植物：结构及生境》（*Flowering Plants: Their Structure and Habitat*，1903）、埃莉诺·休斯-吉布斯（Eleanor Hughes-Gibbs）倡导"与自然母亲的友谊"的《雏菊养成记》（*The Making of Daisy*，1898）等。

如今的植物学家都专注于学术专著，到处充斥着电子显微镜技术、化学分类学、分子生物学研究等术语，从这些文本中几
乎找不到早期植物学文化的踪迹。阿格丽丝·伊比森的文章对他 237
们来说好像翻阅科学职业化前的发霉相册，玛丽亚·杰克逊、安妮·普拉特、简·劳登等人的作品很可能被他们归到"文学"作

品的范畴，而不是科学写作，用书信和对话写成的亲切模式则很可能被当成相当过时的产物。

然而，科学写作有它的历史，其中的一个特征是科学书籍中讲述者的消失，剔除了个性化特色。18世纪晚期对母亲科学教育的强调为女性提供了学习科学、培养专业技能的机会，有些女性充分利用社会规约，将科学母亲的身份作为事业，编写教科书。她们塑造了以女性为中心的科学教育法，提供了一种知识权威的模式，母亲讲述者在女性导师传统中普及科学并展示了女性的科学素养。19世纪50年代正式的科学写作新风格在文本中拒斥女性和家庭，把其中的女性经验边缘化。尽管一些女性在后来有更多的机会参与主流科学，但更可能的情况是，比起家庭之外的活动，家庭氛围的科学实践中女性参与者更多。

这本关于植物学对话的书是我们与历史持续对话的一个尝试。教育者和政策制定者们努力为女孩和妇女创造更多参与科学的机会，我们也应该竭尽全力，不仅要审视当今的性别问题，也要审视各科学领域里性别化的历史，以及性别在塑造科学家、科学教育（模式）和科学写作（风格）中的普遍影响。就植物学而言，应该承认女性的参与以及具有女性气质的部分，关于植物学文化的对话也应该囊括更多发声者和主题、接纳多样化的背景和议题。在启蒙运动时期，科学教育与普丽西拉·韦克菲尔德和其他人所倡导的“心智培养”等信念联系在一起，科学与伦理融合，作家们没有将科学与艺术、专家知识与大众知识、专业写作与科普写作等截然区分。在我们的时代，科学与人文之间的文化冲突越来越尖锐，弗洛拉和英吉安娜的对话，以及我们关于自然
与科学、女性与性别的探讨比任何时候都重要。 238

注 释

[1] *The Journal of Beatrix Potter from 1881 to 1897*, ed. Leslie Linder (London: Warne, 1966): 413–414, 423–430; *Beatrix Potter's Letters*, ed. Judy Taylor (London: Warne, 1989): 37–41.

[2] Eileen Jay, Mary Noble and Anne Stevenson Hobbs, *A Victorian Naturalist: Beatrix Potter's Drawings from the Armitt collection* (London: F. Warne, 1992).

[3] 亨利·罗斯科（Henry Roscoe）爵士是曼彻斯特欧文大学的化学教授，也是经典的《化学讲义》（*Treatise on Chemistry*, 1877—1884）作者之一。罗斯科的家族有植物学传统：他的祖父威廉·罗斯科（William Roscoe）是利物浦皇家学院的首任主席，利物浦植物学的发起人，著有《芭蕉目的单雄蕊纲植物》（*Monandrian Plants of the Order Scitaminae*, 1824—1829），他的姑姑玛格丽特·罗斯科（Margaret Roscoe）是一位植物艺术家，为这本书画了插图，也出了一本她自己的书《四季植物绘本》（*Floral Illustrations of the Seasons*, 1829—1831）。

[4] Roy MacLeod and Russell Moseley, *Days of Judgment: Science, Examinations and the Organization of Knowledge in Late Victorian England* (Driffield: Nafferton, 1982).

[5] Roy MacLeod and Russell Moseley, "Fathers and Daughters: Reflections on Women, Science and Victorian Cambridge", *History of Education* 8, 4 (1979): 325.

[6] A. T. Gage and W.T. Stearn, *A Bicentenary History of the Linnean Society of London* (London: Academic, 1988): 88–93; Margot Walker, "Admission of Lady Fellows", *Linnean* (newsletter and proceedings of the Linnean Society of London)1, 1 (1984): 9–11.

[7] Ruth Hall, *Marie Stopes: A Biography* (London: Virago, 1977); Peter Eaton and Marilyn Warnick, *Marie Stopes: A Checklist of Her Wrings* (London: Croom Helm,1977). 玛丽·斯托普斯也创办和主编了《植误志：英国植物学幽默杂志》（*Sportophyte: A British Journal of*

Botanical Humour, 19101—1913）。（作者用了幽默诙谐的方式将“sporophyte”孢子体这个词前缀故意拼错，这个杂志是关于植物学的一些有趣的逸事和可笑的错误，所以中文也借用了“植物志”的谐音，故意写“误”。感谢蒋澈博士的宝贵建议。——译注）

参考文献

原始文献

未作特殊说明，出版地均为伦敦

Abbot, Charles. *Flora Bedfordiensis*. 1798.

Algarotti, Francesco. *Sir Isaac Newton's Philosophy Explain'd for the Use of the Ladies*. Trans. Elizabeth Carter. 1739.

Alston, Charles. *A Dissertation on Botany*. 1754.

——. *Essays and Observations, Physical and Literary*. 2d ed. Edinburgh, 1771.

Atkins, Anna Children. *Photographs of British Algae: Cyanotype Impressions*. 1843 – 1853.

Ayton, Emily. *Words by the Way-Side, or The Children and the Flowers*. 1855.

Banks, Joseph. Dawson Turner Copies, Banks Correspondence. Botany Library, Natural History Museum, London.

Barbauld, Anna. *Evenings at Home*. 1792.

Barker, Jane. *A Patch-Work Screen for the Ladies*. 1723; rpt. New York: Garland, 1973.

Beaufort, Harriet. *Dialogues on Botany*. 1819.

Becker, Lydia Ernestine. Botany for Novices: *A Short Outline of the Natural System of Classification of Plants.* 1864.

——. *Correspondence*: "*The Becker Letters.*" Manuscript formerly in the Fawcett Library, London.

——. "Is There Any Specific Distinction between Male and Female Intellect?" *English Woman's Review 3* (1868): 483 – 91.

——. "On the Study of Science by Women." *Contemporary Review* 10 (1869): 386 – 404

Bentham, George. "Notes on *Mimoseae*, with a Short Synopsis of Species." *Journal of Botany* 15 (1842): 324.

Bingley, Rev. W. *Practical Introduction to Botany*. 1817.

Blackwell, Elizabeth. *A Curious Herbal.* 2 vols. London, 1737, 1739.

Bref och Skrifvelser af och till Carl von Linné. Uppsala, 1916.

Brown, G. *A New Treatise on Flower Painting, or Every Lady Her Own Drawing Master.* 3d ed. 1799.

Bryan, Margaret. *A Compendious System of Astronomy.* 1797.

——. *Lectures on Natural Philosophy.* 1806.

Bryant, Charles. *Flora Diaetetica.* 1783.

Chapone, Hester. *Letters on the Improvement of the Mind.* 1773.

——. "On Conversation." *Miscellanies in Prose and Verse.* 1775. 271

Clare, John. *The Letters of John Clare.* Ed. Mark Storey. Oxford: Clarendon, 1985.

——. *The Natural History Prose Writings of John Clare.* Ed.

Margaret Grainger.

Oxford: Clarendon, 1983.

Colden, Jane. *Jane Colden – Botanic Manuscript*. New York: Chanticleer, 1963.

Coleridge, Samuel Taylor. *The Collected Letters of Samuel Taylor Coleridge.* Ed. E. L. Griggs. Oxford: Clarendon, 1971.

Cookson, Mrs. James. *Flowers Drawn and Painted after Nature in India.* 1835.

Darwin, Erasmus. *The Botanic Garden*, Parts 1 and 2. 1791; rpt. Menston, Yorkshire: Scolar, 1973.

——. *A Plan for the Conduct of Female Education in Boarding Schools.* 1797; rpt. New York: Johnson, 1968.

——. *Zoonomia; or The Laws of Organic Life*.2d ed. 1796.

Delany, Mary. *The Autobiography and Correspondence of Mary Granville*, Mrs. Delany. Ed. Lady Llanover. Ser. 1, 1861; ser.2, 1862.

Drummond, James. *First Steps to Botany*. 1823.

Edgeworth, Maria. *Letters for Literary Ladies*.1795.

——. *Maria Edgeworth in France and Switzerland*: Selections from the Edgeworth Family Letters. Ed. Christina Colvin. New York: Oxford UP. 1979.

——. *Maria Edgeworth: Letters from England,* 1813 – 1844. Ed. Christina Colvin. Oxford: Clarendon, 1971.

——. *Practical Education*.1798.

Ehret, George. “A Memoir of George Dionysius Ehret.” 1758. *Proceedings of the Linnean Society,* 1894 – 1895,41–58.

Elegant Arts for Ladies. ca. 1856.

Euler, Leonhard. *Letters of Euler on Different Subjects in Natural Philosophy, Addressed to German Princess.* Ed. David Brewster. New York, 1833.

——. *Letters to a German Princes on Different Subjects in Physics and Philosophy.* Trans. Henry Hunter. 1768.

Farquhar, George. *The Works of George Farquhar.* Ed. Shirley Strum Kenny. Oxford: Clarendon, 1988.

Fennell, James H. *Drawing-Room Botany.* 1840.

Ferguson, James. *The Young Gentleman and Lady's Astronomy.* 1768.

Fitton, Sarah. *Conversations on Botany*. 2d ed. 1818.

——. *The Four Seasons: A Short. Account of the Structure of Plants*. 1865.

——. *How I Became a Governess.* 1861.

The Floral Knitting Book. 1847.

Fontenelle, Bernard le Bovier de. *Conversations on the Plurality of Worlds*. Trans. H. A. Hargreaves. Introduction by Nina R. Gelbart. Berkeley and Los Angeles: U of California P, 1990.

Forsyth, John S. *The First Lines of Botany, or Primer to the Linnaean System.* 1827.

Francis, G. *The Grammar of Botany.* 1840.

Gaskell, Elizabeth. *Cranford*. 1853.

Gatty, Margaret. *British Sea-Weeds: Drawn from Prof. Harvey's "Phycologia Britannica."* 1862.

Gerard, John. *The Herball, or Generall Historie of*

Plants. 1597.

Gifford, Isabella. *The Marine Botanist,* 1848.

——. "Memorial of Miss Warren." *Report of Royal Cornwall Polytechnic Society,* 1864, 11 – 14; rpt. *Journal of Botany* 3 (1865): 101–103.

Gleadall, Eliza Eve. *The Beauties of Flora, with Botanic and Poetic Illustrations:*

Being a Selection of Flowers Drawn from Nature, Arranged Emblematically with Directions for Coloring Them. 1834 – 1837.

Gregory, G. *The Economy of Nature.* 1796.

Grey, Elizabeth Talbot, Countess of Kent. *Choice Manuall, or Rare and Select Secrets in Physick and Chyrurgery*. 2d ed. 1653.

Halsted, Caroline A. *The Little Botanist, or Steps to the Attainment of Botanical Knowledge.* 1835.

Hardcastle, Lucy. *An Introduction to the Elements of the Linnaean System of Botany.* 1830.

Heckle, Augustin. *The Lady's Drawing Book.* 1753.

Henfrey, Arthur. *Elementary Course of Botany.* 1857.

Hey, Rebecca. *The Moral of Flower,* 1833.

——. *The Spirit of the Woods.* 1837; new ed. 1849, Sylvan Musings.

Hoare, Sarah. *A Poem on the Pleasures and Advantages of Botanical Pursuits.* 1826.

——. *Poems on Conchology and Botany.* 1831.

Hooker, Sir William J. *British Flora*, 1830; 5th rev. ed., 1842.

——. *Director's Correspondence.* Kew: Royal Botanic Gardens.

Hughes-Gibb, Eleanor. *The Making of a Daisy, "Wheat out of Lilies," and Other Studies in Plant-Life and Evolution: A Popular Introduction to Botany.* 1898.

Hunt, Leigh. *The Correspondence of Leigh Hunt.* 2 vols. 1862.

——. *Foliage, or Poems Original and Translated*, 1818.

Hussey, Mrs. T. J. [Anna Maria]. *Illustrations of British Mycology, Containing Figures and Descriptions of the Funguses of Interest and Novelty Indigenous to Britain*.1847 – 1849, 1855.

——. Letters to Miles Berkeley, 1843 – 1849. Berkeley Correspondence, Natural History Museum, London.

Ibbetson, Agnes. 5 vols. of manuscripts. Natural History Museum, London (MSS IBB).

——.Essays in *Annals of Philosophy*.1818 – 19. Vols. 11–14 passim.

——. Essays in William Nicholson's *Journal of Natural Philosophy, Chemistry, and the Arts.*1809 – 1813. Vols.23–36 passim.

——.Essays in *Philosophical Magazine*, 1814 – 1822. Vols. 43–60 passim.

——. "On the Adapting of Plants to the Soil, and Not the Soil to the Plants." *Letters and Papers on Agriculture, Planting, etc. Selected, from the Correspondence of the Bath and West of England Society* 14 (1816): 136–59.

——. "On the Structure and Growth of Seeds." *Journal of Natural Philosophy, Chemistry, and the Arts*. September 1810.

——. "Phytology" and letters. Linnean Society, London (MSS.

120a, 120b, 490).

Jackson, Mary Anne. *The Pictorial Flora, or British Botany Delineated, in 1500 Lithographic Drawings of All Species of Flowering Plants Indigenous to Great Britain.* 1840. 273

Jacson, Maria Elizabeth. *Botanical Dialogues, between Hortensia and Her Four Children*. London: J. Johnson, 1797.

——. *Botanical Lectures*.1804.

——. *A Florist's Manual: Hints, for the Construction of a Gay Flower-Garden.* 1816.

——. *Sketches of the Physiology of Vegetable Life.*1811.

Jacson, Frances. "Diaries of Frances Jacson, 1829 – 37." Lancashire Record office, Preston, Lancs. DX 267 – 78.

Jacson, Simon. Wills dated February 1796 and April 1799. Cheshire Record office, Chester, DDX 9/19.

Keats, John. *The Letters of John Keats.* Ed. Maurice Buxton Forman. London: Oxford UP, 1952.

Kent, Elizabeth. *Flora Domestica, or The Portable Flower-Garden.* 1823.

——. "The Florist." in *The Young Lady's Book: A Manual of Elegant Recreations, Arts, Sciences, and Accomplishments*.1829.

——. "An Introductory View of the Linnaean System of Plants.." Magazine of *Natural History* vols. 1 – 3 (1828 – 30), passim.

——. *ed. Synoptical Compendium of British Botany,* by John Galpine. 1834

——. *Sylvan Sketches, or A Companion to the Park and Shrubbery.* 1825.

Kingsley, *Charles. Glaucus, or The Wonders of the Shore.* 1855.

——. *Madame How and Lady Why, or First Lessons in Earth Lore for Children.1869.*

Kirby, Mary. "*Leaflets from My Life*" : *A Narrative Autobiography*. 1887.

——. "Revivifying Property of the Leicester Udora." *Phytologist* 3 (1848): 30.

——. with Elizabeth Kirby. *Chapters on Trees: A Popular Account of Their Nature and Uses.* 1873.

——. *A Flora of Leicestershire.* 1850.

——. *Plants of the Land and Water.* 1857.

Laurie, Charlotte L. *Flowering Plants: Their Structure and Habitat*, 1903.

Lee, James. *Introduction to Botany: Extracted from the Works of Dr. Linnaeus.* 1760.

Liebig, Justus von. *Familiar Letters on Chemistry.* 1843 – 44.

Lindley, John. *Introduction to Botany.* 1832.

——. *An Introductory Lecture Delivered in the University of London on Thursday, April30, 1829.* 1829.

——. *Ladies' Botany, or A Familiar Introduction to the Study of the Natural System of Botany*. 2 vols. 1834 – 37.

——. *School Botany.* 1839.

Linnaeus, Carolus. *A Dissertation on the Sexes of Plants.* Trans. James Edward Smith. 1786.

——. *Species Plantarum.* 1753; rpt. London: Ray Society, 274
1957 – 59.

——. *A System of Vegetables.* Trans. Botanical Society of Lichfield.1783.

Linnea, Elisabeth Christina. "Om Indianska Krassens Blickande." *Svenska Kongliga Vetenskaps. Academiens Handlingar23* (1762): 284 – 86.

Loudon, Jane. *Botany for Ladies*, 1842; 2d ed, 1851, *Modern Botany.*

——. *British Wild Flowers.*1844

——. *Conversations upon Chronology and General History, from the Creation of the World, to the Birth of Christ.*1830.

——. *First Book of Botany.*1841.

——. "A Short Account of the Life and Writings of John Claudius Loudon." 1845. Rpt. in John Gloag, *Mr. Loudon's England: The Life and Work of John Claudius Loudon and His Infuence on Architecture and Furniture Design.* Newcastle upon Tyne: Oriel Press, 1970.

Mangnall, Richmal. *Historical and Miscellaneous Questions for the Use of Young People.* 1800.

Marcet, Jane. *Conversations on Chemistry.* 1806.

——. *Conversations on Natural Philosophy.*1819.

——. *Conversations on Political Economy.* 1816.

——. *Conversations on Vegetable Physiology*. 1829.

——. trans. *General Observations on Vegetation*, by C. F. Brisseau de Mirbel.1833.

Martyn, Thomas. *Letters on the Elements of Botany.*1785.

Mavor, William. *A Catechism of Botany... for the Use of*

Schools and Families. 1800.

——. *The Lady's and Gentleman's Botanical Pocket Book*. 1800.

Mitford, Mary Russell. *Poems*. 1810.

——. *The Works of Mary R. Mitford.* 1850.

More, Hannah. *Strictures on the Modern System of Female Education.* 1799. In *The Works of Hannah More,* vol. 3.1853.

Moriarty, Henrietta Maria. *Brighton in an Uproar*. 1811.

——. *Crim. Con. A Novel, Founded on Facts.* 1812.

——. *A Hero of Salamanca, or The Novice Isabel*. 1813.

——. Viridarium. 1806; 2d ed., *Fifty Green-House Plants.* 1807.

Murray, Lady Charlotte. *The British Garden.* 1799.

Murry, Ann. *Mentoria, or The Young Ladies Instructor.* 1778.

——. *Sequel to Mentoria.* 1799.

Newbery, John. *The Newtonian System of Philosophy Adapted to the Capacities of Young Gentlemen and Ladies.* 1761.

North, Marianne. *Recollections of Happy Life, Being an Autobiography of Marianne North. Ed. Mrs. John Addington Symonds.* 2 vols. 1892.

Oliver, Daniel. *Lessons in Elementary Botany: The Part of Systematic Botany Based upon Material, Left in Manuscript by the Late Professor Henslow.* 1864.

Parkes, Samuel. *The Chemical Catechism for the Use of Young People.* 1808.

Peachey, Emma. *The Royal Guide to Wax Flower Modelling.* 1851.

Perkins, Mrs. E. E. *The Elements of Botany.* 1837.

Perry, James. *Mimosa, or The Sensitive Plant*.1779.

Polwhele, Richard. *The Unsex'd Females*.1798.

Potter, Beatrix. *Beatrix Potter's Letters. Ed.* Judy Taylor. London: Warne, 1989.

——. T*he Journal of Beatrix Potter from 1881 to 1897.* ed. Leslie Linder. London: Warne, 1966.

Pratt, Anne. *Chapters on Common Things of the Sea-Side*.1850.

——. *The Ferns of Great Britain, and Their Allies the Club Moses, Pepperworts and Horsetails*.1855.

——. *The Field, the Garden, and the Woodland, or Interesting Facts Respecting Flowers and Plants in General*.1838. 275

——. *The Flowering Plants and Ferns of Great Britain*. 5 vols. 1855.

——. *Flowers and Their Associations*.1840.

——. *The Green Fields and Their Grasses*.1852.

——. *Poisonous, Noxious, and Suspected Plants of Our Fields and Wood.*1857.

——. *Wild Flowers.* 1852–1853.

Pulteney, Richard. *Historical and Biographical Sketches of the Progress of Botany in England, from Its Origin to the Introduction of the Linnaean System.* 1790.

Ralph, T. S. *Elementary Botany*. 1849.

Roberts, Mary. *Annals of My Village: Being a Calendar of Nature.*1831.

——. *Flowers of the Matin and Even Song, or Thoughts for*

Those Who Rise Early. 1845.

——. *Select Female Biography, Comprising Memoirs of Eminent British Ladies*. 1821.

——. *Sister Mary's Tales in Natural History*. 1834.

——. *Wonders of the Vegetable Kingdom Displayed*. 1822.

Rootsey, *S. Syllabus of a Course of Botanical Lectures. Bristol,* 1818.

Roupell, Arabella. *Specimens of the Flora of South Africa by a Lady.* 1849.

Rousseau, Jean-Jacques. *Lettres élé mentaires sur la botanique.* 1771.

Rowden, Frances Arabella. *A Poetical Introduction to the Study of Botany.* 1801.

Selwyn, Amelia. *A Key or Familiar Introduction to the Study of Botany.* 1824.

Seward, Anna. *Letters Written between the Years 1784 and 1807*. Edinburgh, 1811.

——. *Memoirs of the Life of Dr. Darwin.* 1804.

Shelley, Mary Wollstonecraft. *The Letters of Mary Wollstonecraft Shelly. Ed.* Betty T. Bennett. Baltimore: Johns Hopkins UP, 1980.

Shelley, Percy Bysshe. *The Letters of Percy Bysshe Shelly.* Ed. Frederick L Jones. Oxford: Clarendon, 1964.

Smith, Charlotte. *Conversations Introducing Poetry: Chiefly on Subjects of Natural History.* 1804.

——. *The Poems of Charlotte Smith.* Ed. Stuart Curran.

New York: Oxford UP, 1993.

——. *Rural Walks*. 1795.

——. The Young Philosopher. 1798.

Smith, James E. *English Botany, or Coloured Figures of British Plants.* Figures by James Sowerby. 36 vols. 1790 – 1814.

——. *The English Flora*. 4 vols. 1824 – 1828.

——. *An Introduction to Physiological and Systematical Botany.* 1807.

Smith, Lady Pleasance, ed. *Memoir and Correspondence of the Late Sir James Edward Smith, M.D.* 1832.

Somerville, Martha, ed. *Personal Recollections from Early Life to Old Age of Mary Somerville.* Boston, 1874

Spence, William, and William Kirby. *Introduction to Entomology.* 1800.

S[tackhouse], E[mily]. "Memorial Sketch of Miss Warren of Flushing." *Journal of the Royal Institution of Cornwall,* October 1865, xviii.

Stillingfleet, Benjamin. *Miscellaneous Tracts relating to Natural History, Husbandry, and Physick.* 1759.

Stopes, Marie C. *Ancient Plants, Being a Simple Account
of the Past Vegetation of the Earth and of the Recent Important* 276
Discoveries Made in This Realm of Nature Study. 1910.

——. *The Study of Plant Life for Young People*. 1906.

Thornton, Robert John. *New Illustration of the Sexual System of Carolus von Linnaeus.* 1799.

Tonna, Charlotie Elizabeth. *Chapters on Flower.* 1836.

Trimmer, Sarah. *An Easy Introduction to the Study of Nature, and to Reading Holy Scriptures.* 1730.

Twamley, Louisa Ann. *Flora's Gems, or The Treasures of the Parterre.*1837.

——. *Our Wild Flowers, Familiarly Described.1839.*

——. *The Romance of Nature.*1836.

*Twining, Elizabeth. Illustrations of the Natural Orders of Plants.*1849 – 55.

——. *Short Lectures on Plants for Schools and Adult Classes.*1858.

*Wakefield, Priscilla. Domestic Recreation, or Dialogues Illustrative of Natural and Scientific Subjects.*1805.

——. *An Introduction to Botany, in a Series of Familiar Letters.*1796.

——. *The Juvenile Travellers: Containing the Remarks of a Family during a Tour through the Principal States and Kingdoms of Europe.*1801.

——. *Mental Improvement, or The Beauties and Wonders of Nature and Art.* 1794 – 97; Ed. Ann B. Shteir. East Lansing: Colleagues,1995.

Waring, Sarah. *The Meadow Queen, or The Young Botanists* 1836.

——. *A Sketch of the Life of Linnaeus.*1827.

——. *The Wild Garland, or Prose and Verse Illustrative of English Wild Flowers.*1827.

Warren, Elizabeth Andrew, *A Botanical Chart for Schools.*

*Ca.*1830.

——. Forty-eight Letters to William Hooker, In William J. Hooker, *Directors Correspondence.* Kew: Royal Botanic Gardens.

——. "*Hortus Siccus of the Indigenous Plants of Cornwall*" 3 vols. Royal Institution of Cornwall.

——. "Marine Algae, Found on the Falmouth Shores." *Report of the Royal Cornwall Polytechnic Society,* 1849, 31–37.

——. "On the Recent Botanical Discoveries in Cornwall" *Report of the Royal Cornwall Polytechnic Society,* 1842, 24–25.

White, Gilbert. *The Natural History and Antiquities of Selborne.* 1789.

Williams, Anna. Miscellanies in Prose and Verse. 1766.

Wilson, Sarah Atkins. *Botanical Ramble, Designed as an Early and Familiar Introduction to the Elegant and Pleasing Study of Botany.*1822.

——. *A Visit to Grove Cottage.* 1823.

Withering, William. *Account of the Foxglove and Some of Its Medical Use.*1785.

——. *A Botanical Arrangement of All the Vegetables Naturally Growing in Great Britain.* 2d ed. Birmingham, 1787.

——. *Miscellaneous Tracts, to Which Is Prefixed a Memoir of His Life, Character, and Writing.* Ed. William Withering the Younger. 2 vols. 1822

Wollstonecraft, Mary. *Original Stories from Real Life.*1788.

——. *A Vindication of the Rights of Woman. 1792;* London: Penguin Books, 1992.

——. trans. Elements of Morality, *for the Use of Children,* by C. G. Salzmann. 1791. 277

Woolley, Hannah. *Gentlewoman's Companion.* 1675.

The Young Lady's Book: A Manual of Elegant Recreations, Arts, Science, and Accomplishments. 1829; 2d ed., 1859.

The Young Lady's Book of Botany. 1838.

The Young Lady's Introduction to Natural History. 1766.

期刊和报纸

Annals of Philosophy

Anti-Jacobin Review

Le Beau Monde

Botanical Magazine

Botanist

British Critic

Chamber's, Journal of Popular Literature

Critical Review

Eclectic Review

Examiner

Female Spectator

Gardeners' Chronicle

Gardener's Magazine

Gentleman's Magazine

Journal of Botany

Journal of Natural. Philosophy, Chemistry, and the Arts Knowledge

Lady's Monthly Museum

Lady's Museum

Lady's Poetical Magazine

Literary Gazette

Magazine of Natural History

Monthly Magazine Ladies' Companion at Home and Abroad

Monthly Review

New British Lady's Magazine

New Lady's Magazine

New Monthly Magazine

Philosophical Magazine

Phytologist

Quarterly Review

Women's Penny Paper

Young Lady's Magazine of Theology, History, Philosophy and General

二手文献

Abir-Am, Pnina, and Dorinda Outram, eds. *Uneasy Careers and Intimate Lives: Women in Science, 1789 – 1979.* New Brunswick: Rutgers UP, 1987.

Ainley, Marianne Gosztonyi. "Science in Canada's Backwoods:

Catharine Parr Taill (1802–1899)." *In Science in the Vernacular,* ed. Barbara T. Gates and Ann B. Shteir. Forthcoming.

Alic, Margaret. *Hypatia's Heritage.* London: Women's Press, 1986.

Allen, David Elliston. "The Botanical Family of Samuel Bulter." *Journal of the Society for the Bibliography of Natural History* 9, 2 (1979):133–136.

——. *The Botanists: A History of the Botanical Society of the British Isles through 150 Years. Winchester:* St. Paul's Bibliographies, 1986.

"*The First Woman Pteridologist*" *British Pteridological Society Bulletin1*, 6 (1978): 247–49.

——. "The Natural History Society in Britain through the Years. " *Archives of Natural History* 14 (1987): 243–259.

——. *The Naturalist in Britain: A Social History.1976; 2d ed.,* Princeton: Princeton UP, 1994.

——. *The Victorian Fern Craze: A History of Pteridomania.* London: Hutchinson,1969. 278

——. "The Women Members of the Botanical Society of London, 1836–56." *British Journal for the History of Science* 13, 45 (1980): 240–254.

Allen, David Elliston, and Dorothy W. Lousley. "Some Letters to Margaret Stovin (1756?–1846), Botanist of Chesterfield." *Naturalist* 104 (1979): 55–63.

Amies, Marion. "Amusing and Instructive Conversations: The Literary Genre and Its Relevance to Home Education." *His–*

tory of Education 14, 2 (1985): 87–99.

Archives of the Royal Literary Fund, 1790–1918. London: World Microfilm, 1982.

Armstrong, Nancy. *Desire and Domestic Fiction: A Political History of the Novel.* New York: Oxford UP, 1987.

Armstrong, Nancy, and Leonard Tennenhouse, eds. *The Ideology of Conduct: Essays in Literature and the History of Sexuality*. New York: Methuen, 1987.

Bailey, Peter. *Leisure and Class in Victorian England*. London: Methuen, 1987.

Barker–Benfield, G. J. *The Culture of Sensibility: Sex and Society in Eighteenth–Century Britain.* Chicago: U of Chicago P, 1992.

Bazerman, Charles. *Shaping Written Knowledge: The Genre and Activity of the Experimental Article in Science.* Madison: U of Wisconsin P, 1988.

Benjamin, Marina, ed. *A Question of Identity: Women, Science, and Literature.* New Brunswick: Rutgers UP, 1993.

——. *Science and Sensibility: Gender and Scientific Enquiry, 1780–1945.* Oxford: Blackwell, 1991.

Bennett, J.D. "Mary Kirby. A Biographical Note." Typescript, January 1965. Leicestershire Record Office Library. Pamphlet box 24A.

Bewell, Alan. "Keats's 'Realm of Flora'." *Studies in Romanticism* 31,1(1992): 71–98.

Blackburn, Helen. *Women's Suffrage: A Record of the Women's Suffrage Movement in the British Isles, with Biograph–*

ical Sketches of Miss Becker. London: Williams and Norgate, 1902; rpt. New York, 1971.

Blackwood, John. "The Wordsworths' Book of Botany." *Country Life*, October 27, 1983, 1172 – 73.

Blunt, Wilfrid. *The Art of Botanical Illustration.* London: Collins, 1950.

——. *The Compleat Naturalist: A Life of Linnaeus.* London: Collins, 1971.

——. *In for a Penny: A Prospect of Kew Gardens, Their Flora, Fauna and Falballas*. London: Hamish Hamilton, 1978.

Blunt, Wilfrid, and Sandra Raphael. *The Illustrated Herbal.* London: Lincoln, 1979.

Boniface, Priscilla, ed. *In Search of English Gardens: The Travels of John Claudius Loudon and His Wife Jane.* St. Albans: Lennard, 1987.

Bonta, Marcia Myers. *Women in the Field: America's Pioneering Women Naturalists*. College Station: Texas A&M UP, 1991.

Bracegirdle, Brian. *A History of Microtechnique.* Ithaca: Cornell UP, 1978.

Bradbury, S., and G. L'E. Turner, eds. *Historical Aspects of Microscopy.* Cambridge: Heffner, 1967.

Bremner, Jean P. "Some Aspects of Botany Teaching in English Schools in the Second Half of the Nineteenth Century." *School Science Review* 38 (1956 – 1957): 376–383.

Britten, James. "Anne Pratt. " *Journal of Botany* 32 (1894):

205–207.

——. “Jane Colden and the Flora of New York.” *Journal of Botany 33 (1895):13.*

——. “Lady Anne Monson.” *Journal of Botany* 56 (1918): 47 – 49. 279

——. “Mrs. Moriarty’s ‘Viridarium.’” *Journal of Botany* 55 (1917): 52 – 54.

Broberg, Gunnar. “Fruntimmersbotaniken” (Botany for women). *Svenska Linnésällskapets Årskrift* 12 (1990 – 1991): 177–231.

Brody, Judit. “The Pen Is Mightier Than the Test Tube.” *New Scientist*, February 4 1985, 56–58.

Browne, Janet. “Botany for Gentlemen: Erasmus Darwin and the Loves of the Plants.” *Isis* 80, 4 (1989): 593–620.

Bryant, Margaret E. *The London Experience of Secondary Education.* London: Athlone,1986.

——. *The Unexpected Revolution: A Study in the History of the Education of Women and Girls in the Nineteenth Century.* London: University of London Institute of Education, 1979.

Burke, Peter. *The Art of Conversation.* Ithaca: Cornell UP, 1993.

Burkhardt, Frederick, and Sydney Smith, eds. *A Calendar of the Correspondence of Charles Darwin, 1821 – 1882.* New York: Garland, 1985.

Caine, Barbara. *Victorian Feminists.* New York: Oxford UP, 1992.

Cameron, Kenneth Neill. *Shelly and His Circle, 1773 – 1822.* New York: Pforzheimer Library, 1961.

Candolle, Alphonse de, ed. *Mémoires et souvenirs de Augustin-Pyramus de Candolle.* Geneva, 1862.

Cantor, Geoffrey. *Michael Faraday: Sandemanian and Scientist*. London: Macmillan, 1991.

Caroe, Gwendy. *The Royal Institution: An Informal History.* London: Murray, 1985.

Carter, Harold B. *Sir Joseph Banks, 1743-1820*. London: British Museum (Natural History), 1988.

Cherry, Deborah. *Painting Women: Victorian Women Artists.* London: Routledge,1993.

Christie, John, and Sally Shuttleworth, eds. *Nature Transfigured: Science and Literature, 1700-1900.* Manchester: Manchester UP, 1989.

Citron, Marsha J. "Women and the Lied, 1775-1850." *In Women Making Music: The Western Art Tradition*, ed. Jane Bowers and Judith Tick. Urbana: U of Illinois P, 1986.

"Civil List Pensions." *The Nineteenth Century and After* 121 (1937): 273–339.

Coombe, D. E. "The Wordsworths and Botany." *Notes and Queries* 197 (1952): 298–299.

Corson, Richard. *Fashions in Hair: The First Five Thousand Years*. London: Owen, 1965.

Cox, Viginia. *The Renaissance Dialogue: Literary Dialogue in Its Social and Political Contexts,* Castiglione to Galileo. Cambridge: Cambridge UP, 1992.

Crawford, Patricia. "Women's Published Writings, 1600-

1700." In *Women in English Society, 1500–1800*, ed. Mary Prior. London: Methuen, 1985.

Cross, Nigel. *The Common Writer: Life in Nineteenth-Century Grub Street*. Cambridge: Cambridge UP, 1985. 280

——. The Royal Literary Fund, 1790–1918: *An Introduction to the Fund's History and Archives, with an Index of Applicants*. London: World Microfilm, 1984.

Cruickshank, Dan, and Neil Burton. *Life in the Georgian City*. London: Viking,1990.

Cunningham, Andrew, and Nicholas Jardine, eds. *Romanticism and the Sciences.* Cambridge: Cambridge UP, 1990.

Dallman, A. A., and W. A. Lee. "An Old Cheshire Herbarium." *Lancashire and Cheshire Naturalist* 10 (1917): 167.

Darton, F. J. H. *Children's Books in England: Five Centuries of Social Life.* 3d ed. Cambridge: Cambridge UP, 1982.

Davey, F. Hamilton. *Flora of Cornwall.* 1909.

David, Linda. *Children's Books Published by W. Darton and His Sons.* Bloomington: Lilly Library, Indiana U, 1992.

Davidoff, Leonore, and Catherine Hall. *Family Fortunes: Men and Women of the English Middle Class,* 1780–1850. Chicago: U of Chicago P, 1987.

de Almeida, Hermione. *Romantic Medicine and John Keats*, New York: Oxford UP, 1991.

Desmond, Adrian. *The Politics of Evolution: Morphology, Medicine, and Reform in Radical, London*. Chicago: U of Chicago P, 1989.

Desmond, Ray. *A Celebration of Flowers: Two Hundred Years of Curtis's Botanical Magazine.* Kew: Royal Botanic Gardens, 1987.

——.*Dictionary of British and Irish Botanists and Horticulturalists, Including Plant Collectors, Flower Painters and Garden Designers.* 2d ed., London: Taylor and Francis. 1994.

——.*The European Discovery of the Indian Flora.* Kew: Royal Botanic Garden; Oxford: Oxford UP, 1992.

——. "Victorian Gardening Magazines." *Garden History 5*, 3 (1977): 47–66.

Dony, J. G. "Bedfordshire Naturalists: Charles Abbot (1761–1817)." *Bedfordshire Naturalist* 2 (1948): 38–42.

——.*Flora of Bedfordshire.* Luton, 1953.

Douglas, Aileen. "Popular Science and the Representation of Women: Fontenelle and After." *Eighteenth Century Life18* (May 1994): 1–14.

Drain, Susan. "Marine Botany in the Nineteenth Century: Margaret Gatty, the Lady Amateurs and the Professionals." *The Victorian Studies Association Newsletter* (Ontario, Canada) 53 (1994): 6–11.

Druce, G. C. *Flora of Bedfordshire.*1897.

——. *Flora of Buckinghamshire.* Arbroath, 1926.

——. *Flora of Northamptonshire* Arbroath, 1930.

Eaton, Peter, and Marilyn Warnick, *Marie Stopes: A Checklist of Her Wrings.* London: Croom Helm,1977.

Ehret, George Dionysus. "A Memoir of George Dionysus

Ehret." *Proceedings of the Linnean Society of London*, 1890–1900, 41–48.

Ellison, C. C. The *Hopeful Traveller: The Life and Times of David Augustus Beaufort LL.D, 1739–1821.* Kilkenny: Boethius, 1987. 281

Evans, Clifford B. "Stackhouse Flowers: The Life and Art of Miss Emily Stackhouse." Typescript, [1991].

Ezell, Margaret J. M. *Writing Women's Literary History.* Baltimore: Johns Hopkins UP, 1993.

Farley, John. *Gametes and Spores: Ideas about Sexual Reproduction*, 1750–1914. Baltimore: Johns Hopkins UP, 1982.

Favret, Mary A. *Romantic Correspondence: Women, Politics and the Fiction of Letters.* Cambridge: Cambridge UP, 1993.

Fergus, Jan. *Jane Austen: A Literary Life.* London: Macmillan, 1991.

Fergus, Jan, and Janice Farrar Thaddeus. "Women, Publishers, and Money, 1790–1820." *In Studies in Eighteenth-Century Culture*, ed. John Yolton and Leslie Ellen Brown, 17: 191–207. East Lansing, Mich.: Colleagues Press, 1987.

Ferguson, Allan. *Natural Philosophy through the Eighteenth Century and Allied Topics*. London: Taylor and Francis, 1972.

Ferguson, Moira. "The Cause of My Sex': Mary Scott and the Female Literary Tradition." *Huntington Library Quarterly* 50(1987): 359–77.

——. *Subject to Others: British Women Writers and Colonial Slavery*, 1670–1834.New York: Routledge, 1992.

Fissell, Mary. *Patients, Power, and the Poor in Eighteenth-Century Bristol.* Cambridge: Cambridge UP, 1991.

Foote, George A. "Sir Humphry Davy and His Audience at the Royal Institution." *Isis* 43 (1952): 6–12.

Ford, Brian J. *Images of Science: A History of Scientific Illustration*. London: British Library, 1992.

——. *Single Lens: The Story of the Image Produced by the Compound Microscope.* New York: Harper and Row, 1985.

Fox, Celina, ed. *London, World City, 1800–1840.* New Haven: Yale UP, 1992.

Fox, R. Hingston. *Dr. John Fothergill and His Friends*. London: Macmillan, 1919.

Frängsmyr, Tore, ed. *Linnaeus: The Man and His Work.* Berkeley and Los Angeles: U of California P, 1983.

Freeman, John. *Life of the Rev. William Kirby, M.A., Rector of Barham*. London: Longman, 1852.

Freeman, R. B. *British Natural History Books*, 1495–1900: A Handlist. Hamden, Conn.: Archon, 1980.

——. "Children's Natural History Books before Queen Victoria" *History of Education Society Bulletin* 17 (1976): 7–21; 18 (1976): 6–34

Friendly, Alfred. *Beaufort of the Admiralty*: The Life of Sir Francis Beaufort, 1774–1857.London: Hutchinson, 1977.

Fussell, G. E. "A Great Lady Botanist [Jane Loudon]." *Gardeners' Chronicle* 138 (1955): 192.

——. "Mrs. Maria Elizabeth Jacson." *Gardeners' Chronicle*

130 (1951): 63 – 64

——. “The Rt. Hon. Lady Charlotte Murray.” *Gardeners’ Chronicle* 128 (1950): 238 – 39.

Gage, A.T., and W.T. Stearn. *A Bicentenary History of the Linnean Society of London*, London: Academic, 1988. 282

Gardener, William. “John Lindley.” *Gardeners’ Chronicle* 158 (Oct.23–Nov.27, 1965): 386 ff.

Gascoigne, John. *Joseph Banks and the English Enlightenment: Useful Knowledge and Polite Culture.* Cambridge: Cambridge UP, 1994.

Gates, Barbara T. “Retelling the Story of Science.” In *Victorian Literature and Culture*, ed. John Maynard and Adrienne Auslander Munich, vol. 21. New York: AMS, 1993.

——. ed. *The Journal of Emily Shore.* Charlottesville: UP of Virginia, 1991.

Gates, Barbara T., and Ann B. Shteir, eds. *Science in the Vernacular.* Forthcoming.

Gelpi, Barbara Charlesworth. *Selley’s Goddes: Maternity, Language, Subjectivity.* New York: Oxford UP, 1992.

Goellnicht, Donald C. *The Poet–Physician: Keats and Medical Science.* Pittsburgh: U of Pittsburgh P, 1984.

Goody, Jack. *The Culture of Flowers.* Cambridge: Cambridge UP, 1993.

Gorham, Deborah. *The Victorian Girl and the Feminine Ideal.* Bloomington: Indiana UP, 1982.

Gould, Stephen Jay. “The Invisible Woman.” *Natural History*

102 (June 1993): 14–23.

Graham, Margaret. "A Life among the Flowers of Kent." *Country Life* 161(1977): 1500–1501.

Greene, Edward Le. *Landmarks of Botanical History*. Ed. Frank N. Egerton. 1909; rpt. Stanford: Stanford UP, 1983.

Hall, Ruth. *Marie Stopes: A Biography*. London: Virago, 1977.

Hare, Augustus J. C. *The Story of Two Noble Lives: Being Memorials of Charlotte, Countess Canning, and Louisa, Marchioness of Waterford.* London: George Allen, 1893.

Harless, Christian Friedrich. *Die Verdienste der Frauen um Naturwissenschaft und Heilkunde.* Göttingen, 1830.

Harris, Ann Sutherland, and Linda Nochlin. *Women Artists, 1550 – 1950*. New York: Knopf, 1977.

Harris, Barbara, and JoAnn K. McNamara, eds. *Women and the Structure of Society*. Durham: Duke UP, 1984.

Harvey- Gibson, R. J. *Outlines of the History of Botany*. London: Black, 1919.

Hawks, Ellison. *Pioneers of Plant Study.* London: Sheldon, 1928.

Hayden, Ruth. *Mrs. Delany and Her Flower Collages.* London: British Museum Press, 1992.

Hedley, Owen. *Queen Charlotte.* London: Murray, 1975.

Henrey, Blanche. *British Botanical and Horticultural Literature before 1800, Comprising a History and Bibliography of Botanical and Horticultural Books Printed in England, Scotland and Ireland from the Earliest Times until 1800*. 3 vols. London:

Oxford UP, 1975.

Hilbish, Florence M. A. "Charlotte Smith, Poet and Novelist (1749 – 1806)." Ph.D. diss., University of Pennsylvania, 1941.

Hill, Bridget. *Women, Work, and Sexual Politics in Eighteenth Century England*. Oxford: Blackwell, 1989.

Hilton, Boyd. *The Age of Atonement: The Influence of Evangelicalism on Social and Economic Thought,* 1795 – 1865. Oxford: Clarendon, 1988. 283

Hoare, Michael E. *The Tactless Philosopher: Johann Reinhold Forster, 1729 – 1798.* Melbourne: Hawthorn, 1976.

Hobby, Elaine. *Virtue of Necessity: English Women's Writing*, 1649 – 1688. London: Virago, 1988.

Horwood, A. R., and C. W. F. Noel. *The Flora of Leicestershire and Rutland.* London: Oxford UP, 1933.

Howe, Bea. *Lady with Green Fingers*: The Life of Jane Loudon. London: Country Life, 1961.

Hunt, Felicity, ed. *Lessons for Life*: *The Schooling of Girls and Women*, 1850 – 1950. Oxford: Blackwell, 1987.

Jackson, B. D. *George Bentham.* London: Dent, 1906.

——. *Linnaeus (afterwards Carl von Linné)*: *The Story of His Life, Adapted from the Swedish of Theodor Magnus Fries*. London: Witherby, 1923.

Jay, Eileen, Mary Noble, and Anne Stevenson Hobbs. *A Victorian Naturalist: Beatrix Potter's Drawings from the Armitt collection.* London: F. Warne, 1992.

Jordanova, Ludmilla. "Gender and the Historiography of

Science." *British Journal for the History of Science* 26 (1993): 469 – 83.

——. *Sexual Visions: Images of Gender in Science and Medicine.* Madison: U of Wisconsin P, 1989.

Kargon, Robert H. *Science in Victorian Manchester: Enterprise and Expertise.* Manchester: ManchEster UP, 1977.

Keener, Frederick M., and Susan E. Lorsch, eds. *Eighteenth–Century Women and the Arts*. New York: Greenwood, 1988.

Keeney, Elizabeth B. *The Botanizers: Amateur Scientists in Nineteenth–Century America*, Chapel Hill: U of North Carolina P, 1992.

Keller, Evelyn Fox. *A Feeling for the Organism: The Life and Work of Barbara McClintock.* New York: Freeman, 1983.

——. *Reflections on Gender and Science.* New Haven: Yale UP, 1985.

Kemble, Frances. *Record of a Girlhood,* London, 1878.

King–Hele, Desmond. *Doctor of Revolution: The Life and Genius of Erasmus Darwin*. London: Faber and Faber, 1977.

——. ed. *The Letters of Erasmus Darwin.* Cambridge: Cambridge UP, 1981.

Knight, Charles. *Passages of a Working Life during Half a Century.* London, 1864.

Koerner, Lisbet. "Women and Utility in Enlightenment Science." *Configurations* 3, 2 (1995): 233–55.

Kowaleski–Wallace, Elizabeth. *Their Fathers' Daughter: Hannah More, Maria Edgeworth and Patriarchal Complicity.* New

York: Oxford UP, 1991.

Kramnick, Isaac. "Children's Literature and Bourgeois Ideology: Observations on Culture and Industrial Capitalism in the Later Eighteenth Century." *Studies in Eighteenth-Century Culture* 12 (1983): 11-44

Kronick, David A. *A History of Scientific and Technical Periodicals: The Origins and Development of the Scientific and Technical Press, 1665-1790*. 2d ed. Metuchen, N.J.: Scarecrow, 1976.

Krueger, Christine L. *The Reader's Repentance: Women Preachers, Women Writers, and Nineteenth-Century Social Discourse.* Chicago: U of Chicago P, 1992. 284

Lane, Margaret. *The Tale of Beatrix Potter.* London: Warne, 1968.

Langford, Paul. *A Polite and Commercial People: England,* 1727-1783. Oxford: Oxford UP, 1992.

Laqueur, Thomas. *Making Sex: Body and Gender from the Greeks to Freud.* Cambridge: Harvard UP, 1990.

Layton, David. *Science for the People: The Origins of the School Science Curriculum in England.* New York: Science History Publications, 1973.

Leppert, Richard. *Music and Image: Domesticity, Ideology and Socio-cultural Formation in Eighteenth-Century England.* Cambridge: Cambridge UP, 1988.

Levere, Trevor H. *Poetry Realized in Nature: Samuel Taylor Coleridge and Early Nineteenth-Century Science.* Cambridge: Cambridge UP, 1981.

Levine, Philippa. *The Amateur and the Professional: Antiquarians, Historians and Archaeologists in Victorian England, 1838–1886.* Cambridge: Cambridge UP, 1986.

Levy, Anita. *Other Women: The Writing of Class, Race, and Gender*, 1832–1898. Princeton: Princeton UP, 1991.

Lieb, Laurie. "'Amusements of No Real Estimation': Mary Delany's 'Flowers from Nature'" Paper presented at annual meeting of the American Society for Eighteenth-Century Studies, Pittsburgh, 1991.

Lindee, M. Susan. "The American Career of Jane Marcet's *Conversations on Chemistry,* 1806–1853." *Isis* 82 (1991): 8–23.

Locke, David. *Science as Writing*. New Haven: Yale UP, 1992.

Mabberly, D. J. *Jupiter Botanicus: Robert Brown of the British Museum*. London: British Museum (Natural History), 1985.

Mabey, Richard. *The Flowering of Kew: 350 Years of Flower Paintings from the Royal Botanic Gardens*. London: Century Hutchinson, 1988.

——. *The Frampton Flora.* London: Century, 1985.

——. *A Victorian Flora: Selected from the Unpublished Flora of Caroline May*. Woodstock, N.Y.: Overlook, 1991.

MacLean, Virginia. *A Short-Title Catalogue of Household and Cookery Books Published in the English Tongue, 1701–1800.* London: Prospect, 1981.

MacLeod, Roy, and Russell Moseley. *Days of Judgment: Science, Examinations and the Organization of Knowledge in Late*

Victorian England. Driffield: Nafferton, 1982.

——. "Fathers and Daughters: Reflections on Women, Science and Victorian Cambridge." *History of Education* 8, 4 (1979): 321 – 33.

Manthorpe, Catherine. "Reflections on the Scientific Education of Girls." *School Science Review,* March 1987, 422–431.

Martineau, Harriet. *Biographical Sketches*. New York: Hurst, 1868.

Maxwell, Christabel. *Mr. Gatty and Mrs. Ewing.* London: Constable, 1949.

McClellan, James E. *Science Reorganized: Scientific Societies in the Eighteenth Century*. New York: Columbia UP, 1985.

McKendrick, Neil, John Brewer, and J. H. Plumb. *The Birth of a Consumer Society: The Commercialization of Eighteenth–Century England*. London: Europa, 1982.

McNeil, Maureen. *Under the Banner of Science: Erasmus Darwin and His Age*. Manchester: Manchester UP, 1987.

Mellor, Anne K., ed. *Romanticism and Feminism.* Bloomington: Indiana UP, 1988. 285

——. *Romanticism and Gender*. New York: Routledge, 1993.

Messer–Davidow, Ellen, David R. Shumway, and David J. Sylvan, eds. *Knowledges: Historical and Critical Studies in Disciplinarity.* Charlottesville: UP of Virginia, 1993.

Meyer, Gerald Dennis. *The Scientific Lady in England, 1650 – 1760: An Account of Her Rise, with Emphasis on the Major Roles of the Telescope and Microscope.* Berkeley and Los

Angeles: U of California P, 1955.

Mills, Sara. *Discourses of Difference: An Analysis of Women's Travel Writing and Colonialism.* London: Routledge, 1991.

Mitchell, M. E. "The Authorship of Dialogues on Botany." *Irish Naturalists' Journal* 19, 11 (1979): 407.

Montluzin, Emily L. de. *The Anti-Jacobins*, 1798 – 1800: *The Early Contributors to the "Anti-Jacobin Review."* New York: St. Martin's, 1988.

Moorman, Mary, ed. *Journals of Dorothy Wordsworth*. London: Oxford UP, 1971.

Morrell, Jack, and Arnold Thackray. *Gentlemen of Science: Early Years of the British Association for the Advancement of Science.* Oxford: Clarendon, 1981.

Morton, A.G. *History of Botanical Science: An Account of the Development of Botany from Ancient Times to the Present Day*. London: Academic, 1981.

Mumm, S. D. "Writing for Their Lives: Women Applicants to the Royal Literary Fund, 1840 – 1880." *Publishing History* 27 (1990): 27–47.

Myers, Greg. "Fictions for Facts: The Form and Authority of the Scientific Dialogue." *History of Science 30,* 3 (1992): 221–247.

——. "Science for Women and Children: The Dialogue of Popular Science in the Nineteenth Century." In *Nature Transfigured: Science and Literature, 1700 – 1900,* ed. John Christie and Sally Shuttleworth. Manchester: Manchester UP, 1989.

——. *Writing Biology: Texts in the Social Construction of*

Scientific Knowledge. Madison: U of Wisconsin P, 1990.

Myers, Mitzi. "Impeccable Governesses, Rational Dames, and Moral Mothers: Mary Wollstonecraft and the Female Tradition in Georgian Children's Books." *Children's Literature* 14 (1986): 31–59.

——. "Reform or Ruin: A Revolution in Female Manners." *Studies in Eighteenth-Century Culture* 11 (1982): 199–216.

Myers, Sylvia Harcstark. *The Bluestocking Circle: Women, Friendship, and the Life of the Mind in Eighteenth-Century England.* Oxford: Clarendon, 1990.

Nelmes, Ernest, and William Cuthbertson. *Curtis's Botanical Magazine Dedications*, 1827 – 1927. London: Quaritch, 1931.

Norwood, Vera. *Made from This Earth: American Women and Nature.* Chapel Hill: U of North Carolina P, 1993.

Nussbaum, Felicity. "'Savage' Mothers: Narratives of Maternity in the Mid-Eighteenth Century." *Eighteenth-Century Life* 16 (1992): 163–184.

O'Brian, Patrick. *Joseph Banks: A Life.* London: Collins Harvill, 1987.

Oliver, F. W., ed. *Makers of British Botany: A Collection of Biographies by Living Botanists.* Cambridge: Cambridge UP, 1913.

Ong, Walter J. "Latin Language Study as a Renaissance Puberty Rite." *Studies in Philology* 56 (1959): 103–124. 286

Orr, Clarissa Campbell. "Albertine Necker de Saussure, the Mature Woman Author, and the Scientific Education of Women." *Women's Writing: The Elizabethan to Victorian Period* 2, 2 (1995).

Pascoe, Judith. "Female Botanists and the Poetry of

Charlotte Smith." In *Re-visioning Romanticism: British Women Writers*, 1776 – 1837, ed. Carol Shiner Wilson and Joel Haefner. Philadelphia: U of Pennsylvania P, 1994.

Patterson, Elizabeth Chambers. *Mary Somerville and the Cultivation of Science*, 1815 – 1840. Boston: Nijhoff, 1983.

Percy, Joan. "Maria Elizabetha Jacson and Her Florist's Manual." *Garden History* 20 (1992): 45–56.

Perl, Teri. "The Ladies' Diary or Woman's Almanack, 1704 – 1841." *Historia Mathematica* 6 (1979): 36 – 53.

Perry, Ruth. "Colonizing the Breast: Sexuality and Maternity in Eighteenth-Century England." *Journal of the History of Sexuality* 2 (1991): 204–234.

Peterson, M. Jeanne. *Family, Love, and Work in the Lives of Victorian Gentlewomen*. Bloomington: Indiana UP, 1989.

Phillips, Patricia. *The Scientific Lady: A Social History of Woman's Scientific Interests, 1520 – 1918*. London: Weidenfeld and Nicolson, 1990.

Pollock, Linda. *With Faith and Physic: The Life of a Tudor Gentlewoman, Lady Grace Mildmay,* 1552 – 1620. London: Collins and Brown, 1993.

Poovey, Mary. *The Proper Lady and the Woman Writer: Ideology as Style in the Works of Mary Wollstonecraft, Mary Shelley, and Jane Austen.* Chicago: U of Chicago P, 1984.

——. *Uneven Developments: The Ideological Work of Gender in Mid-Victorian England.* Chicago: U of Chicago P, 1988.

Porter, Dorothy, and Roy Porter. Patient's Progress: *Doc-*

tors and Doctoring in Eighteenth-Century England. Oxford: Polity, 1989.

Porter, Roy. *English Society in the Eighteenth Century.* Rev. ed. Harmondsworth: Penguin, 1990.

——.Health for Sale: Quackery in England,1650 – 1850. Manchester: Manchester UP, 1989.

——. "Science, Provincial Culture and Popular Opinion in Enlightenment England." *British, Journal, for Eighteenth-Century Studies* 3 (1980): 20–46.

Pratt, Mary Louise. *Imperial Eyes: Travel Writing and Transculturation.* London: Routledge, 1992.

Prochaska, F. K. *Women and Philanthropy in Nineteenth-Century England.* Oxford: Clarendon,1980.

Purvis, June. Hard Lessons: *The Lives and Education of Working-Class Women in Nineteenth-Century England.* Cambridge: Polity, 1989.

Raistrick, Arthur. *Quakers in Science and Industry: Being an Account of the Quaker Contribution to Science and Industry During the Seventeenth and Eighteenth Centuries.* Newton Abbot: David and Charles, 1950.

Rauch, Alan. "A World of Faith on a Foundation of Science: Science and Religion in British Children's Literature: 1761 – 1878." *Children's Literature Association Quarterly* 14,1 (1989): 13–19.

Raverat, Gwen. *Period Piece: A Cambridge Childhood.* London: Faber and Faber, 1987.

Rendall, Jane, ed. *Equal or Different: Women's Politics,*

1800 – 1914. Oxford: Blackwell, 1987.

Richardson, Richard. *Extracts from the Literary and Scientific Correspondence: Illustrative of the State and Progress of Botany.* Yarmouth, 1835.

Riddelsdell, H. J., ed. *Flora of Gloucestershire Cheltenham*: Cotteswold Naturalists' Field Club, 1948.

Roscoe, S. *John Newbery and His Successors, 1740 – 1814: A* Bibliography. Wormley: Five Owls, 1973.

Rossiter, Margaret W. "Women in the History of Scientific Communication." *Journal of Library History* 21 (1986): 39–59.

——. *Women Scientists in America: Struggles and Strategies to 1940.* Baltimore: Johns Hopkins UP, 1982.

Rothstein, Natalie. *Silk Designs of the Eighteenth Century in the collection of the Victoria and Albert Museu*m, London. London: Thames and Hudson, 1990.

Rousseau, G. S. "Scientific Books and Their Readers in the Eighteenth Century." In *Books and Their Readers*, ed. Isobel Rivers. New York: St. Martin's, 1982.

Rudolph, Emanuel D. "How It Developed That Botany Was the Science Thought Most Suitable for Victorian Young Ladies." *Children's Literature*2 (1973): 92 – 97.

Russell–Gebbett, Jean. *Henslow of Hitcham: Botanist, Educationalist and Clergyman*. Lavenham: Terence Dalton, 1977.

Russett, Cynthia Eagle. *Sexual Science: The Victorian Construction of Womanhood.* Cambridge: Harvard UP, 1989.

Sachs, Julius von. *History of Botany, 1530 – 1860*. Trans. H.

E. F. Garnsey. 1890; rpt. New York: Russell and Russell, 1967.

Schaaf, Larry. *Out of the Shadows: Herschel, Talbot and the Invention of Photography.* New Haven: Yale UP, 1993.

——. *Sun Gardens: Victorian Photograms.* New York: Aperture, 1985.

Schiebinger, Londa. "The History and Philosophy of Women in Science: A Review Essay." *Signs* 12 (1987): 305–332.

——. *The Mind Has No Sex? Women in the Origins of Modern Science.* Cambridge: Harvard UP, 1989.

.*Nature's Body: Gender in the Making of Modern Science.* Boston: Beacon,1993.

Schofield, Robert E. *The Lunar Society of Birmingham: A Social History of Provincial Science, and Industry in Eighteenth-Century England.* Oxford: Clarendon, 1963.

Scourse, Nicolette. *Victorians and Their Flowers.* London: Croom Helm, 1983.

Seaton, Beverly. "Considering the Lilies: Ruskin ' s 'Proserpina' and Other Victorian Flower Books." *Victorian Studies* 28, 2 (1985): 255–282.

Secord, Anne. "Science in the Pub: Artisan Botanists in Early Nineteenth-Century Lancashire." *History of Science* 32 (1994): 269–315.

Secord, James A. "Newton in the Nursery: Tom Telescope and the Philosophy of Tops and Balls, 1761 – 1838." *History of Science* 23 (1985):127–151.

Shapin, Steven. "'A Scholar and a Gentleman': The

Problematic Identity of the Scientific Practitioner in Early Modern England." *History of Science* 29 (1991): 279–328. 288

Shapin, Steven, and Simon Schaffer. *Leviathan and the Air–Pump: Hobbes, Boyle and the Experimental Life.* Princeton: Princeton UP, 1985.

Sheets–Pyenson, Susan. "From the North to Red Lion Court: The Creation and Early Years of the Annals of Natural History." *Archives of Natural History* 10, 2 (1981): 221–249.

——. "A Measure of Success: The Publication of Natural History Journals in Early Victorian Britain." *Publishing History* 9 (1981): 21–36.

"Popular Science Periodicals in Paris and London: The Emergence of a Low Scientific Culture, 1820 – 1875." *Annals of Science* 42 (1985): 549–572.

Shevelow, Kathryn. *Women and Print Culture: The Construction of Femininity in the Early Periodical*. London: Routledge, 1989.

Shiach, Morag. *Discourse on Popular Culture: Class, Gender and History in Cultural Analysis, 1730 to the Present.* Cambridge: Polity, 1989.

Shinn, Terry, and Richard Whitely, eds. *Expository Science; Forms and Functions of Popularization.* Dordrecht: Reidel, 1985.

Shteir, Ann B. "Botanical Dialogues: Maria Jacson and Women's Popular Science Writing in England." *Eighteenth–Century Studies* 23 (1990): 301–317.

——. "Botany in the Breakfast Room: Women and Early

Nineteenth Century British Plant Study." In *Uneasy Careers and Intimate Live: Women in Science, 1789–1979,* ed. Pnina G. Abir-Am and Dorinda Outram, 31–43. New Brunswick: Rutgers UP, 1987.

——. "Flora Feministica: Reflections on the Culture of Botany." *Lumen* 12 (1993):167–176.

——. "Linnaeus's Daughters: Women and British Botany." In *Women and the Structure of Society: Selected Research from the Fifth Berkshire Conference on the History of Women,* ed. Barbara J. Harris and Joann K. McNamara, 67–73. Durham, N. C.: Duke UP, 1984.

——. "Priscilla Wakefield's Natural History Books." In *From Linnaeus to Darwin: Commentaries on the History of Biology and Geology*, 29–36. London: Society for the History of Natural History, 1985.

Simmons, Mark. *A Catalogue of the Herbarium of the British Flora collected by Margaret Stovin* (1756–1846). Middlesbrough: Dorman Museum, 1993.

Smith, Olivia. *The Politics of Language, 1791–1819*. Oxford: Clarendon, 1984.

Society of Friends. *Annual Monitor.* 1856.

Sowerby, Arthur DeCarle. *The Sowerby Saga.* Washington, D.C., 1952.

Spencer, Jane. *The Rise of the Woman Novelist: From Aphra Behn to Jane Austen.* Oxford: Blackwell 1982.

Stafford, Barbara Maria. *Body Criticism: Imaging the Unseen in Enlightenment Art and Medicine.* Cambridge: MIT P, 1991.

Stafleu, Frans A. *Linnaeus and the Linnaeus:* The Spreading of Their Ideas in Systematic Botany, *1735–1789.* Utrecht: International Association for Plant Taxonomy, 1971.

Stanton, Judith Phillips. "Charlotte Smith's 'Literary Business': Income, Patronage, and Indigence." In *The Age of Johnson: A Scholarly Annual,* ed. Paul Korshin. New York: AMS, 1987.

——. "Statistical Profile of Women Writing in English from 1660 to 1800." In *Eighteenth-Century Women and the Arts,* ed. Frederick M. Keener and Susan E. Lorsch. New York: Greenwood, 1988.

Stevens, Peter F. *The Development of Biological Systematics: Antoine-Laurent de Jussieu, Nature and the Natural System.* New York: Columbia UP, 1994

Stewart, Larry. *The Rise of Public Science: Rhetoric, Technology. and Natural Philosophy in Newtonian Britain, 1660–1750.* NewYork: Cambridge Up, 1992.

Sutherland, John. "Henry Colburn, Publisher." *Publishing History* 19 (1986):59–84.

Tatchell, Molly. "Elizabeth Kent and Flora Domestica." *Keats-Shelley Memorial Bulletin* 27 (1976): 15–18.

——. *Leigh Hunt and His Family in Hammersmith.* London: Hammersmith Local History Group, 1969.

Taylor, Goffrey. *Some Nineteenth Century Gardeners*. London, 1951.

Teiman, Gillian. "The Female Ideal and the Female Voice: Ideology, Resistance and accommodation in the *Tatler,* and *Spec-*

tator, the *Female Tatler*, and the *Female Spectator.*" Ph.D. diss., York University, 1992.

Thaddeus, Janice Farrar. “Mary Delany, Model to the Age.” In *History, Gender and Eighteenth-Century Literature,* ed. Beth Fowkes Tobin. Athens: U Georgia P, 1994.

Thomas, Keith. *Man and the Natural World: A History of the Modern Sensibility*. New York: Pantheon, 1983.

Todd, Janet, ed. *A Dictionary of British and American Women Writers, 1660–1800.* Totowa, N.J.: Rowman and Allenheld, 1985.

——.*The Sign of Angellica: Women, Writing and Fiction, 1660–1800.* London: Virago, 1989.

Topham, Jonathan. “Science and Popular Education in the 1830s: The Role of the Bridgewater Treatises." *British Journal for the History of Science* 25 (1992): 397–430.

Traill,T. S. *Memoir of Wm. Roscoe*. Liverpool, 1853.

Tuana, Nancy, ed. *Feminism and Science.* Bloomington: Indiana UP, 1989.

Tuchman, Gaye, with Nina E. Fortin. *Edging Women Out: Victorian Novelists, Publishers and Social Change.* New Haven: Yale UP, 1989.

Turner, Frank M. *Contesting Cultural Authority: Essays in Victorian Intellectual Life*. Cambridge: Cambridge UP, 1993.

Walker, Margot. “Admission of Lady Fellows.” *The Linnean* 1, 1 (1984): 9–11.

——.*Sir James Edward Smith M.D., E.R.S., P.L.S., 1759–1828: First President of the Linnean Society of London.* London:

Linnean Society, 1988.

Warren, Leland. "Turning Reality Round Together: Guides to Conversation in Eighteenth-Century England." *Eighteenth-Century Life*, n.s., 8 (May 1983): 65–87.

Waters, Michael. *The Garden in Victorian Literature.* Aldershot: Scolar, 1988.

Watson, Nicola J. *Revolution and the Form of the British Novel, 1790–1825: Intercepted Letter, Interrupted Seductions.* Oxford: Clarendon, 1994.

Webb, Rev. William. Memorials of Exmouth.1872.

Willson, E. J. *James Lee and the Vineyard Nursery, Hammersmith.* London: Hammersmith Local History Group, 1961.

Wolf, Janet, and John Seed, eds. *The Culture of Capital: Art, Power and the Nineteenth-Century Middle Class*. Manchester: Manchester UP, 1988. 290

Wystrach, V. P. "Anna Blackburne (1726–1793) –a Neglected Patron of Natural History." *Journal of the Society for the Bibliography of Natural History* 8 (1977):148–168.

Yeldham, Charlotte. *Women Artists in Nineteenth-Century France and England.* New York: Garland,1984.

Yeo, Richard, "Science and the Organization of Knowledge in British Dictionaries of Arts and Sciences, 1730–1850." *Isis* 82, 311(1991): 43–48.

Young, Robert M. *Darwin's Metaphor: Nature's Place in Victorian Culture.* Cambridge: Cambridge UP, 1985.

索引

A

B

C

D

F

G

H

J

K

L

M

N

O

P

Q

S

T

W

X

Y

Z

译后记

翻译本书是我的一个夙愿，既是纪念自己如何走上现在的研究之路，也是向作者安·希黛儿（Ann B.Shteir）表达最深的敬意和感激。

在博士一年级我因学位论文选题而纠结和烦恼时读到此书，顿时有种柳暗花明的激动，仿佛自己和书里的人物有某些共鸣。希黛儿的书就好像打开了一扇窗，让我迫不及待想走进她重构的历史。我一下明确了自己的研究方向，从此便在“女性与博物学”研究的这条路上走了下去。申请访学时，我毫不犹豫申请了希黛儿教授曾经所在的加拿大约克大学。那时她已经退休，她的同事和朋友、维多利亚科学史研究的权威学者伯纳德·莱特曼（Bernard Lightman）教授接纳了我。在访学期间，我一边学习莱特曼教授的维多利亚科学史课程，一边定期和希黛儿教授讨论博士论文，为之后的研究奠定了基础。时至今日，两位老师依然不厌其烦解答我在研究过程中遇到的疑惑，一遍遍字斟句酌为我修改论文。

本书所关注的并非“大科学”里的大人物，而是在科学文化中被边缘化的女性植物学参与者及其境遇。这些人物缺少波澜壮阔的传奇色彩，几乎无人能在传统的植物学史中留下足迹，历史记载的匮乏也让她们难以被重塑，她们的故事甚至可能会让读者觉得乏味。作者独辟蹊径，站在社会性别的视角下以植物志的方式撰写了一部“植物学的女性志”，所提供的视野和线索启发和引导了众多学者。在出版后的20余年里，涌现出大量相关研究，书中不少人物和主题被深入挖掘或扩展，这些研究或多或少都受到了希黛儿的影响。

在博物学日益复兴的今天，大众文化中自然、环境、博物教育的繁荣，博物学出版的兴盛，博物绘画的流行等，无不重现了18、19世纪博物学黄金时代的势态。不管是当时还是现在，女性在博物学里都异常活跃。同时，我们也可以看到，19世纪科学职业化和专业化的目标早已实现，博物学在“专业、严谨、精确”的大科学里成了一个历史名词，它不过是学术殿堂之外的爱好和消遣。现实与历史何其相似！而博物学史的研究相比数理科学史的研究，与女性相对于男性在科学史中的边缘地位相似，所幸这种状况已经大大改善，国内学界也在跟进，期望本书的译介能对国内博物学史、科学与性别研究略尽绵力。

在翻译过程中我与希黛儿教授进行了反复沟通。经与四川人民出版社商议，并征得作者同意，我在中文版中增加了20多幅与内容相关的插图，一部分原有插图也替换成彩色图版。新增插图主要是18、19世纪的公版动植物图像，从当时的文本、wikipedia、Biodiversity Heritage Library、plantillustrations.org等网站取得。原书的尾注也经作者同意后移至每章末尾，以方便读者更加直接地回溯文献。作者耐心解答了翻译过程中遇到的疑惑，核实了拼写可能有误的地方。

书中译名根据《法语姓名译名手册》（商务印书馆，1996）、《世界人名翻译大辞典》（中国对外翻译出版公司，

1993）和《世界地名翻译大辞典》（中国出版集团、中国对外翻译出版公司，2007）等工具书校对，译名的校对工作主要由四川大学文新学院姚璟同学完成。姚璟同学也仔细通读了译稿全文，对不当的中文表达提出了建议，更改了文中的错别字，承担了大量录入工作。蒋澈博士帮我解答了植物分类学、拉丁文和希腊词汇的翻译等问题上的疑惑，每次向他请教都受益匪浅。王钊博士通读了全文并提出了不少修改建议，他对本书的插图和封面设计等提出了宝贵建议，也时常与我分享丰富的研究材料。好友曹俊琇是我最忠实的读者，她曾阅读了我多篇文稿，站在读者的视角，对本书译稿指出了大量不足之处。另外，书中引用了不少典雅、优美的英文诗，将科学与文学完美融合在一起。虽有同窗好友王超杰鼎力相助，但囿于译者水平，依然难以呈现原文的意境，不尽如意之处，还敬请读者海涵。四川人民出版社的信任和支持，以及责任编辑赵静女士不辞辛劳、高效细致的工作，为本书的译介提供了最有力的保障。

我的博士导师刘华杰教授多年来一直在积极倡导博物学文化，极大地推动了博物学图书出版的发展，本书的译介也受益于博物学文化的复兴，在此感谢他与莱特曼教授热心地为本书写了推荐语。师兄李猛博士时常在学术上给予我启发，提供各种帮助。感谢植物给我带来的快乐，从大山深处的野生植物，到阳台顽强而美丽的园艺植物，它们就像精灵一般贯穿着我的生活和科研，联结着志同道合的朋友们，让生活充满惊喜和期待。书中的植物名称主要参考了“植物智”网站提供的中文名，也请教了一些植物学家朋友，在此谨表谢忱。

《神学与科学的想象》的译者毛竹博士说，“译后记结尾的经典范式，往往满纸都是求生欲”，回望自己首次翻译的这部作品，我对此深表认同，这本书从初稿到排版、校对间隔了大半年，自己在校读过程中已发现不少缺陷甚至错误。二次印刷时，在赵静女士的协助下再次修正。即便如此，译文中依然无法避免错误和表达不当等各种问题，责任当然在译者本人，在此恳请读者批评指正。

姜　虹

2020年7月 成都

2023年3月修改